零基础学

Revit 2018 建筑设计

全视频教学版

麓山文化 ◎ 编著

人民邮电出版社

北京

图书在版编目（CIP）数据

零基础学Revit 2018建筑设计：全视频教学版 / 麓
山文化编著. -- 北京：人民邮电出版社，2020.6
ISBN 978-7-115-53482-8

Ⅰ. ①零… Ⅱ. ①麓… Ⅲ. ①建筑设计－计算机辅助
设计－应用软件 Ⅳ. ①TU201.4

中国版本图书馆CIP数据核字(2020)第047151号

内 容 提 要

本书是一本适合零基础读者学习 Revit 2018 软件的入门教程。

本书共 13 章。前面 11 章为基础部分，依次讲解了 Revit 的基础知识，以及创建标高与轴网、创建墙体、创建门窗与幕墙、创建楼板、创建天花板与屋顶、创建栏杆扶手与楼梯、创建洞口、创建台阶与坡道、创建体量与场地、添加注释、创建明细表、创建族的方法；后面 2 章为实战部分，通过构建教学楼和医院 2 个项目，帮助读者综合演练前面所学知识，积累实际经验。

本书内容丰富，讲解深入浅出，可以作为 Revit 初学者和爱好者学习 Revit 的专业指导教材。

◆ 编　　著　麓山文化
　　责任编辑　刘晓飞
　　责任印制　马振武

◆ 人民邮电出版社出版发行　　北京市丰台区成寿寺路 11 号
　　邮编　100164　　电子邮件　315@ptpress.com.cn
　　网址　https://www.ptpress.com.cn
　　北京捷迅佳彩印刷有限公司印刷

◆ 开本：700×1000　1/16
　　印张：19
　　字数：430 千字　　　　　　　　2020 年 6 月第 1 版
　　印数：1 – 2 500 册　　　　　　 2020 年 6 月北京第 1 次印刷

定价：69.00 元

读者服务热线：(010)81055410　印装质量热线：(010)81055316
反盗版热线：(010)81055315
广告经营许可证：京东工商广登字 20170147 号

关于 Revit

Revit 系列软件是 Autodesk（欧特克）公司出品的一套建筑设计软件，是专为建筑信息模型（BIM）构建的，可以更轻松地实现数据设计、图形绘制等多项功能，从而极大地提高设计人员的工作效率。

内容安排

本书完全针对零基础读者而编写，从基本操作入手，结合大量的可操作实例，全面而深入地介绍使用 Revit 2018 创建轴网与标高，创建墙、门、窗和板，以及添加扶手、楼梯和标注的方法。

本书分为 13 章，具体内容安排如下。

章　名	内容安排
第 1 章	介绍 Revit 的基础知识，如操作界面的组成构件，以及查看模型、选择图元的方法等
第 2 章	介绍创建轴网与标高的方法
第 3 章	介绍设置墙体参数、创建墙体的方法
第 4 章	介绍放置门窗及创建幕墙的方法
第 5 章	介绍创建楼板、天花板与屋顶的方法
第 6 章	介绍创建扶手与楼梯的方法
第 7 章	介绍创建洞口、台阶与坡道的方法
第 8 章	介绍创建体量模型与场地的方法
第 9 章	介绍创建尺寸标注、文字注释及标记的方法
第 10 章	介绍创建明细表的方法
第 11 章	介绍族的基础知识和建模工具，并介绍创建标记族与模型族的方法。
第 12 章	以教学楼项目为例，介绍创建项目模型的方法
第 13 章	以医院项目为例，综合介绍创建项目模型的过程

本书特色

为了让读者能轻松入门，快速掌握 Revit 2018 的软件技术，本书在版面结构的设计上尽量做到简单明了，并专门设计了"提示""技巧""知识链接""练习""拓展训练"等版块，如下图所示。

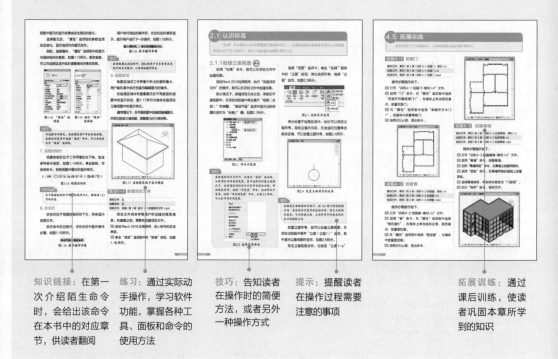

知识链接：在第一次介绍陌生命令时，会给出该命令在本书中的对应章节，供读者翻阅

练习：通过实际动手操作，学习软件功能，掌握各种工具、面板和命令的使用方法

技巧：告知读者在操作时的简便方法，或者另外一种操作方式

提示：提醒读者在操作过程需要注意的事项

拓展训练：通过课后训练，使读者巩固本章所学到的知识

配套资源

本书物超所值，除了书本之外，还附赠以下资源。

配套教学视频：读者可以先轻松愉悦地通过教学视频学习本书内容，然后对照书本加以实践和练习，以提高学习效率。

实例文件和素材：书中所有实例均提供了源文件和素材，读者可以使用 Revit 2018 及以上版本打开或访问。

本书作者

本书由麓山文化组织编写。由于编者水平有限，书中疏漏与不妥之处在所难免。在感谢您选择本书的同时，也希望您能够把对本书的意见和建议告诉我们。

联系信箱：lushanbook@qq.com

2019 年 11 月

资源与支持
RESOURCES AND SUPPORT

本书由"数艺设"出品，"数艺设"社区平台（www.shuyishe.com）为您提供后续服务。

配套资源
案例的素材文件和效果文件

在线教学视频

附赠建筑族库资源

资源获取请扫码

"数艺设"社区平台，为艺术设计从业者提供专业的教育产品。

与我们联系
我们的联系邮箱是 szys@ptpress.com.cn。如果您对本书有任何疑问或建议，请您发邮件给我们，并请在邮件标题中注明本书书名及 ISBN，以便我们更高效地做出反馈。

如果您有兴趣出版图书、录制教学课程，或者参与技术审校等工作，可以发邮件给我们；有意出版图书的作者也可以到"数艺设"社区平台在线投稿（直接访问 www.shuyishe.com 即可）。如果学校、培训机构或企业想批量购买本书或"数艺设"出版的其他图书，也可以发邮件联系我们。

如果您在网上发现针对"数艺设"出品图书的各种形式的盗版行为，包括对图书全部或部分内容的非授权传播，请您将怀疑有侵权行为的链接通过邮件发给我们。您的这一举动是对作者权益的保护，也是我们持续为您提供有价值的内容的动力之源。

关于"数艺设"
人民邮电出版社有限公司旗下品牌"数艺设"，专注于专业艺术设计类图书出版，为艺术设计从业者提供专业的图书、U 书、课程等教育产品。出版领域涉及平面、三维、影视、摄影与后期等数字艺术门类，字体设计、品牌设计、色彩设计等设计理论与应用门类，UI 设计、电商设计、新媒体设计、游戏设计、交互设计、原型设计等互联网设计门类，环艺设计手绘、插画设计手绘、工业设计手绘等设计手绘门类。更多服务请访问"数艺设"社区平台 www.shuyishe.com。我们将提供及时、准确、专业的学习服务。

目录
CONTENTS

第 8 章 创建体量与场地

第 9 章 添加注释

第 10 章 创建明细表

第 **1** 章

Revit 基础知识

学习Revit 2018之前，需要了解该软件的基础
知识，如创建与存储项目文件的方法、"视图控
制栏"的作用、使用ViewCube观察模型。本章
将会介绍这些知识点，帮助读者尽快熟悉Revit
软件。

本章重点

创建与保存项目文件的方法 ｜ "视图控制栏"的使用方法
使用ViewCube查看模型的方法 ｜ 选择与编辑图元的方法
设置与修改快捷键的方法

1.1 Revit简介

在计算机中安装了Revit 2018应用程序后，就可以启动软件，进行项目设计。初学者在使用软件之前，需要了解软件的工作界面。

1.1.1 Revit 2018的工作界面

工作界面的组件包括快速访问工具栏、工具面板、项目浏览器、"属性"选项板等，如图1.1所示。

图1.1　工作界面

1. 快速访问工具栏

快速访问工具栏位于工作界面的左上角，用于显示常用的命令按钮，如图1.2所示。

图1.2　快速访问工具栏

单击命令按钮，可以快速启用命令。默认情况下，在工具栏中显示"打开""保存""放弃""重做"等命令按钮。

用户可以自定义工具栏中命令的类型。单击工具栏中的下向箭头 ▾ ❶，弹出命令列表。列表中显示了命令名称，若名称前显示√❷，如图1.3所示，表示该命令在工具栏中显示。

单击可取消√的显示，即在工具栏中不显示该命令按钮。

❶ 单击按钮

❷ 命令列表

图1.3　弹出命令列表

在命令列表中选择"自定义快速访问工具栏"命令，弹出"自定义快速访问工具栏"对话框，在其中可以设置工具栏中的命令类型与显示样式。

2. 选项卡

选项卡位于快速访问工具栏的下方，共有13个选项卡，如图1.4所示。选择不同的选项卡，显示不同的工具面板。

图1.4　选项卡

提示

需要注意的是，选择"文件"选项卡，只会弹出快捷菜单，不会显示工具面板。

3. 工具面板

工具面板位于选项卡的下方，选择不同的选项卡，工具面板的内容也会发生相应的变化。

例如，选择"建筑"选项卡，即可打开"构建"面板、"楼梯坡道"面板、"模型"面板、"房间和面积"面板等，如图1.5所示。

图1.5　工具面板

用户可以自定义工具面板的显示样式。单击"修改"选项卡右侧的下向箭头，弹出样式列表，如图1.6所示。选择相应命令，即可修改工具面板的显示样式。

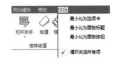

图1.6　样式列表

选择"最小化为选项卡"命令，工具面板被隐藏。单击选项卡，显示工具面板。光标离开工具面板，面板恢复隐藏状态。

选择"最小化为面板标题"命令，仅在选项卡下方显示面板的标题，如图1.7所示。光标置于面板标题之上，显示工具面板。移开光标，工具面板随即被隐藏。

图1.7 最小化为面板标题

选择"最小化为面板按钮"命令，在选项卡下方显示面板按钮，如图1.8所示。光标置于面板按钮之上，可以显示工具面板。移开光标，工具面板取消显示。

图1.8 最小化为面板按钮

技巧

在修改了工具面板的显示样式后，用户也可以恢复面板的默认样式。单击"修改"选项卡右侧的"显示完整的功能区"按钮，工具面板重新以默认样式显示。

有的命令按钮下方显示下向箭头，例如"墙"按钮。单击箭头❶，弹出命令列表❷，如图1.9所示。选择命令，可以启用命令。

图1.9 命令列表

4. 上下文选项卡

启用命令后，进入上下文选项卡。例如启用"墙"命令，进入"修改|放置墙"选项卡❶，如图1.10所示。

不同的命令，在上下文选项卡中所显示的内容不同。

在选项栏中显示参数选项❷，设置参数值，确定图元的创建效果。

图1.10 上下文选项卡

5. 项目浏览器

项目浏览器显示有"视图""图例""明细表/数量"等选项，如图1.11所示。

单击展开选项列表❶，显示列表内容。例如，在"视图"列表中显示"结构平面""楼层平面""天花板平面"等内容❷。

图1.11 项目浏览器

假如选项中没有包含任何内容，就不会在选项名称前显示"+"，例如"图例"选项。

提示

如果不小心关闭了项目浏览器，不要选择任何图元，在绘图区域中单击鼠标右键，在弹出的菜单中选择"浏览器"→"项目浏览器"命令，可以重新打开项目浏览器。

6. "属性"选项板

在尚未选择任何图元的情况下，"属性"选项板显示视图的属性参数，如图1.12所示。

视图"属性"选项板包含"图形""基线""范围""标识数据""阶段化"选项组。

设置选项组中的参数，即可修改视图属性，

视图中图元的显示效果会发生相应的变化。

选择图元后，"属性"选项板的参数选项发生变化，显示选项均与图元有关。

例如，选择墙体，"属性"选项板中即显示与墙体相关的参数，如图1.13所示。修改参数，可以在绘图区域中实时查看墙体的修改效果。

图1.12 "属性"选项板

图1.13 墙体"属性"选项板

7. 视图控制栏

视图控制栏位于工作界面的左下角，包含多种命令按钮，如图1.14所示。单击按钮，可启用命令，控制视图中图元的显示样式。

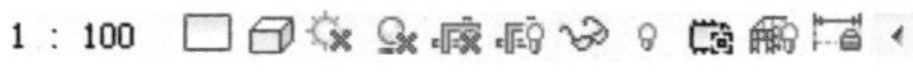

1：100 □ 🗖 🌣 ✗ 🔍 ᐸᐸ 🔍 ♂ 🔍 ♀ 🔍 🗗 📠 🗐 ▸

图1.14 视图控制栏

8. 状态栏

状态栏位于视图控制栏的下方，用来显示说明文字。

执行命令的过程中，在状态栏中显示操作步骤，如图1.15所示。

单击可输入墙起始点。

图1.15 提示操作步骤

用户执行相应的操作后，状态栏实时更新显示，提示用户进行下一步操作，如图1.16所示。

输入墙终点，. 单击空格翻转方向。

图1.16 提示操作步骤

9. 绘图区域

绘图区域在工作界面中所占的面积最大，用户能在其中执行创建与编辑图元的操作。

在绘图区域中可查看图元在不同类型的视图中的显示状态，图1.17所示为墙体与屋顶在三维视图中的显示样式。

通常情况下，在平面视图中创建或编辑图元，然后切换至三维视图，查看图元的三维效果。

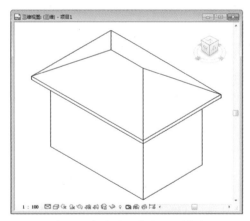

图1.17 在绘图区域中显示模型

练习1-1 新建项目文件

素材文件：无

效果文件：无

视频文件：视频\第1章\练习1-1新建项目文件.mp4

项目文件用来存储用户所创建的模型信息。在建模之前，需要先创建项目文件。

01 启动 Revit 2018 应用程序，进入软件的欢迎界面。

02 单击"项目"选项组中的"新建"按钮，如图1.18所示。

图1.18 单击"新建"按钮

03 弹出"新建项目"对话框,在"新建"选项组中单击选择"项目"选项,如图1.19所示。

图1.19 "新建项目"对话框

提示

如果选择"项目样板"选项,则可以创建项目样板文件。

04 弹出"未定义度量制"对话框,单击选择"公制"选项,如图1.20所示。

图1.20 选择度量制

05 建立新项目后,进入项目编辑界面。在项目浏览器中,显示当前项目文件所包含的信息,例如视图类型、明细表、图纸和族等,如图1.21所示。

图1.21 显示项目信息

用户可以自定义项目文件的样式参数,例如单位、线型、线宽及视图类型等。

技巧

选择"文件"选项卡,在列表中选择"新建"→"项目"命令,也可打开"新建项目"对话框,执行新建项目的操作。

1.1.2 保存项目文件

执行保存操作,才可以存储项目信息。在Revit中保存项目文件有以下几种方法。

第一种方法。单击快速访问工具栏中的"保存"按钮,如图1.22所示。

图1.22 单击按钮

第二种方法。在键盘上按Ctrl+S快捷键,执行"保存"操作。

第三种方法。选择"文件"选项卡,在弹出的列表中选择"保存"命令,如图1.23所示。

图1.23 选择"保存"命令

在未保存文件之前,单击绘图区域右上角的"关闭"按钮,会弹出如图1.24所示的"保存文件"对话框,询问用户是否保存文件。单击"是"按钮,保存文件;单击"否"按钮,不保存文件;单击"取消"按钮,关闭对话框,返回视图。

图1.24 "保存文件"对话框

执行"保存"操作后，弹出"另存为"对话框。在其中选择文件的存储路径，在"文件名"文本框中设置名称，如图1.25所示。单击"保存"按钮，保存文件到指定的位置。

图1.25 "另存为"对话框

1.2 视图控制工具

熟练运用视图控制工具，可以更加灵活地编辑图元。本节介绍视图控制工具的使用方法，用户熟练掌握视图控制工具后，可以有效地提高工作效率。

1.2.1 认识视图控制栏

启用视图控制栏中的命令，如图1.26所示，可以执行各项操作。例如修改视图比例、指定图元的详细程度、选择视觉样式、开启/关闭日光路径等。

1：100

图1.26 显示命令按钮

1. 修改视图比例

单击比例按钮，弹出比例列表，如图1.27所示。在列表中选择比例，指定当前视图的比例。

选择"自定义"命令，弹出"自定义比例"对话框。在对话框中设置比例值，单击"确定"按钮，将新建的比例添加到列表中。

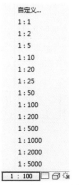

图1.27 弹出比例列表

2. 指定详细程度

单击"详细程度"按钮，在样式列表中显示"粗略""中等""详细"3种详细程度样式。

3. 选择视觉样式

单击"视觉样式"按钮，在列表中显示多种视觉样式，例如线框、隐藏线与着色等。默认选择"线框"视觉样式。

4. 开启/关闭日光路径

单击"关闭日光路径"按钮，弹出如图1.28所示的样式列表。

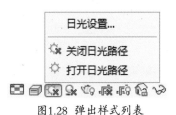

图1.28 弹出样式列表

在列表中选择"打开日光路径"选项，可以在绘图区域中显示日光路径模式，如图1.29所示。用户可在视图中查看或者修改模型的日光路径。

选择"关闭日光路径"命令，关闭模型的日光路径模式。

选择"日光设置"命令，弹出"日光设置"对话框，可在其中设置参数，定义日光模式。

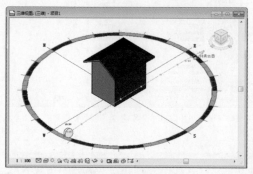

图1.29 显示日光路径

5. 打开 / 关闭阴影

通常情况下，模型的阴影是被关闭的。所以当用户切换到三维视图时，仅在视图中显示模型，效果如图1.30所示。

单击视图控制栏上的"关闭阴影"按钮 ，打开阴影，模型的显示效果如图1.31所示。

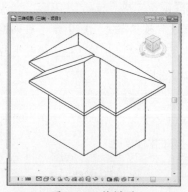

图1.30 三维模型

图1.31 打开阴影

单击"打开阴影"按钮 ，关闭阴影。为了不拖慢软件的运算速度，如非必要，不用打开模型的阴影。

6. 裁剪 / 不裁剪视图

单击视图控制栏上的"裁剪视图"按钮 ，切换至裁剪视图的状态。

同时，"属性"选项板中的"裁剪视图"选项被选中，如图1.32所示。

> **提示**
>
> 视图控制栏中的"裁剪视图"命令，与"属性"选项板中的"裁剪视图"选项为联动关系。选择一项，另一项也会被选中。

为了方便查看处于裁剪范围内的图元，还需要选择"属性"选项板中的"裁剪区域可见"选项，如图1.33所示。

图1.32 "属性"选项板　图1.33 选择选项

激活"裁剪区域可见"选项后，在视图中显示裁剪边框，如图1.34所示。

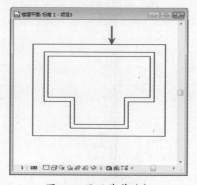

图1.34 显示裁剪边框

当裁剪边框不足以显示所有的图元时，可以通过调整边框大小来解决。

选择边框，显示夹点。将光标置于夹点之上，按住鼠标左键不放，拖曳鼠标，调整夹点的位置，如图1.35所示。

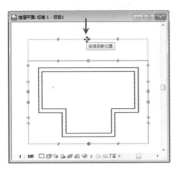

图1.35 调整边框大小

在合适的位置松开左键，可以调整边框的大小。

在视图控制栏中单击"不裁剪视图"按钮，切换至不裁剪视图的状态。

7. 显示 / 隐藏裁剪区域

单击视图控制栏中的"显示裁剪区域"按钮，在视图中显示裁剪边框。

单击"隐藏裁剪区域"按钮，在绘图区域中隐藏裁剪边框。

8."临时隐藏 / 隔离"图元

在绘图区域中选择图元，单击视图控制栏中的"临时隐藏/隔离"按钮，弹出如图1.36所示的列表。

图1.36 弹出列表

选择命令，编辑选中的图元。例如选择"隐藏图元"命令，处于选择状态的图元被隐藏，同时进入"临时隐藏/隔离"模式，如图1.37所示。

图1.37 "临时隐藏/隔离"模式

此时"临时隐藏/隔离"按钮显示为，单击按钮，弹出选项列表。选择"重设临时隐藏/隔离"命令，可以恢复显示被隐藏的图元。

9. 显示隐藏的图元

单击视图控制栏上的"显示隐藏的图元"按钮，进入"显示隐藏的图元"模式，如图1.38所示。

图1.38 显示隐藏的图元

在视图中，处于隐藏状态的图元高亮显示，没有被隐藏的图元显示为灰色。

选择高亮显示的图元，单击鼠标右键，在弹出的菜单中选择"取消在视图中隐藏"→"图元"命令，取消图元的隐藏状态。

单击"关闭显示隐藏的图元"按钮📷，退出显示模式。

素材文件:	素材\第1章\练习1-2 修改视图的"视觉样式".rvt
效果文件:	无
视频文件:	视频\第1章\练习1-2 修改视图的"视觉样式".mp4

修改视图的"视觉样式"，将影响处于其中的图元的显示状态。

01 在视图控制栏中单击"视觉样式"按钮，弹出样式列表。选择"线框"命令，如图1.39所示。

图1.39 选择样式

02 视图中的模型显示为"线框"样式，效果如图1.40所示。

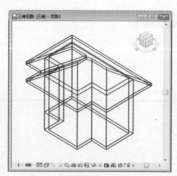

图1.40 "线框"样式效果

提示

在三维视图中观察建模效果时，常常通过转换"视觉样式"来观察模型。在二维视图中一般选择"隐藏线"视觉样式即可。

03 选择"着色"样式，模型呈现线面结合的样式，同时，不同的部位被赋予指定的颜色，效果如图1.41所示。

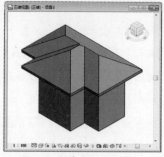

图1.41 "着色"样式效果

04 选择"一致的颜色"样式，各模型面以一致的亮度显示，不存在明暗关系，如图1.42所示。

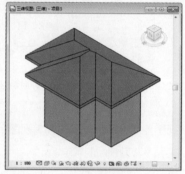

图1.42 "一致的颜色"样式效果

05 选择"真实"样式，模型显示材质的颜色，效果如图1.43所示。

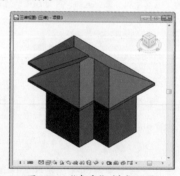

图1.43 "真实"样式效果

1.2.2 认识ViewCube 重点

ViewCube是用来查看模型的常用工具之一。用户可以借助ViewCube从各个视角观察模型。

切换至三维视图，绘图区域的右上角显示ViewCube，如图1.44所示。

图1.44 显示ViewCube

ViewCube为一个立方体，在各个面上显示方向名称，例如前、后、左、右、上、下。

将光标置于其中一个面上，例如置于名称为"前"的模型面上，则该模型面高亮显示，如图1.45所示。

在高亮显示的模型面上单击鼠标左键，可旋转ViewCube，效果如图1.46所示，当前视图切换为"前视图"。

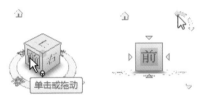

图1.45 选择模型面　　图1.46 旋转ViewCube

在ViewCube的右上角显示逆时针方向与顺时针方向的箭头，光标置于其中一个箭头之上，箭头高亮显示。

单击箭头，旋转视图。每单击一次，视图旋转的角度为90°，同时ViewCube也会随同视图旋转90°，效果如图1.47所示。

通过激活ViewCube的模型面，可以在各个角度观察模型。单击ViewCube左上角的"主视图"按钮，如图1.48所示，可以恢复视图的原本视角。

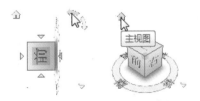

图1.47 高亮显示箭头　　图1.48 单击按钮

单击ViewCube右下角的"关联菜单"按钮，弹出如图1.49所示的快捷菜单。

图1.49 弹出快捷菜单

在菜单中选择命令，执行相应的操作。例如"转至主视图""保存视图""将当前视图设定为主视图"等。

练习1-3 使用ViewCube查看模型

素材文件：素材 \ 第 1 章 \ 练习 1-3 使用 ViewCube 查看模型 .rvt
效果文件：无
视频文件：视频 \ 第 1 章 \ 练习 1-3 使用 ViewCube 查看模型 .mp4

01 当用户从二维视图切换至三维视图时，模型在视图中的显示效果如图 1.50 所示。

图1.50 三维视图显示效果

02 在 ViewCube 中单击"右"，切换至右立面视图，模型的显示效果如图 1.51 所示。

图1.51 右立面视图显示效果

03 将光标置于ViewCube右侧的向左箭头之上，如图 1.52 所示。单击鼠标左键，切换视图方向。

图1.52 单击箭头

04 单击箭头后，切换至后视图，模型的显示效果如图 1.53 所示。

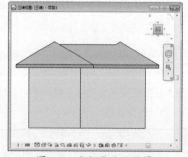

图1.53 后立面显示效果

05 单击ViewCube上方的箭头，如图 1.54 所示，切换视图方向。

图1.54 单击箭头

06 单击箭头后，切换至俯视图，模型的显示效果如图 1.55 所示。

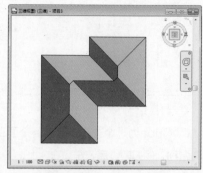

图1.55 俯视图显示效果

07 单击 ViewCube 右上角的顺时针箭头，如图 1.56 所示。

图1.56 单击箭头

08 模型在顺时针方向旋转 90°，效果如图 1.57 所示。

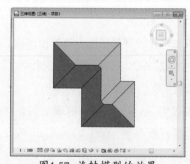

图1.57 旋转模型的效果

技巧

连续单击顺时针箭头或逆时针箭头，模型会连续旋转，每次的旋转角度均为 90°。

09 将光标置于 ViewCube 右下角点上，高亮显示角点，如图 1.58 所示。

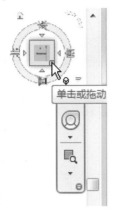

图1.58 单击角点

10 单击鼠标左键，切换至三维视图，模型的显示效果如图 1.59 所示。

图1.59 模型的三维效果

1.2.3 关联菜单的使用方式 (重点)

单击ViewCube右下角的"关联菜单"按钮，弹出关联菜单。

关联菜单中各命令含义介绍如下。

● 【转至主视图】：选择命令，快速切换至主视图。

● 【保存视图】：选择命令，弹出如图1.60所示的对话框。设置名称，存储视图。再次打开视图，模型以存储时的样式显示。

图1.60 设置名称

● 【将当前视图设定为主视图】：选择命令，将当前的视图指定为主视图。

● 【将视图设定为前视图】：将当前的立面视图设置为前视图。

● 【显示指南针】：选择命令，在ViewCube的下方显示指南针。取消选择命令，指南针被隐藏。

● 【定向到视图】：选择命令，弹出子菜单，如图1.61所示。

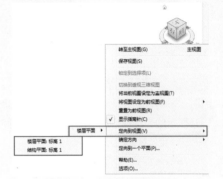

图1.61 弹出子菜单

选择视图类型，如"楼层平面：标高1"，可以切换至楼层平面视图，效果如图1.62所示。

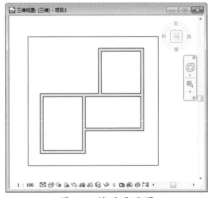

图1.62 楼层平面图

- 【确定方向】：选择命令，弹出子菜单。菜单中显示视图方向，如图1.63所示，可在其中指定视图的方向。

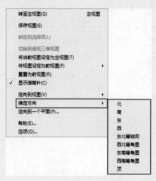

图1.63 方向列表

- 【定向到一个平面】：选择命令，弹出如图1.64所示的"选择方位平面"对话框，可在其中选择定位视图的方式。

图1.64 "选择方位平面"对话框

- 【选项】：选择命令，弹出"选项"对话框。在ViewCube选项卡中可设置ViewCube的属性参数，如图1.65所示。

图1.65 "选项"对话框

1.2.4 认识视图导航

与ViewCube相同，视图导航也位于绘图区域的右上角。不同的是，视图导航有两种样式，即二维样式与三维样式。

1. 二维样式的视图导航

在楼层平面视图中，视图导航显示于绘图区域的右上角，如图1.66所示。

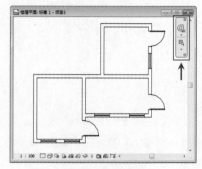

图1.66 视图导航

将光标置于二维控制盘按钮之上，单击鼠标左键，可以在视图中显示控制盘，如图1.67所示。

图1.67 二维控制盘

> **技巧**
>
> 按Shift+W快捷键，可以打开/隐藏二维控制盘。

单击控制盘中的"缩放"按钮，按住鼠标左键不放，来回拖曳鼠标，可以放大/缩小视图。

单击"回放"按钮，在视图中显示幻灯片，如图1.68所示。幻灯片会按照顺序显示用户的操作步骤，单击其中任意一张幻灯片，可以在视图中显示其效果。

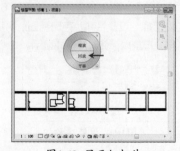

图1.68 显示幻灯片

单击"平移"按钮，激活"平移"工具，如图1.69所示。按住鼠标左键不放，移动光标的同时可以移动视图。

图1.69 平移视图

单击控制盘右下角的"显示控制盘菜单"按钮，弹出快捷菜单，如图1.70所示。

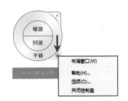

图1.70 弹出菜单

在菜单中选择"布满窗口"命令，所有图元均显示于绘图窗口中。

选择"选项"命令，弹出"选项"对话框。可在其中设置控制盘的属性参数，例如文字的显示样式、控制盘的外观等，如图1.71所示。

图1.71 "选项"对话框

2. 设置控制盘的显示样式

在控制盘中单击"区域放大"按钮下的实心箭头，弹出如图1.72所示的列表。在列表中选择命令，执行"缩放"图元的操作。

单击导航栏右下角的"自定义"按钮，弹出如图1.73所示的样式列表。

在列表中选择"SteeringWheels"命令与"缩放"命令，可以同时在视图中显示二维控制盘与"缩放"工具。

在样式列表中选择"固定位置"命令，弹出子菜单。子菜单中显示位置模式，如图1.74所示。选择命令，指定导航栏在视图中的显示位置。

图1.72 命令列表　　图1.73 样式列表

图1.74 位置列表

选择"修改不透明度"命令，在弹出的子菜单中显示透明度值，如图1.75所示。

默认选择50%，用户可以自定义导航栏的透明度。

单击导航栏右上角的"关闭"按钮，如图1.76所示，可以在平面视图中关闭导航栏。

图1.75 不透明度列表　图1.76 单击"关闭"按钮

选择"视图"选项卡，在"窗口"面板中单击"用户界面"按钮，在弹出的列表中选择"导航栏"选项，如图1.77所示，即可重新打开导航栏。

图1.77 选择"导航栏"选项

3. 三维样式的视图导航

单击ViewCube的右下角点，切换至三维视图，显示三维样式的视图导航，如图1.78所示。

图1.78 三维样式的视图导航

在导航控制盘按钮上单击鼠标左键，可以在视图中打开控制盘，如图1.79所示。

与二维样式的控制盘相比，三维样式的控制盘包含更多的工具。

图1.79 导航控制盘

单击"缩放"按钮，在视图中显示轴心，如图1.80所示。

按住鼠标左键不放，来回拖曳鼠标，可以放大或缩小图元。

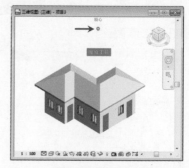

图1.80 缩放图元

单击"动态观察"按钮，在模型中显示轴心，如图1.81所示。按住鼠标左键不放移动光标，以轴心为基点旋转模型，可以全方位查看建模效果。

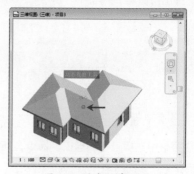

图1.81 动态观察模型

单击"中心"按钮，在模型中单击或拖曳鼠标来指定轴心。

例如在屋顶的角点单击鼠标左键，就可以指定该角点为中心，效果如图1.82所示。

重新指定中心后，激活"动态观察"工具，就以新的中心为轴心来旋转模型。

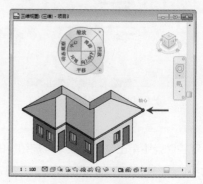

图1.82 重新指定中心

单击"向上/向下"按钮，如图1.83所示。按住鼠标左键不放，来回拖曳鼠标，可以向上或向下移动模型。

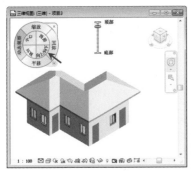

图1.83 移动模型

4. 三维控制盘的关联菜单

单击控制盘右下角的"关联菜单"按钮，弹出如图1.84所示的菜单。菜单中各命令的含义介绍如下。

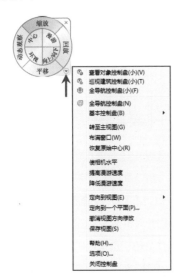

图1.84 弹出菜单

- ●【查看对象控制盘（小）】：选择命令，控制盘的显示样式如图1.85所示。其中包含4个工具按钮，单击按钮可以激活工具。

图1.85 查看对象控制盘

- ●【巡视建筑控制盘（小）】：选择命令，显示如图1.86所示的控制盘，单击按钮，激活工具。

图1.86 巡视建筑控制盘

- ●【全导航控制盘（小）】：选择命令，显示全导航控制盘，如图1.87所示。控制盘包含8个工具按钮，单击按钮可以激活工具。

图1.87 全导航控制盘

- ●【基本控制盘】：选择命令，弹出子菜单，如图1.88所示。

图1.88 弹出子菜单

在菜单中选择命令，可在视图中打开相应的控制盘，如图1.89所示。

图1.89 显示控制盘

- ●【恢复原始中心】：选择命令，撤销用户重新指定中心的效果，恢复显示原始中心。
- ●【撤销视图方向修改】：选择命令，撤销修改视图方向的效果。
- ●【关闭控制盘】：选择命令，关闭控制盘在视图中的显示。

技巧

显示"全导航控制盘（小）"时，在控制盘上单击鼠标右键，可以弹出控制盘关联菜单。

1.3 选择与编辑功能

编辑图元的前提是选中图元，在Revit应用程序中既可以沿用传统的方法来选择图元，也可以使用软件指定的命令来选择图元。

本节介绍选择与编辑功能的应用方法。

1.3.1 选择图元的方法 难点

Revit 2018应用程序提供了多种选择图元的方法，用户可以根据实际情况选用。

1. 框选

将光标置于待选图元的左上角，单击并按住鼠标左键不放，指定选框的起点❶，向右下角拖曳鼠标，指定选框的终点❷。

在拖曳鼠标的过程中，显示矩形选框，如图1.90所示。

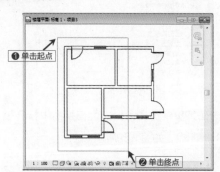

图1.90 拖出选框

松开鼠标左键，选中图元的效果如图1.91所示。通过观察选择效果可以得知，只有全部位于矩形选框内的图元才可以被选中。

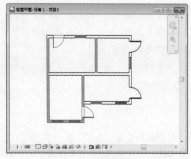

图1.91 选择效果

提示

因为水平方向上的墙体只有一半位于矩形选框内，所以没有被选中。左侧的垂直墙体全部位于选框内，所以被选中。

将光标置于待选图元的右下角，单击鼠标左键并按住不放，指定矩形选框的起点。

向左上角移动光标，指定选框的终点，如图1.92所示。

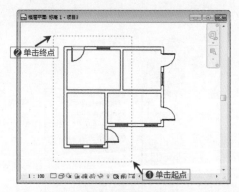

图1.92 拖出选框

松开鼠标左键，可查看选择图元的效果，如图1.93所示，无论是全部位于选框内的图元，还是部分位于选框内的图元，均被选中。

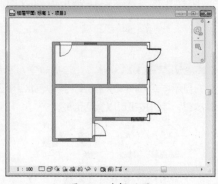

图1.93 选择效果

2. 加选

通过绘制矩形选框来选择图元，有时候会出现需要的图元却选择不到的情况。这时可以执行"加选"操作，添加漏选的图元到选择集中。

选择图元后❶，按住Ctrl键不放，此时在光标的右上角显示"+"。单击鼠标左键选择图元❷，如图1.94所示。

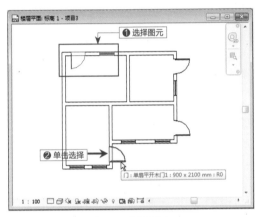

图1.94 选择图元

通过执行"加选"操作，将其他的门窗图元添加到选择集中的效果如图1.95所示。

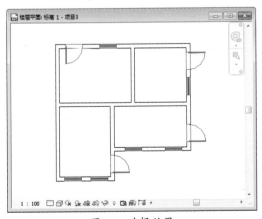

图1.95 选择效果

3. 减选

如果在选择图元时，将不需要的图元也添加到了选择集中，这时可以通过执行"减选"操作来解决。

按住Shift键不放，光标的右上角显示"–"，单击墙体即可减选，如图1.96所示。

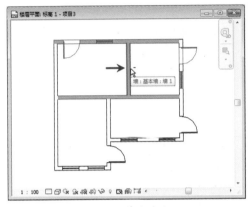

图1.96 单击墙体

依次单击墙体，将其从选择集中减去，如图1.97所示。

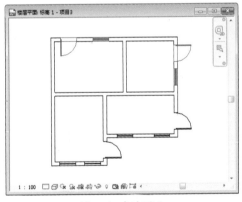

图1.97 减选图元

4. 选择全部实例

选择小范围内的图元，可以通过绘制矩形选框来实现。但如果要选择大范围内的图元，绘制选框就会有诸多的不便。此时可以通过启用"选择全部实例"功能来实现。

如选择门图元，单击鼠标右键，弹出快捷

菜单。在其中选择"选择全部实例"命令,向右弹出子菜单,如图1.98所示。

选择"在视图中可见"命令,可以选择视图中处于可见状态的所有门图元。

选择"在整个项目中"命令,可以选择整个项目各个视图中所有的门图元。

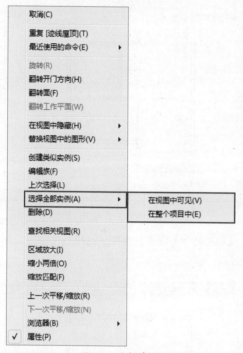

图1.98 选择命令

在执行"选择全部实例"命令前,应该先确认需要选择的某类图元有没有处于隐藏状态的部分。因为处于隐藏状态的图元不可以被选中。

练习1-4 选择指定的图元

素材文件:素材\第1章\练习1-4 选择指定的图元.rvt
效果文件:无
视频文件:视频\第1章\练习1-4 选择指定的图元.mp4

01 选择视图中的全部图元,效果如图1.99所示。

02 在"修改 | 选择多个"选项卡中单击"过滤器"按钮,如图1.100所示。

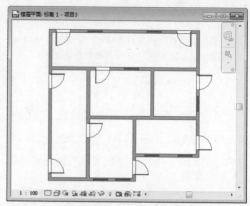

图1.99 选择全部图元的效果

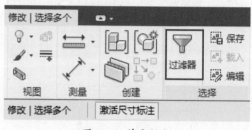

图1.100 单击按钮

03 弹出"过滤器"对话框,"类别"选项组中的所有选项都处于选中状态,如图 1.101 所示。

图1.101 "过滤器"对话框

提示

全部选择视图中的图元后,"过滤器"对话框中显示所有图元的类别,同时这些图元类别都处于选中状态。

04 单击"放弃全部"按钮,取消选择所有的图元类别,如图 1.102 所示。

图1.102 取消选择类别

05 单击选择"窗"类别，如图1.103所示。

图1.103 选择类别

06 单击"确定"按钮，关闭对话框。视图中显示所有的窗图元都处于选中状态，效果如图1.104所示。

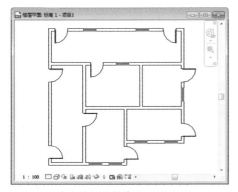

图1.104 选择窗图元的效果

1.3.2 编辑图元的方法 难点

编辑图元的工具有"偏移""移动""复制""旋转"等。通过激活工具编辑图元，可以修改图元在视图中的显示样式。

1. 对齐（AL）

选择"修改"选项卡，单击"修改"面板中的"对齐"按钮，如图1.105所示，激活命令。

启用工具，可以将一个或多个图元与指定的图元对齐。

为了防止在编辑修改时影响对齐效果，用户需要锁定对齐。

图1.105 激活"对齐"命令

2. 偏移（OF）

在"修改"面板中单击"偏移"按钮，如图1.106所示，激活命令。

软件提供两种偏移模式，一种是"图形"模式，另一种是"数值"模式。

选择"图形"模式，需要指定偏移图元的起点与终点。选择"数值"模式，需要指定偏移距离。

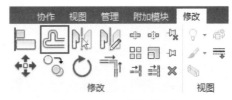

图1.106 激活"偏移"命令

3. 镜像－拾取轴（MM）

在"修改"面板上单击"镜像-拾取轴"按钮，如图1.107所示，激活命令。

启用工具后，选择镜像轴，可以在镜像轴的一侧创建图元副本。

如果取消选择命令栏中的"复制"选项，就仅是将图元镜像至镜像轴的一侧。

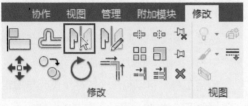

图1.107 激活"镜像-拾取轴"命令

4. 镜像－绘制轴（DM）

单击"修改"面板中的"镜像-绘制轴"按钮，如图1.108所示，激活命令。

启用工具后，需要依次单击指定起点与终点绘制镜像轴，结果是在镜像轴的一侧创建图元副本。

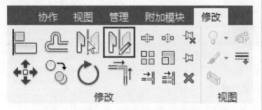

图1.108 激活"镜像-绘制轴"命令

5. 移动（MV）

在"修改"面板上单击"移动"按钮，如图1.109所示，激活命令。

启用工具后，依次单击起点与终点，可以将图元移动至指定的距离。

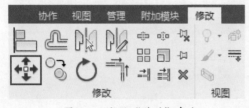

图1.109 激活"移动"命令

6. 复制（CO）

单击"修改"面板中的"复制"按钮，如图1.110所示，激活命令。

启用工具后，指定起点与终点，可以将图元复制到指定的位置。

在选项栏中选择"约束"选项，可以约束复制方向。如果选择"多个"选项，则可连续创建多个图元副本。

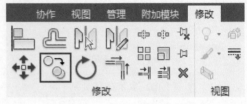

图1.110 激活"复制"命令

7. 旋转（RO）

单击"修改"面板中的"旋转"按钮，如图1.111所示，激活命令。

启用工具后，指定旋转起点与终点，可以按照指定的角度旋转图元。

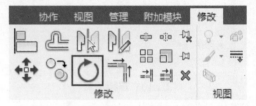

图1.111 激活"旋转"命令

如果选择命令栏中的"复制"命令，旋转图元的同时还可以创建图元副本。

8. 修剪／延伸为角（TR）

在"修改"面板中单击"修剪/延伸为角"按钮，如图1.112所示，激活命令。

启用工具后，可以修剪或延伸图元，使得图元形成一个角。

需要注意的是，在执行命令的过程中，需要单击要保留的图元部分。

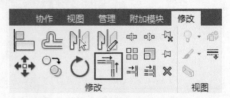

图1.112 激活"修剪/延伸为角"命令

9. 阵列（AR）

在"修改"面板中单击"阵列"按钮，如图1.113所示，激活命令。

图1.113 激活"阵列"命令

软件提供两种阵列方式，一种是线性阵列，另一种是半径阵列。

选择线性阵列，指定起点与终点、项目数，可在指定的距离内均匀分布图元副本。

选择半径阵列，指定旋转中心与旋转角度，可在角度范围内创建指定数目的图元副本。

10. 删除（DE）

在"修改"面板中单击"删除"按钮，如图1.114所示，激活命令。

启用工具后，选中的图元会被删除。

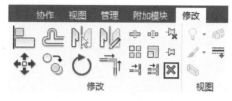

图1.114 激活"删除"命令

1.4 快捷键

Revit 2018中的命令大多数都有对应的快捷键，输入快捷键，就可以调用相应的命令。用户可以使用默认的快捷键来启用命令，也可以自定义快捷键。

1.4.1 认识快捷键

将光标置于命令按钮之上，停留几秒，按钮的右下角即显示文本提示框，内容包括命令名称、与之对应的快捷键和简短的介绍文字。

如将光标置于"墙"按钮上❶，在文本框中显示命令名称为"墙"，快捷键为WA❷，如图1.115所示。

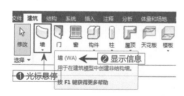

图1.115 显示文本框

通过阅读文字介绍"用于在建筑模型中创建非结构墙"，可以了解该命令的功能。

1.4.2 编辑快捷键 (重点)

编辑快捷键需要在"快捷键"对话框中进行。

"快捷键"对话框中显示软件所有的命令。借助"搜索"功能可以快速找到需要的命令。

下面以"墙"命令为例介绍修改快捷键的方法。

在"搜索"文本框中输入"墙"❶，软件自动执行"搜索"操作，并在对话框中显示与"墙"有关的所有命令❷，如图1.116所示。

图1.116 搜索命令

在"指定"列表中选择"墙"命令,在"快捷方式"列中显示"WA",表示"墙"命令的快捷键为WA。

在"按新键"文本框中输入新的快捷方式,如输入QT❶。

单击"指定"按钮❷,可将新的快捷键方式赋予"墙"命令,如图1.117所示。

❶ 输入快捷键

图1.117 输入快捷键

在"墙"命令的"快捷方式"列中显示两种不同的快捷键,如图1.118所示。

图1.118 指定快捷键

在键盘中输入任意一种快捷键都可以启用"墙"命令。

因为命令的种类很多,在设置快捷键时,难免会发生重复的情况。那么Revit允许设置重复的快捷键吗?

在"按新键"文本框中为"墙"命令输入名称为"WN"的快捷键❶,单击"指定"按钮❷,如图1.119所示。

❶ 输入快捷键

图1.119 设置快捷键

此时弹出"快捷方式重复"对话框,提醒用户当前所设置的快捷方式与已有的快捷方式重复,如图1.120所示。

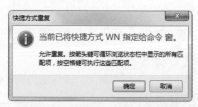

图1.120 "快捷方式重复"对话框

Revit允许快捷方式重复。在执行命令时,可通过键盘上的方向键选择所要执行的命令并按下空格键,启用命令。

练习1-5 自定义快捷键 (难点)

素材文件: 无
效果文件: 无
视频文件: 视频 \ 第 1 章 \ 练习 1-5 自定义快捷键 .mp4

01 选择"视图"选项卡,在"窗口"面板上单击"用户界面"按钮,在弹出的列表中选择"快捷键"命令,如图 1.121 所示。

图1.121 选择命令

02 选择命令后弹出"快捷键"对话框，在列表中选择"模型文字"命令，如图1.122所示。

图1.122 选择命令

提示

并不是所有的命令都被事先赋予了快捷键，用户可以根据使用习惯，为命令指定快捷键。

03 在"按新键"文本框中输入快捷键❶，如图1.123所示，单击"指定"按钮❷。

❶输入快捷键 图1.123 输入快捷键

04 为"模型文字"命令指定快捷键的结果如图1.124所示。单击"确定"按钮关闭对话框。

图1.124 指定快捷键

05 选择"建筑"选项卡，在"模型文字"按钮上悬停光标，弹出文本提示框，显示命令的快捷键为MTX，如图1.125所示。

图1.125 显示快捷键

1.5 知识小结

本章介绍了Revit的基础知识和工具的运用等。

初次使用Revit应用程序的用户，需要了解软件工作界面的组件，掌握视图控制工具的使用方法，才可以灵活地运用工具创建与编辑图元。选择图元的方式有多种，在建模过程中需要综合调用。"过滤器"是Revit特有的选择工具，运用该工具可以选中指定的图元类别。

编辑图元的工具位于"修改"面板中，无

论是在创建图元还是在编辑图元的过程中，都可以启用编辑命令来辅助建模或者修改模型。

与AutoCAD相似，在Revit中也可以通过输入快捷键来调用命令。用户可以自定义快捷键，也可以修改已有的快捷键。值得注意的是，Revit允许用户设置重复的快捷键。

1.6 拓展训练

本节安排了两个拓展练习，以帮助读者巩固本章所学知识。

训练1-1 取消显示欢迎界面 重点

素材文件：无
效果文件：无
视频文件：视频\第1章\训练1-1取消显示欢迎界面.mp4

操作步骤提示如下。

01 启动Revit 2018应用程序。

02 选择"文件"选项卡，在弹出的列表中选择"选项"。

03 弹出"选项"对话框，选择"用户界面"选项卡。

04 取消选择"启动时启用'最近使用的文件'页面"选项。

05 重启软件，可直接进入工作界面。

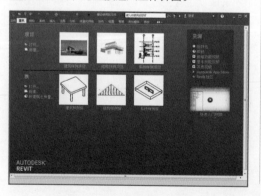

训练1-2 利用"过滤器"选择门窗标记 难点

素材文件：素材\第1章\训练1-2利用"过滤器"选择门窗标记.rvt
效果文件：无
视频文件：视频\第1章\训练1-2利用"过滤器"选择门窗标记.mp4

操作步骤提示如下。

01 打开"训练1-2利用'过滤器'选择门窗标记.rvt"文件。

02 全选视图中的图元，单击选项卡中的"过滤器"按钮。

03 弹出"过滤器"对话框，在其中选择"门标记""窗标记"选项，取消选择其他选项。

04 单击"确定"按钮，关闭对话框，即可以选中门窗标记。

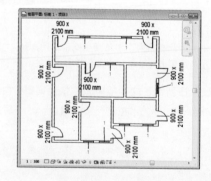

第 **2** 章

创建标高与轴网

使用Revit进行建筑项目设计之前，需要先创建标高与轴网。标高与轴网主要起到定位作用，标高提供垂直方向上的定位，轴网提供水平方向上的定位。建筑项目中的墙体、楼板及天花板等，需要以标高和轴网为基础来创建。2018版本的Revit应用程序改进了标高与轴网命令，本章将详细介绍这两个命令的使用方法。

本章重点

2.1 认识标高

"标高"命令是Revit中非常重要的基础命令之一。标高的创建和编辑是使用Revit创建建筑项目必不可少的环节。本节介绍创建及编辑标高的方法。

2.1.1 创建立面视图 重点

启用"标高"命令，就可以在项目文件中创建标高。

启动Revit 2018应用程序，执行"新建项目文件"的操作，就可以在项目文件中创建标高。

默认情况下，新建项目文件之后，停留在平面视图中。在项目浏览器中单击展开"视图（全部）"列表❶，"楼层平面"选项中显示当前视图的名称为"标高1"❷，如图2.1所示。

图2.1 项目浏览器

技巧

在新建的项目文件中，仅显示"属性"选项板。如果要打开项目浏览器，在不选择任何图元的情况下，在绘图区域的空白位置单击鼠标右键，弹出快捷菜单。选择"浏览器"命令，向右弹出子菜单，选择"项目浏览器"命令，如图 2.2 所示，可以打开项目浏览器。

图2.2 选择菜单命令

选择"视图"选项卡，单击"创建"面板中的"立面"按钮，弹出选项列表，选择"立面"选项，如图2.3所示。

图2.3 选择菜单选项

将光标置于绘图区域中，此时可以预览立面符号。指定立面方向后，在合适的位置单击鼠标左键，可以放置立面符号，如图2.4所示。

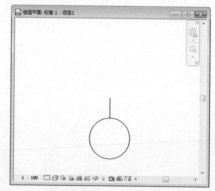

图2.4 放置立面符号的效果

提示

在创建立面视图的过程中，按 Tab 键可调整视图方向。在合适的位置单击鼠标左键，指定立面的放置点，可以创建立面。立面符号中的垂直线段表示视图的方向。

放置立面符号，就可以创建立面视图。在项目浏览器中展开"立面（立面1）"选项，其中显示立面视图的名称，如图2.5所示。

双击立面视图名称，切换至"立面1-a"

视图。单击选择"属性"选项板,将光标置于选项板右侧的矩形滑块之上,按住鼠标左键不放,向下拖曳鼠标。

图2.5 显示立面视图名称

在"范围"选项组中选择"裁剪视图"选项及"裁剪区域可见"选项,如图2.6所示。

图2.6 选择选项

此时,立面视图中显示裁剪轮廓线,以及项目文件默认创建的标高线,如图2.7所示。

图2.7 显示裁剪轮廓线与标高线的效果

将光标置于裁剪轮廓线之上,单击鼠标左

键,选中轮廓线。在轮廓线上显示蓝色的实心圆点及截断符号。

将光标置于蓝色夹点之上,夹点高亮显示,如图2.8所示。

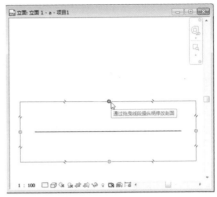

图2.8 激活夹点

在夹点上按住鼠标左键不放,拖曳鼠标,调整夹点的位置,裁剪轮廓边界线被移动,扩大裁剪面积,操作效果如图2.9所示。

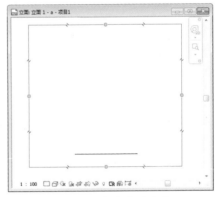

图2.9 调整夹点的效果

2.1.2 创建标高

选择"建筑"选项卡,在"基准"面板中单击"标高"按钮,如图2.10所示,开始创建标高。

图2.10 单击按钮

需要注意的是，在平面视图中，"标高"命令处于未激活的状态。因此，在立面视图中才可以创建标高。

启用命令后，将光标置于已有标高线之上。此时显示临时尺寸标注，实时显示光标与标高线的间距，如图2.11所示。

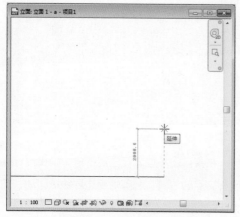

图2.11 显示临时尺寸标注

在合适的位置单击鼠标左键，指定标高线的起点。向右移动光标，当光标置于已有标高的终点之上时，显示蓝色的对齐虚线，如图2.12所示。

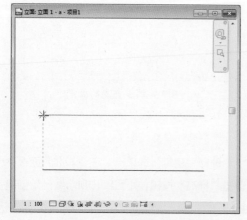

图2.12 显示临时尺寸标注

单击鼠标左键，指定标高线的终点，绘制效果如图2.13所示。选中标高线，在其周围显示一组控制柄，激活控制柄，可以编辑标高线。

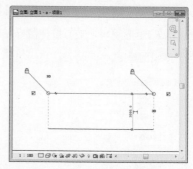

图2.13 绘制标高线的效果

关于标高线控制柄的使用方法，可以参考2.1.3节编辑标高的内容。

继续参考上述方法，执行"创建标高"的操作，最终效果如图2.14所示。

图2.14 绘制效果

2.1.3 控制柄的使用方法

标高创建完毕之后，对其执行编辑修改操作，可以修改标高的显示样式。

标高的"属性"选项板中显示其属性参数，如图2.15所示。

图2.15 "属性"选项板

选项板中主要选项的含义介绍如下。

● 【立面】：在选项中显示标高值，假如显示为0，表示标高值为0。

● 【上方楼层】：选项参数为"默认"，表示当前标高的上方楼层为默认楼层。在列表中显示其他楼层名称，选择名称可更改楼层。

● 【名称】：显示默认的标高名称，用户也可以自定义名称。

● 【结构】：选择选项，在创建标高时，同步创建结构楼层。

● 【建筑楼层】：默认选择该项，表示在创建标高时同步生成楼层平面。

选择标高，显示一组控制柄，如图2.16所示。各个控制柄的含义介绍如下。

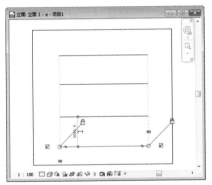

图2.16 显示控制柄

● 【隐藏编号】 ☑：单击该按钮，隐藏标高编号。

● 【端点】 ⊙：选择标高，在标高线的两端显示端点，如图2.17所示。

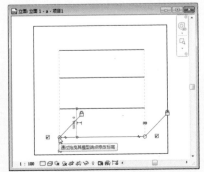

图2.17 显示端点

将光标置于端点之上，按住鼠标左键不放，激活端点。拖曳鼠标，显示蓝色参照虚线，如图2.18所示，可以调整端点的位置。端点的移动方向与鼠标的移动方向一致。

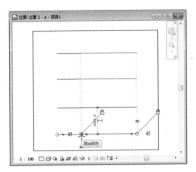

图2.18 调整端点的位置

在合适的位置松开鼠标左键，结束调整端点位置的操作。移动端点，可以调整标高线的长度，效果如图2.19所示。向左调整端点位置，可以延长标高线的长度。

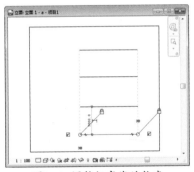

图2.19 调整标高线的长度

● 【对齐约束】 🔒：选择标高线，在一侧显示约束符号，如图2.20所示。

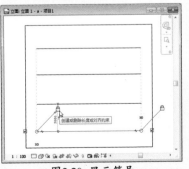

图2.20 显示符号

在"对齐约束"符号上单击鼠标左键，删除约束，同时符号消失，如图2.21所示。

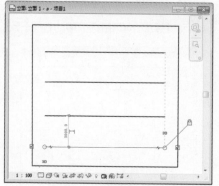

图2.21 删除约束

选择删除约束的标高线，激活端点，向右调整端点的位置，如图2.22所示。

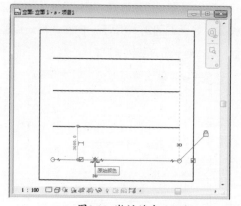

图2.22 激活端点

在合适的位置松开鼠标左键，此时只有选中的标高线的长度被修改，其他标高线仍然保持原样，如图2.23所示。

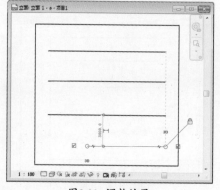

图2.23 调整结果

当用户只想编辑某标高线时，可以删除"对齐约束"。结果是可以任意调整标高线的长度，不会影响其他标高。再次激活端点，使端点与其他标高线的端点对齐，又可以使其重新处于"对齐约束"的状态。

● 【临时尺寸标注】：选择标高，显示临时尺寸标注，注明标高线的间距。单击尺寸参数，进入在位编辑状态。输入新的尺寸参数，如图2.24所示。

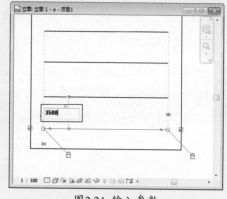

图2.24 输入参数

在空白位置单击鼠标左键，退出编辑模式。此时标高线向上移动，以适合所设定的距离参数，如图2.25所示。

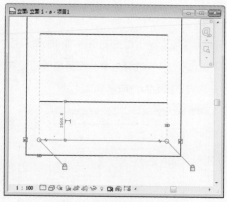

图2.25 修改间距的效果

单击尺寸标注右侧的标注符号，可以将临时尺寸标注转换为永久性尺寸标注，如图2.26所示。

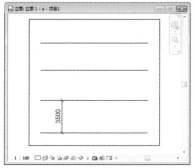

图2.26 转换为永久性尺寸标注的效果

● 【添加弯头】：将光标置于标高线中"添加弯头"符号之上，如图2.27所示，激活符号。

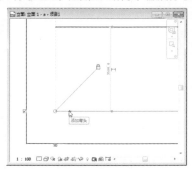

图2.27 激活符号

在符号上单击鼠标左键，可以为标高线添加弯头，如图2.28所示。添加弯头后，标高线的一端向下移动。

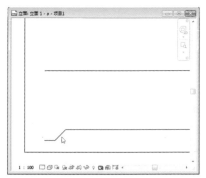

图2.28 添加弯头

2.1.4 添加标高标头

在2016版本的Revit应用程序中创建标高时，会默认添加标高标头。

2018版本的Revit应用程序取消了自动为标高添加标头的功能。用户需要自己添加。

选择标高，在"属性"选项板中单击右上角的"编辑类型"按钮，如图2.29所示，弹出"类型属性"对话框。

图2.29 单击符号

对话框中显示标高的类型参数。在"族"选项中显示"系统族：标高"，表示标高所在的系统族名称。"类型"选项值为"标高1"，这是标高的"类型名称"。

在"类型参数"列表中显示相关的属性参数，其中"符号"选项的参数值为"<无>"，如图2.30所示，表示选中的标高没有添加标头。

图2.30 "类型属性"对话框

41

选择"插入"选项卡，在"从库中载入"面板中单击"载入族"按钮，如图2.31所示。

图2.31 单击按钮

弹出"载入族"对话框，在其中选择"标高标头_上"文件，如图2.32所示。单击"打开"按钮，将选中的标头载入到项目文件中。

图2.32 "载入族"对话框

再次打开"类型属性"对话框，单击"符号"选项，弹出的列表中显示已载入的标头的名称，如图2.33所示。

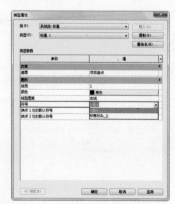

图2.33 显示标头名称

在列表中选择标头，如图2.34所示。单击"确定"按钮，关闭对话框，结束添加标头的操作。

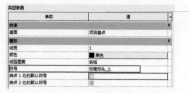

图2.34 选择标头

观察添加标头后标高的显示效果，如图2.35所示。在标高符号的上方显示高度值，在左侧显示标高名称。

图2.35 添加标头的效果

添加标头之后，用户会发现只在标高线的一端添加了标头。如果要同时在标高线的两端添加标头，可以通过在"类型属性"对话框中修改参数实现。

在对话框中的"类型参数"列表中，默认只选择"端点2处的默认符号"选项，表示只在标高线的一端添加标头。

用户选择"端点1处的默认符号"选项，如图2.36所示，表示在标高线的另一端也添加标头。

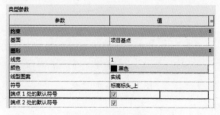

图2.36 选择选项

单击"确定"按钮，关闭对话框。观察视图中的标高，可见两端都已添加了标头，效果如图2.37所示。

选择标高，在标高线的两端会显示一个名称为"隐藏编号"的符号。

取消选择右侧的"隐藏编号"符号，如图2.38所示，结果是右侧的标高标头被隐藏。

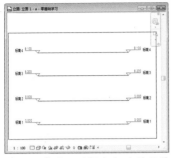

图2.37 在另一端添加标头的效果

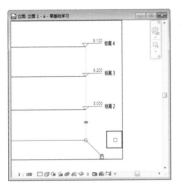

图2.38 隐藏标高标头

提示

通过激活"隐藏编号"符号来显示或隐藏标头，只会影响选中的标高，其他标高不会受到影响。如果要同时影响所有的标高，需要到"类型属性"对话框中设置参数。

单击选中"隐藏编号"符号，又可以显示标头，如图2.39所示。

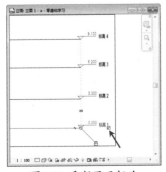

图2.39 重新显示标头

2.1.5 编辑标高的显示样式

新建的标高以默认的样式显示，例如显示为黑色的细实线。用户可以修改样式参数，自定义标高的显示样式。

在"类型属性"对话框中，单击"线宽"选项，弹出列表。列表中显示线宽代号，选择其中一项，例如选择5，如图2.40所示，修改标高线的线宽。

图2.40 选择线宽代号

提示

在Revit中，使用数字编号来代表线宽。数值越大，线越粗。

设置线宽后，返回视图，却发现标高线的显示样式没有任何变化。

此时可以选择"视图"选项卡，查看"图形"面板中的"细线"命令是否处于激活状态。

处于激活状态的"细线"命令，显示为蓝色的填充样式，如图2.41所示。

图2.41 激活命令

将光标置于"细线"命令按钮之上，单击鼠标左键，禁用"细线"命令，如图2.42所示。

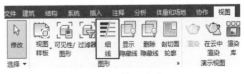

图2.42 禁用命令

为什么修改了线宽，视图中的图元却没有任何变化？

默认情况下，Revit无论缩放级别如何，都按照单一宽度在屏幕上显示所有的线。用户更改图元的线宽后，需要禁用"细线"命令，图元才可以按照所指定的线宽显示。假如"细线"命令处于激活状态，则所设置的线宽无效。

返回视图，观察标高线的显示样式。此时标高线以所设定的线宽显示，如图2.43所示。

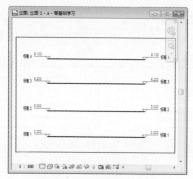

图2.43 修改线宽的效果

在"类型属性"对话框中单击"颜色"按钮，弹出"颜色"对话框。

在对话框中选择颜色，例如选择蓝色，如图2.44所示。通过设置颜色参数可以得到指定的颜色。

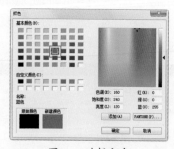

图2.44 选择颜色

单击"确定"按钮，返回"类型属性"对话框。"颜色"选项中显示当前标高线的颜色为"蓝色"，如图2.45所示。

返回视图，观察标高线的显示效果。此时标高线显示为蓝色，与所设定的颜色一致，如图2.46所示。

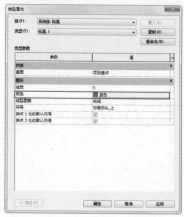

图2.45 显示颜色名称

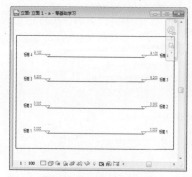

图2.46 修改颜色的效果

单击"线型图案"选项，弹出图案列表。列表中显示各种图案样式，如"中心线""双划线"等。选择其中一项，例如选择"划线"选项，如图2.47所示，修改标高线的线型图案。

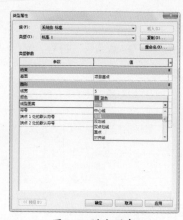

图2.47 弹出列表

返回视图，此时标高线的线型图案变为

"划线"，如图2.48所示。

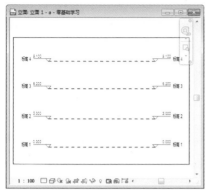

图2.48 修改线型的效果

用户还可以选择其他类型的线型图案，更改标高线的显示样式。

素材文件:	无
效果文件:	素材 \ 第 2 章 \ 练习 2-1 创建项目标高 .rvt
视频文件:	视频 \ 第 2 章 \ 练习 2-1 创建项目标高 .mp4

01 启动 Revit 2018 应用程序，新建项目文件。

02 切换至立面视图。选择"建筑"选项卡，单击"基准"面板中的"标高"按钮，激活命令。

03 在默认标高的基础上创建一个新标高，标高间距为4200mm，如图2.49所示。

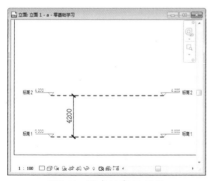

图2.49 创建标高的效果

04 选择"标高2"，进入"修改|标高"选项卡。单击"修改"面板中的"复制"按钮，如图2.50所示，激活命令。

技巧

按 CO 快捷键，也可以激活"复制"命令。

图2.50 激活命令

05 将光标置于"标高2"之上，指定移动起点，如图2.51所示。

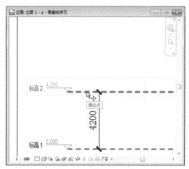

图2.51 指定起点

06 单击鼠标左键，指定起点。向上移动光标，根据临时尺寸标注的提示，将光标定位在距离"标高2"3200mm 的位置，如图2.52所示。

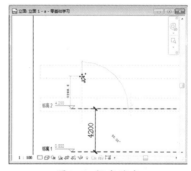

图2.52 指定终点

07 单击鼠标左键，指定终点。向上复制标高的效果如图2.53所示。

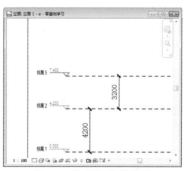

图2.53 复制标高的效果

项目文件按顺序为标高命名,如标高1、标高2等。执行"复制"命令得到的新标高被命名为"标高5",是因为用户在创建了标高3与标高4之后,又删除了这两个标高。所以再创建的标高,就被命名为"标高5"。

08 执行"复制"操作,继续向上复制标高,效果如图2.54所示。

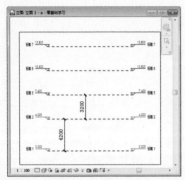

图2.54 复制效果

启用"复制"命令,指定起点与终点后可以复制一个标高。此时命令仍然处于执行的状态中,用户继续指定起点与终点,可以继续复制标高。复制完毕指定数目的标高后,按Esc键,退出命令即可。

09 退出"复制"命令之后,查看复制效果,发现有的标高没有显示在视图中。

10 选择裁剪轮廓线,激活上方轮廓边界线中的蓝色实心夹点。按住鼠标左键不放,向上拖曳鼠标,如图2.55所示。调整边界线的位置后,可以使所有的标高显示在视图中。

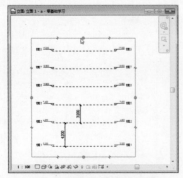

图2.55 调整边界线的位置

11 项目标高的创建效果如图2.56所示。

12 按Ctrl+S快捷键,打开"另存为"对话框。指定存储路径,设置文件名称为"2-1创建标高"。单击"保存"按钮,保存文件。

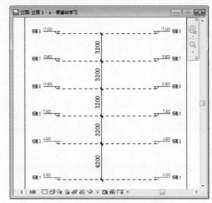

图2.56 创建项目标高

项目文件在创建标高的同时,会同步生成平面视图。但是使用"复制"命令来创建标高,就不会同步创建平面视图。

为了在建模的过程中可以到各视图中查看模型效果,用户需要自行创建与标高相对应的平面视图。

还可以修改项目的标高名称,方便识别各视图。步骤如下。

01 选择项目浏览器,观察"视图(全部)"列表,发现只包含"标高1"与"标高2"平面视图,如图2.57所示。

图2.57 显示已创建的平面视图

02 选择"视图"选项卡,在"创建"面板中单击"平面视图"按钮,弹出选项列表。选择"楼层平面"命令，如图 2.58 所示。

图2.58 选择命令

`03` 弹出"新建楼层平面"对话框，在列表中选择标高 5、标高 6、标高 7 与标高 8，如图 2.59 所示。

`04` 单击"确定"按钮，执行"创建楼层平面"视图的操作。

`05` 在项目浏览器中的"楼层平面"列表中，显示新建的楼层平面视图的名称，如图 2.60 所示。

图2.59 选择标高　　图2.60 创建平面视图

`06` 选择"标高 1"，单击鼠标右键，弹出快捷菜单。选择"重命名"命令，如图 2.61 所示。

图2.61 选择命令

`07` 弹出"重命名"对话框，在"名称"文本框中输入新名称，例如 F1，如图 2.62 所示。

图2.62 设置名称

`08` 单击"确定"按钮，随后弹出如图 2.63 所示的提示对话框。询问用户"是否希望重命名相应标高和视图"，单击"是"按钮。

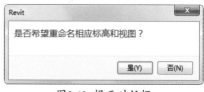

图2.63 提示对话框

`09` 在项目浏览器中查看"重命名"的效果，此时与"标高 1"相关的平面视图的名称被修改为 F1，如图 2.64 所示。

图2.64 修改效果

10 在视图中查看"重命名"的效果，可见"标高1"被修改为 F1，如图 2.65 所示。其他标高仍然保留默认名称，如"标高 2"。

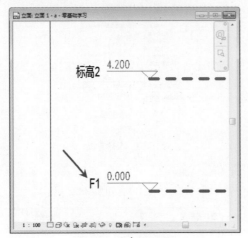

图2.65 重命名效果

11 重复上述"重命名"的操作，依次修改各标高的名称，效果如图 2.66 所示。

12 在视图中观察修改效果，此时所有的标高已被重命名，如图 2.67 所示。

图2.66 批量修改名称

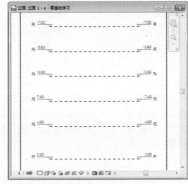

图2.67 修改效果

2.2 认识轴网

在Revit中的平面视图中创建图元，如墙体、门窗等，需要借助轴网来确定位置。只有掌握了"轴网"命令的使用方法，才可以轻松地创建与编辑轴网。

2.2.1 创建轴网的方法 重点

切换至楼层平面视图，选择"建筑"选项卡，在"基准"面板上单击"轴网"按钮，如图2.68所示，激活命令。

图2.68 单击按钮

> **提示**
>
> 观察"基准"面板中的"标高"按钮，发现按钮处于禁用状态，这是因为在平面视图中不可以创建标高。

启用命令后，进入"修改|放置轴网"选项卡。在"绘制"列表中单击"线"按钮，选择绘制轴线的方式。保持"偏移"值为0不变，如图2.69所示。

图2.69 进入选项卡

选项卡中各选项按钮的含义介绍如下。

● 【线】：选择该绘制方式，通过指定线的起点与终点，绘制垂直或水平轴线。

- 【起点-终点-半径弧】 ⌒：指定起点、端点与弧半径，绘制圆弧轴线。
- 【圆心-端点弧】 ⌒：指定弧的中心点、起点和端点，绘制圆弧轴线。
- 【拾取线】 ⌰：在绘图区域中选定现有的墙、线或边，创建一条轴线。
- 【多段网格】 ⌐：绘制链线段，可以创建多段轴线。
- 【偏移】：设置轴线与起点的间距。例如将选项值设置为100，则轴线与绘制起点的距离为100mm。

光标在绘图区域中显示样式为"+"，如图2.70所示。在合适的位置单击鼠标左键，指定轴线的起点。

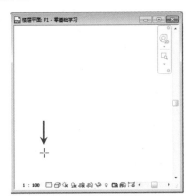

图2.70 指定起点

指定起点后，向上移动光标，如图2.71所示，指定轴线的终点。

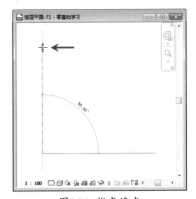

图2.71 指定终点

在终点位置单击鼠标左键，结束绘制轴线的操作，效果如图2.72所示。

图2.72 轴线的效果

向右移动光标，同时显示水平方向上的临时尺寸标注。参考尺寸标注，确定下一轴线的位置，如图2.73所示。

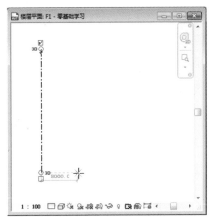

图2.73 向右移动光标

技巧

在绘制完成一根轴线后，仍然处于"轴网"命令中。用户不需要着急退出命令，可以继续指定起点与终点来绘制其他轴线。

指定起点，接着向上移动光标，指定终点，绘制下一轴线，效果如图2.74所示。

重复上述绘制方法，绘制垂直方向上的轴线，如图2.75所示。

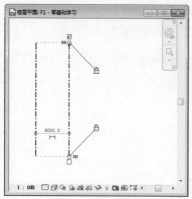

图2.74 轴线的效果

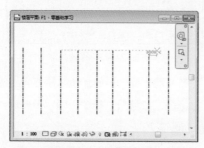

图2.75 垂直轴线的效果

绘制水平轴线的方式与绘制垂直轴线的方式相同。将光标置于垂直轴线的一侧，如图2.76所示，指定该点为起点。

图2.76 指定起点

在起点位置单击鼠标左键，向右移动光标。在合适位置指定终点，如图2.77所示。

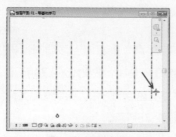

图2.77 指定终点

在终点位置单击鼠标左键，结束绘制水平轴线的操作，效果如图2.78所示。

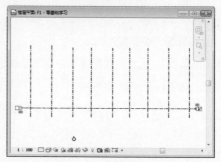

图2.78 水平轴线的效果

继续指定起点与终点来绘制水平轴线，绘制结果如图2.79所示。

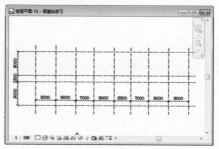

图2.79 绘制结果

2.2.2 轴线控制柄的使用方法 难点

选择轴线，在其两端显示控制柄。通过激活控制柄，可以调整轴线的显示样式。各控制柄的使用方法介绍如下。

● 【模型端点】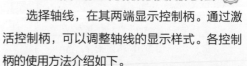：将光标置于轴线一端的模型端点之上，按住鼠标左键不放，向上拖曳鼠标，可以调整端点的位置，如图2.80所示，结果是影响与之对齐的所有垂直轴线的端点位置。

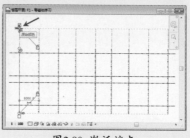

图2.80 激活端点

选择轴线后，会显示蓝色的对齐虚线。在移动端点的过程中，可借助对齐虚线实时观察其他轴线端点的移动过程。

选择水平轴线，激活端点，向左或向右移动光标，也可以调整轴线端点的位置，如图2.81所示。

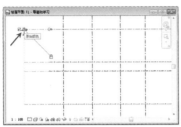

图2.81 激活水平轴线的端点

● 【长度或对齐约束】🔒：将光标置于约束按钮上，单击鼠标左键，可以删除约束。约束按钮的显示样式将发生变化，如图2.82所示。

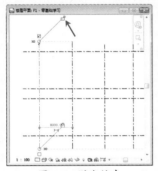

图2.82 删除约束

删除约束后，激活轴线的端点，在移动端点时，只会影响选中的轴线，如图2.83所示。其他轴线不受影响。

图2.83 移动端点

● 【隐藏编号】：单击按钮，可以隐藏轴网标头。再次单击按钮，恢复显示轴网标头。
● 【添加弯头】：将光标置于弯头符号之上，高亮显示符号，如图2.84所示，可添加弯头。

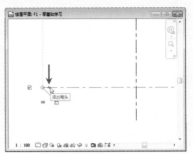

图2.84 激活符号

在符号上单击鼠标左键，可以为轴线创建弯头，如图2.85所示。当发生轴号重叠的情况时，添加弯头可以移动轴号，以避免该情况。

图2.85 添加弯头

选择已添加弯头的轴线，在添加弯头的一端显示蓝色的实心夹点。激活夹点，移动光标，如图2.86所示，可以改变弯头的显示样式。

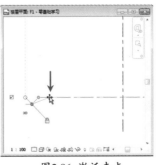

图2.86 激活夹点

2.2.3 添加轴网标头 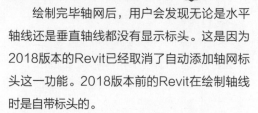重点

绘制完毕轴网后，用户会发现无论是水平轴线还是垂直轴线都没有显示标头。这是因为2018版本的Revit已经取消了自动添加轴网标头这一功能。2018版本前的Revit在绘制轴线时是自带标头的。

没有轴网标头，会给绘图造成诸多不便，所以需要载入标头。

选择任意轴线，在"属性"选项板中显示轴线的名称。如图2.87所示，在"名称"选项中显示1，表示选中的轴线为1号轴线。

单击"属性"选项板右上角的"编辑类型"按钮，弹出"类型属性"对话框。

"类型参数"列表中的"符号"选项中显示参数为"<无>"，如图2.88所示，表示选中的轴线没有添加标头。

图2.87 "属性"选　图2.88 "类型属性"
　　　项板　　　　　　　对话框

选择"插入"选项卡，在"从库中载入"面板中单击"载入族"按钮，如图2.89所示，激活命令。

图2.89 单击按钮

弹出"载入族"对话框，选择"轴网标头-单圆"文件，如图2.90所示。单击"打开"按钮，将标头载入到项目中。

图2.90 选择标头

再次打开"类型属性"对话框，单击"符号"选项，在弹出的列表中显示已载入的标头，如图2.91所示。

图2.91 "符号"列表

在"符号"列表中选择名称为"轴网标头-单圆：宽度系数0.65"的标头，如图2.92所示。

图2.92 选择标头

单击"确定"按钮，返回视图。观察添加标头后轴网的显示效果，如图2.93所示。

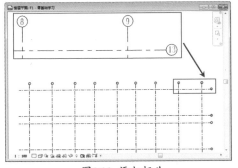

图2.93 添加标头

2.2.4 编辑轴网的显示样式 （难点）

修改"类型属性"对话框中的参数，可以影响轴网的显示样式。

在对话框中单击"轴线中段"选项，弹出样式列表，显示3种样式。默认选择"连续"选项，如图2.94所示，表示轴线中段与轴线末段连接在一起。

类型参数	
参数	**值**
图形	
符号	轴网标头-单圈：宽度系数 0.65
轴线中段	连续
轴线末段宽度	连续
轴线末段颜色	无
轴线末段填充图案	自定义
平面视图轴号端点 1 (默认)	
平面视图轴号端点 2 (默认)	☑
非平面视图符号(默认)	顶

图2.94 样式列表

选择"无"选项，单击对话框右下角的"应用"按钮，观察轴网的样式变化，效果如图2.95所示。

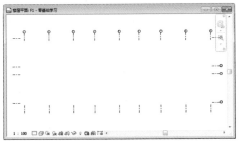

图2.95 隐藏轴线中段的效果

隐藏轴线中段后，如果想要预览中段，将光标置于轴线之上，即可高亮显示中段，如图2.96所示。但是在移开光标之后，中段又会恢复隐藏状态。

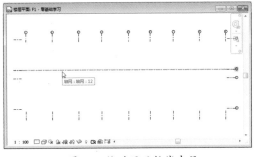

图2.96 临时显示轴线中段

在"轴线中段"列表中选择"自定义"选项后，对话框中新增3个选项，分别是"轴线中段宽度""轴线中段颜色""轴线中段填充图案"，如图2.97所示。

类型参数	
参数	**值**
图形	
符号	轴网标头-单圈：宽度系数 0.65
轴线中段	自定义
轴线中段宽度	1
轴线中段颜色	■ 黑色
轴线中段填充图案	网格线
轴线末段宽度	1
轴线末段颜色	■ 黑色
轴线末段填充图案	网格线
轴线末段长度	25.0
平面视图轴号端点 1 (默认)	
平面视图轴号端点 2 (默认)	☑
非平面视图符号(默认)	顶

图2.97 新增选项

通过设置新增的3个选项的参数，可以影响中段在视图中的显示效果。

分别修改中段的宽度、颜色及填充图案参数，如图2.98所示。

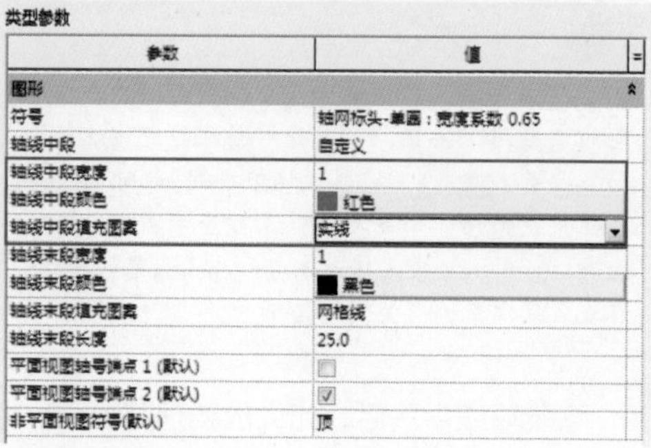

类型参数

参数	值	=
图形		
符号	轴网标头-单圈：宽度系数 0.65	
轴线中段	自定义	
轴线中段宽度	1	
轴线中段颜色	■ 红色	
轴线中段填充图案	实线	
轴线末段宽度	1	
轴线末段颜色	■ 黑色	
轴线末段填充图案	网格线	
轴线末段长度	25.0	
平面视图轴号端点 1（默认）	☐	
平面视图轴号端点 2（默认）	☑	
非平面视图符号（默认）	顶	

图2.98 设置选项参数

知识链接

关于修改"宽度""颜色""填充图案"的方法，请参考 2.1.5 节关于编辑标高显示样式的内容。

参数设置完毕，单击"应用"按钮，此时轴线中段的显示效果如图2.99所示。轴线末段仍然保持默认值。

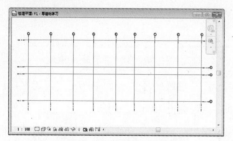

图2.99 修改样式的效果

恢复"轴线中段"的样式为"连续"样式，并修改轴线末段的相关参数，例如宽度、颜色和填充图案，如图2.100所示。

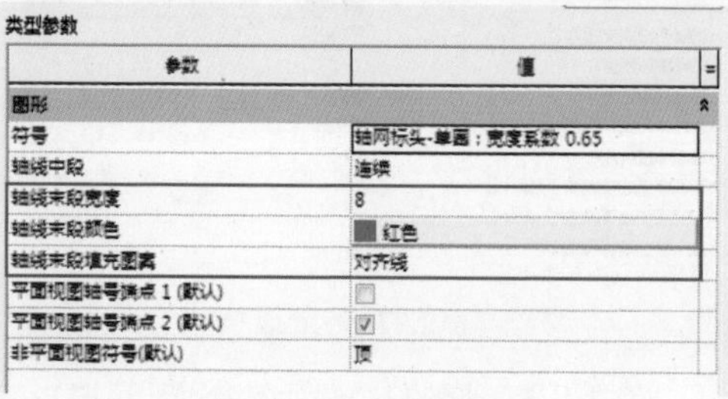

类型参数

参数	值	=
图形		
符号	轴网标头-单圈：宽度系数 0.65	
轴线中段	连续	
轴线末段宽度	8	
轴线末段颜色	■ 红色	
轴线末段填充图案	对齐线	
平面视图轴号端点 1（默认）	☐	
平面视图轴号端点 2（默认）	☑	
非平面视图符号（默认）	顶	

图2.100 设置参数

单击"应用"按钮，查看轴线样式的修改效果，如图2.101所示。

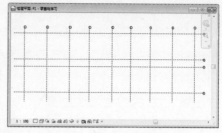

图2.101 修改样式的显示效果

提示

修改"轴线末段"的参数，可以影响包括轴线中段在内的显示样式。

选择水平轴线，其左侧的"隐藏编号"处于禁用状态，如图2.102所示。禁用该符号的结果就是轴网标头被隐藏。

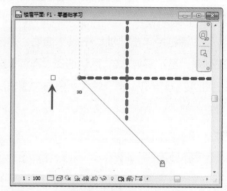

图2.102 禁用符号的效果

单击"隐藏编号"符号，激活符号。同时轴网标头也恢复显示，效果如图2.103所示。

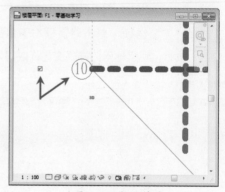

图2.103 激活符号

在"类型属性"对话框中选择"平面视图轴号端点1（默认）"选项，如图2.104所示。

参数	值
图形	
符号	轴网标头-单圆；宽度系数 0.65
轴线中段	连续
轴线末段宽度	8
轴线末段颜色	红色
轴线末段填充图案	对齐线
平面视图轴号端点 1 (默认)	✓
平面视图轴号端点 2 (默认)	✓
非平面视图符号(默认)	顶

类型参数

图2.104 选择选项

单击"应用"按钮，在轴线的两端可以同时显示标头，效果如图2.105所示。

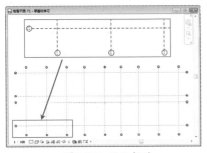

图2.105 显示标头

2.2.5 修改轴号 重点

添加轴网标头后，轴号显示为数字，如图2.106所示。无论是水平轴线还是垂直轴线的轴号，都按照顺序以数字来命名。

图2.106 显示为数字

根据建筑制图标准，垂直轴线的轴号以阿拉伯数字命名，水平轴线的轴号以大写字母命名。

为了符合制图标准，需要修改水平轴线的轴号。

将光标置于水平轴线的轴号之上，单击鼠标左键，进入在位编辑模式。

在文本框中输入大写字母"A"，如图2.107所示，设置轴号。

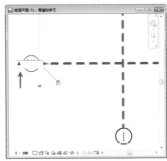

图2.107 输入大写字母

在空白位置单击鼠标左键，退出编辑模式，修改轴号的效果如图2.108所示。

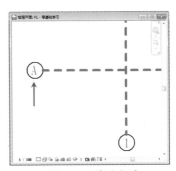

图2.108 修改轴号

重复上述操作，继续修改其他水平轴线的轴号。按照顺序来命名，即A、B、C、D等，效果如图2.109所示。

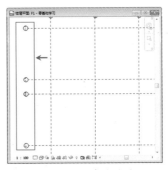

图2.109 修改结果

在修改水平轴线一端的轴号之后，另一端的轴号也会自动更新，效果如图2.110所示。

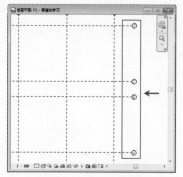

图2.110 同步更新轴号

除了可以直接在标头上修改轴号之外，还有另外一种方式。

选择轴线，在"属性"选项板中修改"名称"参数。例如将选项参数设置为"B"，如图2.111所示。单击"应用"按钮，轴线的轴号就被修改为"B"。

图2.111 修改选项值

练习2-2 创建项目轴网

素材文件：素材＼第2章＼练习2-1 创建项目标高 .rvt
效果文件：素材＼第2章＼练习2-2 创建项目轴网 .rvt
视频文件：视频＼第2章＼练习2-2 创建项目轴网 .mp4

01 打开"练习2-1 创建项目标高 .rvt"文件。

02 切换至平面视图，选择"建筑"选项卡，单击"基准"面板上的"轴网"按钮，激活命令。

03 在绘图区域中指定起点与终点，分别绘制水平轴线与垂直轴线，效果如图2.112所示。

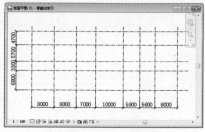

图2.112 轴网的效果

04 选择轴线，单击"属性"选项板右上角的"编辑类型"按钮，弹出"类型属性"对话框。

05 在"符号"列表中选择轴网标头的样式❶，分别选择"平面视图轴号端点1（默认）"选项与"平面视图轴号端点2（默认）"选项❷，如图2.113所示。

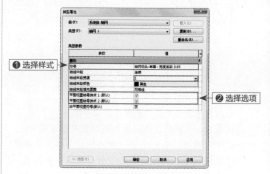

图2.113 指定符号样式

> **提示**
>
> 默认情况下，"平面视图轴号端点2（默认）"选项处于选中状态。在指定了"符号"样式后，应该选择"平面视图轴号端点1（默认）"选项，这样在关闭对话框之后，就可以在轴线的两端同时显示标头。

06 单击"确定"按钮，返回视图，为轴网添加标头的效果如图2.114所示。

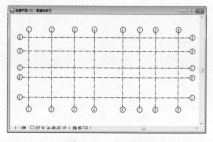

图2.114 添加标头

07 打开"类型属性"对话框，单击"颜色"按钮，弹出"颜色"对话框。

08 在"基本颜色"列表中选择颜色，如图2.115所示。单击"确定"按钮，返回"类型属性"对话框。

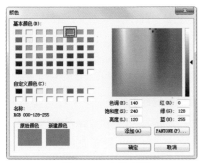

图2.115 选择颜色

09 单击"轴线末段宽度"选项，在列表中选择线宽代号"9"。在"轴线末段填充图案"列表中选择名称为"双点划线"的图案，如图2.116所示。

类型参数	
参数	值
图形	
符号	轴网标头-单圆：宽度系数 0.65
轴线中段	连续
轴线末段宽度	9
轴线末段颜色	RGB 000-128-255
轴线末段填充图案	双点划线
平面视图轴号端点 1 (默认)	☑
平面视图轴号端点 2 (默认)	☑
非平面视图符号 (默认)	顶

图2.116 设置样式参数

10 单击"确定"按钮，返回视图，修改轴网显示样式的效果如图2.117所示。

11 选择"文件"选项卡，在弹出的列表中选择"另存为"命令❶，在子菜单中选择"项目"命令❷，如图2.118所示。

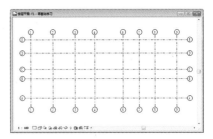

图2.117 修改样式的效果

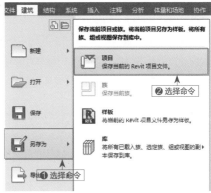

图2.118 选择选项

12 弹出"另存为"对话框，指定存储路径，在"文件名"文本框设置名称❶，如图2.119所示，单击"保存"按钮❷，保存文件。

图2.119 设置参数

2.3 知识小结

本章介绍了创建与编辑标高和轴网的操作方法。

在创建标高时，需要在立面视图中创建。但是在默认情况下，项目文件并没有创建立面视图，所以还需要用户自己先创建立面视图，再创建标高。轴网需要在平面视图中绘制，因为只有在平面视图中，创建轴网的命令才会被激活。标高标头与轴网标头都需要从外部库中载入到项目文件中。载入标头后，在"类型属性"对话框中执行"选择标头"的操作，就可以为标高或轴网添加标头。

2.4 拓展训练

本节安排了两个拓展练习，以帮助读者巩固本章所学知识。

训练2-1 创建标高

素材文件：	无
效果文件：	素材\第2章\训练2-1创建标高.rvt
视频文件：	视频\第2章\训练2-1创建标高.mp4

操作步骤提示如下。

01 新建项目文件，创建立面视图，切换至立面视图。

02 启动"标高"命令，在绘图区域中指定起点与终点，绘制标高。

03 载入标高标头，为标高添加标头。

04 按Ctrl+S快捷键，保存文件。

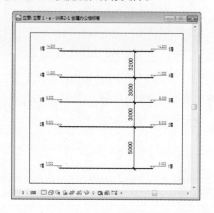

训练2-2 创建轴网

素材文件：	素材\第2章\训练2-1创建标高.rvt
效果文件：	素材\第2章\训练2-2创建轴网.rvt
视频文件：	视频\第2章\训练2-2创建轴网.mp4

操作步骤提示如下。

01 打开"训练2-1创建标高.rvt"文件。

02 切换至平面视图，启用"轴网"命令，绘制水平方向与垂直方向上的轴网。

03 载入轴网标头，在"类型属性"对话框中为轴网添加标头。

04 按Ctrl+S快捷键，保存文件。

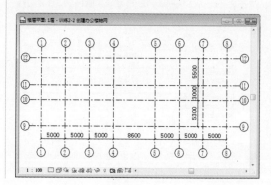

第 3 章

创建墙体

在创建建筑项目时，墙体是重要的构件之一。Revit提供了3种类型的墙体供用户调用，用户需要设置墙体参数，如墙体的材质与标高等。用户也可以对已有的墙体进行编辑，以得到不同参数的墙体。本章将介绍创建与编辑基本墙体与叠层墙体的方法。

本章重点

3.1 创建墙体

在创建建筑项目的内外墙体时，一般在"基本墙"的基础上创建。首先设置墙体参数，定义墙体的属性后，再进行创建。

本节介绍创建与编辑墙体的方法。

3.1.1 设置墙体参数 难点

设置墙体参数需在"编辑部件"对话框与"材质浏览器"对话框中进行。本节介绍设置墙体参数的方法。

1. 新建墙体类型

选择"建筑"选项卡，单击"构建"面板上的"墙"按钮，如图3.1所示，激活命令。

图3.1 单击按钮

"属性"选项板中显示默认的墙体类型为"基本墙"，单击"编辑类型"按钮，如图3.2所示。

弹出"类型属性"对话框，"族"选项中显示墙体族名称为"系统族：基本墙"，"类型"选项中显示墙体类型名称为"墙1"。

单击"复制"按钮，如图3.3所示，以"墙1"为基础新建墙体类型。

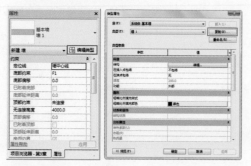

图3.2 "属性"选 图3.3 "类型属性"对话框
　项板

弹出"名称"对话框，设置墙体名称，如图3.4所示。单击"确定"按钮，可以新建墙体类型。

图3.4 "名称"对话框

技巧

用户可以自行决定墙体类型的名称，但是所设置的名称不能重复。为了避免重复，可以在相同名称后添加编号，如1、2、3等。

"类型"选项中显示新建墙体类型的名称❶。单击"结构"选项后的"编辑"按钮❷，如图3.5所示，打开"编辑部件"对话框。

图3.5 新建墙体类型

2. 插入新层

"编辑部件"对话框中显示墙体默认的结构参数，如图3.6所示。"层"列表中显示"核心边界"层与"结构"层。

连续单击3次列表左下角的"插入"按钮❶，在表中插入3个新层❷，如图3.7所示。

图3.6 "编辑部件"对话框

图3.7 插入新层

单击"插入"按钮所插入的新层，其功能属性默认为"结构 [1]"。用户可以在插入新层后自定义其功能属性。

选择新层，单击"向上"按钮，可向上调整位置；单击"向下"按钮，可向下调整位置。最终的操作设置如图3.8所示。

图3.8 调整层的位置

知识链接

关于为何要在列表中调整层的位置，请阅读 3.1.2 节的内容。

调整层的位置后，单击"功能"选项，弹出功能列表。在列表中选择功能属性，例如将第1行的层功能设置为"面层2[5]"。

为插入的新层逐一设置功能属性，结果如图3.9所示。

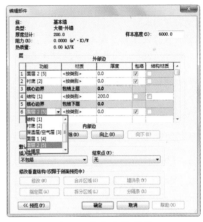

图3.9 设置功能属性

选择第1行，将光标定位在"材质"选项中。此时在单元格的右侧显示如图3.10所示的矩形按钮，单击该按钮，打开"材质浏览器"对话框。

图3.10 单击按钮

3. 设置材质参数

在左侧的"名称"列表中选择名称为"默认墙"的材质❶。

在选中的材质上单击鼠标右键，弹出快捷菜单。选择"复制"命令❷，如图3.11所示，创建材质副本。

图3.11 选择材质

技巧

创建材质副本后，此时材质名称处于可编辑状态，用户可以修改名称。或者选择副本，弹出快捷菜单，选择"重命名"命令，也可修改名称。

自定义材质副本的名称❶，结果如图3.12所示。

单击列表下方的"打开/关闭资源浏览器"按钮❷，打开"资源浏览器"对话框。

图3.12 创建材质副本

在左侧的资源列表中单击展开"AutoCAD物理资源"列表，选择"灰泥"材质❶。

在右侧的列表中选择名称为"精细-白色"的材质，如图3.13所示。单击右侧的矩形按钮❷，使用此资源替换编辑器中的当前资源。

图3.13 选择材质

单击右上角的关闭按钮，关闭对话框。"外观"选项卡中显示材质的名称❶与图像❷，如图3.14所示。

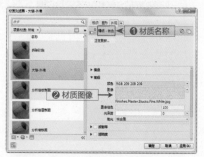

图3.14 显示名称与图像

切换至"图形"选项卡，单击"着色"选项组下的"颜色"按钮，弹出"颜色"对话框。

修改颜色参数❶，在"新建颜色"命令下预览颜色❷，如图3.15所示。

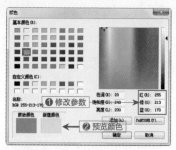

图3.15 "颜色"对话框

单击"确定"按钮，关闭对话框。在"颜色"选项中显示修改颜色的效果，如图3.16所示。

图3.16 设置颜色

提示

设置"表面填充图案"选项组与"剖面填充图案"选项组中的参数，可以指定墙体的表面与截面填充图案及颜色。

单击"确定"按钮，返回"编辑部件"对话框。第1行的"材质"单元格中显示新建材质的名称为"大楼-外墙"，如图3.17所示。

图3.17 设置材质

4. 设置其他层的参数

选择第2行，将光标定位于"材质"单元格中，单击单元格右侧的矩形按钮，如图3.18所示。

图3.18 单击按钮

打开"材质浏览器"对话框，在列表中选择"大楼-外墙"材质❶。执行"复制"操作❷，如图3.19所示，创建材质副本。

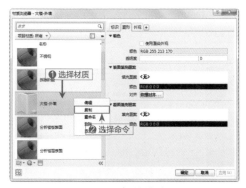

图3.19 复制材质

修改材质副本的名称为"大楼-外墙-衬底"，如图3.20所示。

图3.20 设置材质名称

单击"着色"选项组中的"颜色"按钮，打开"颜色"对话框。

在"基本颜色"列表中单击最后一个颜色，即白色，如图3.21所示，指定材质颜色。

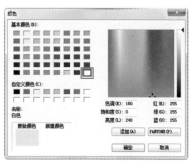

图3.21 选择颜色

单击"确定"按钮，关闭对话框，"着色"选项组中显示修改颜色的效果❶。单击"截面填充图案"选项组中的"填充图案"按钮❷，如图3.22所示。

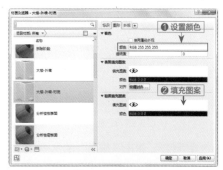

图3.22 单击按钮

打开"填充样式"对话框，在图案列表中选择名称为"对角线交叉填充"的图案，如图3.23所示。

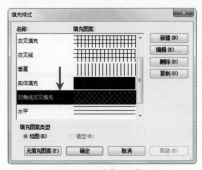

图3.23 选择图案

单击"确定"按钮，关闭对话框。在"填充图案"选项中浏览设置图案的效果，如图3.24所示。

图3.24 设置效果

单击"确定"按钮，返回"编辑部件"对话框，设置"衬底"材质的效果，如图3.25所示。

图3.25 设置材质

选择第6行，单击"材质"单元格中的矩形按钮，打开"材质浏览器"对话框。

在列表中选择"大楼-外墙"材质，执行"复制"操作，创建材质副本。

将材质副本的名称设置为"大楼-内墙-粉刷"，如图3.26所示。

图3.26 设置副本名称

单击"截面填充图案"选项组中的"填充颜色"按钮，打开"填充样式"对话框。

选择名称为"上对角线"的图案，如图3.27所示。

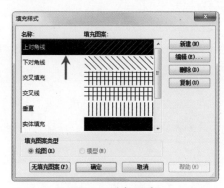

图3.27 选择图案

单击"确定"按钮，返回"材质浏览器"对话框，浏览指定填充图案的效果❶。修改"着色"颜色为白色❷，如图3.28所示。单击"确定"按钮，返回"编辑部件"对话框。

图3.28 设置效果

第6行的"材质"单元格中显示材质名称为"大楼-内墙-粉刷"❶。在"厚度"列中，依次修改各层的厚度值❷，结果如图3.29所示。

图3.29 设置厚度

层的"厚度"为0时，软件会将该层删除。因此在插入层后，不要忘记修改"厚度"。

单击"确定"按钮，返回"类型属性"对话框。"厚度"选项中显示墙体的厚度。

单击"功能"选项，弹出样式列表，如图3.30所示。选择选项，指定墙体的功能。例如选择"外部"选项，表示墙体被指定为外墙。

单击"确定"按钮，关闭对话框，完成设置墙体参数的操作。

图3.30 "类型属性"对话框

"厚度"选项中的参数值由"编辑部件"对话框中各层的"厚度"相加得到。

3.1.2 墙体结构 （重点）

在"编辑部件"对话框中，单击左下角的"预览"按钮，向左弹出预览窗口。窗口中显示墙体的结构，如图3.31所示。

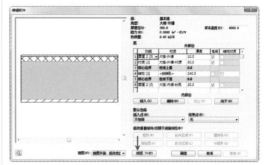

图3.31 显示墙体结构

单击弹出"功能"列表，显示6种墙体功能，分别是"结构[1]""衬底[2]""保温层/空气层[3]""面层1[4]""面层2[5]""涂膜层"。

选择列表中的选项，可以指定每一层在墙体中所起的作用。

从上往下查看图3.31列表中的参数，层的功能分别为"面层2[5]""衬底[2]""核心边界""结构[1]""核心边界""面层2[5]"，对照预览窗口中的墙体结构图来理解参数的含义。

在预览窗口中，从上往下，墙体各层的功能与厚度均与层列表中的参数对应。调整列表中层的位置，也会影响墙体结构。

如第1行为"面层2[5]"，"厚度"为10，在墙体结构图中，即表示最上面的一层。

第2行为"衬底[2]"，"厚度"为30，表示墙体结构图中的第2层。该层显示了对角线的填充图案，是因为在设置材质参数时，为该层指定了截面填充图案。

没有指定截面填充图案的层，显示为实体填充图案。

"核心边界"由软件默认创建，不可以编辑或删除，用来界定墙体的核心结构与非核心结构。

墙体核心结构是指墙体存在的必要条件，如钢筋混凝土墙体、砖墙等。

墙体的核心结构层位于"核心边界"之间。"核心边界"以外的层为非结构层，依附于结构层而存在，如面层、衬底或者保温层、防水层等。

用户在设置墙体参数后，可以通过预览窗口观察墙体的结构。修改参数后，墙体结构也会实时更新。

练习3-1 创建办公楼的外墙体 重点

素材文件：素材\第2章\练习2-2创建项目轴网.rvt
效果文件：素材\第3章\练习3-1创建办公楼的外墙体.rvt
视频文件：视频\第3章\练习3-1创建办公楼的外墙体.mp4

01 打开"练习2-2创建项目轴网.rvt"文件，如图3.32所示，在此基础上创建外墙体。

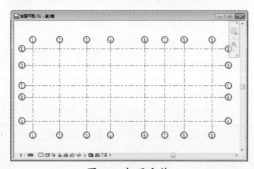

图3.32 打开文件

02 在"构建"面板上单击"墙"按钮，激活命令。

03 进入"修改 | 放置墙"选项卡，在"绘制"面板中单击"线"按钮，指定绘制墙体的方式。设置"高度"值为4200，其他参数保持默认值即可，如图3.33所示。

图3.33 设置"高度"值

04 在"属性"选项板中选择名称为"大楼-外墙"的墙体，设置"无法连接高度"为4200，如图3.34所示。

图3.34 "属性"选项板

05 滚动鼠标滚轮，放大视图，光标置于A轴与1轴的交点，如图3.35所示。单击鼠标左键，指定该点为起点。

06 向上移动光标，当光标在E轴与1轴的交点处时单击鼠标左键，如图3.36所示，指定墙体的下一点。

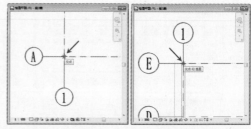

图3.35 指定起点　　图3.36 指定下一点

07 向右移动光标，在9轴与E轴的交点处单击鼠标左键，如图3.37所示，指定墙体的下一点。

08 向下移动光标，将光标置于B轴与9轴的交点，如图3.38所示，单击鼠标左键指定墙体的下一点。

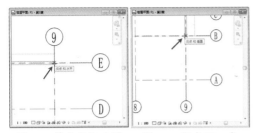

图3.37 单击鼠标左键　　图3.38 指定下一点

09 向左移动光标，在 B 轴与 4 轴的交点处单击鼠标左键，如图 3.39 所示，指定墙体的下一点。

10 向下移动光标，在 A 轴与 4 轴的交点处单击鼠标左键，如图 3.40 所示，指定墙体的下一点。

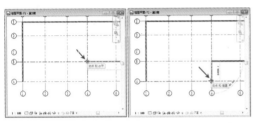

图3.39 单击鼠标左键　　图3.40 指定下一点

11 向左移动光标，将光标置于 A 轴与 1 轴的交点，如图 3.41 所示，单击鼠标左键，指定墙体的终点。

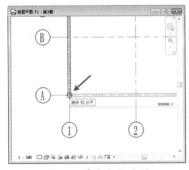

图3.41 单击鼠标左键

12 按两次 Esc 键，退出命令，外墙体的效果如图 3.42 所示。

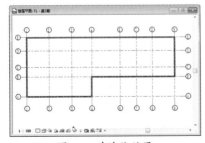

图3.42 外墙体效果

练习3-2 创建办公楼的内墙体 _{重点}

素材文件：素材\第3章\练习3-1创建办公楼的外墙体.rvt
效果文件：素材\第3章\练习3-2创建办公楼的内墙体.rvt
视频文件：视频\第3章\练习3-2创建办公楼的内墙体.mp4

1. 设置内墙体参数

01 打开"练习 3-1 创建办公楼的外墙体 .rvt"文件，在此基础上创建内墙体。

02 在"构建"面板上单击"墙"按钮，激活命令。单击"属性"选项板中的"编辑类型"按钮，弹出"类型属性"对话框。

03 在"类型"列表中选择名称为"大楼-外墙"的类型❶，单击"复制"按钮❷，如图 3.43 所示。

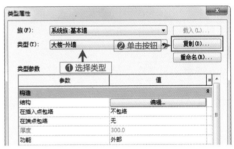

图3.43 "类型属性"对话框

04 在"名称"对话框中设置参数，如图 3.44 所示。单击"确定"按钮，可以新建墙体类型。

图3.44 "名称"对话框

05 "类型"菜单中显示新建墙体类型的名称❶，单击"结构"选项中的"编辑"按钮❷，如图 3.45 所示，弹出"编辑部件"对话框。

06 在"编辑部件"对话框中选择第 2 行"衬底 [2]"❶，如图 3.46 所示，并单击"删除"按钮❷，删除该行。

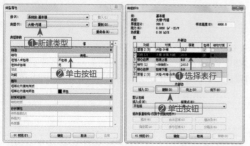

图3.45 新建墙体类型　　图3.46 "编辑部件"
　　　　　　　　　　　　　　　对话框

07 选择第1行，将光标定位于"材质"单元格中，单击其中的矩形按钮，如图3.47所示。

图3.47 单击按钮

08 打开"材质浏览器"对话框，在列表中选择名称为"大楼－内墙－粉刷"的材质，如图3.48所示。

图3.48 选择材质

09 单击"确定"按钮，返回"编辑部件"对话框。在"厚度"列中修改各层的"厚度"值，如图3.49所示。

10 单击"确定"按钮，返回"类型属性"对话框。单击"功能"选项，在弹出的列表中选择"内部"选项，如图3.50所示，指定墙体的功能属性。

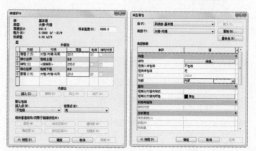

图3.49 修改"厚度"值　　图3.50 设置功能属性

11 单击"确定"按钮，关闭对话框，返回视图，结束设置墙体参数的操作。

2. 绘制内墙体

01 在"属性"选项板中单击"顶部约束"选项，在弹出的列表中选择"直到标高：F2"，如图3.51所示。

图3.51 设置参数

02 进入"修改 | 放置墙"选项卡，指定绘制方式为"线"，设置"定位线"为"墙中心线"，修改"偏移"值为30，如图3.52所示。

图3.52 设置"偏移"值

03 将光标置于 1 轴与 B 轴的交点，如图 3.53 所示，单击鼠标左键，指定墙体的起点。

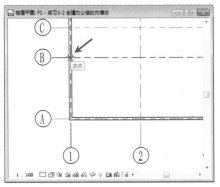

图3.53 指定起点

04 向右移动光标，在 B 轴与 4 轴的交点处单击鼠标左键，如图 3.54 所示，指定墙体的终点。

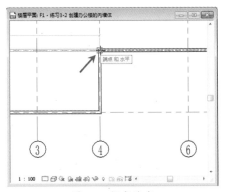

图3.54 指定终点

05 按 Esc 键，退出命令，内墙体的效果如图3.55 所示。

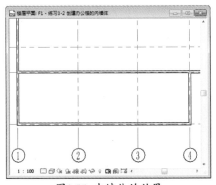

图3.55 内墙体的效果

专家看板

在绘制内墙体时，为什么要将"偏移"值设置为30？

外墙体的宽度为 300mm，内墙体的宽度为240mm。绘制内墙体与外墙体的相接部分时，因为宽度不同，所绘制的墙体不能相互对齐。

为了与外墙体对齐，在绘制内墙体时，修改"偏移"值，指定墙体的起点位置，可以使相互连接的墙体以对齐的效果显示，如图 3.56 所示。

图3.56 对齐效果

06 在"工作平面"面板中单击"参照平面"按钮，如图 3.57 所示，激活命令。

图3.57 单击按钮

07 将光标置于 6 轴右侧，显示临时尺寸标注，此时输入距离参数 3200，如图 3.58 所示。

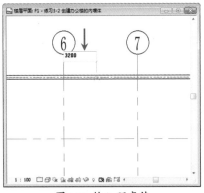

图3.58 输入距离值

08 按 Enter 键，指定参照平面的起点。向下移动光标，单击指定终点位置，如图 3.59 所示。

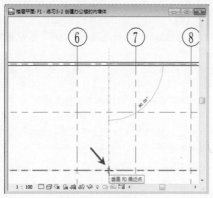

图3.59 指定终点

09 在 6 轴与 7 轴之间绘制垂直方向上的参照平面，效果如图 3.60 所示。

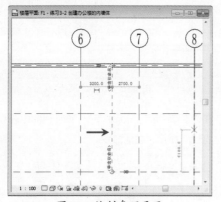

图3.60 绘制参照平面

10 重新启用"墙"命令，绘制内墙体，效果如图 3.61 所示。

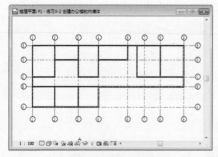

图3.61 绘制内墙体

11 在绘制二维样式的墙体时，同时也生成了三维样式的墙体。单击快速访问工具栏中的"默认三维视图"按钮，如图 3.62 所示。

图3.62 单击按钮

12 切换至三维视图，查看内外墙体的三维样式，如图 3.63 所示。

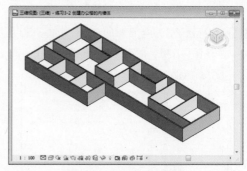

图3.63 三维样式的墙体

3.1.3 编辑墙体

选择墙体，进入编辑状态。此时可以修改墙体的参数，改变墙体的显示样式。本节介绍编辑墙体的方法。

1. 通过选项栏编辑

选择墙体，进入"修改|墙"选项卡，如图 3.64所示。启用选项卡中的命令，可以编辑墙体。

图3.64 进入选项卡

单击"修改"面板中的"修剪/延伸为角"按钮 ，将光标置于要修剪的墙体之上，如图 3.65所示。单击鼠标左键，拾取墙体。

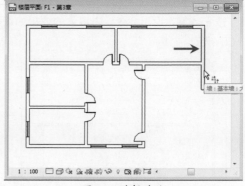

图3.65 选择墙体

移动光标，置于另一段要修剪的墙体之上，如图3.66所示。

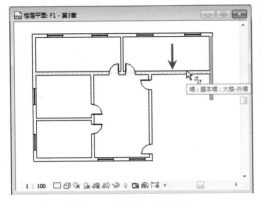

图3.66 选择另一段墙体

在墙体上单击鼠标左键，拾取墙体，通过修剪墙体，形成直角，效果如图3.67所示。

用户可以启用"修改"面板上的其他命令，对选中的墙体进行编辑操作。

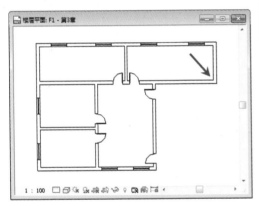

图3.67 修剪墙体

单击"模式"面板中的"墙洞口"按钮，在墙体上指定矩形洞口的起点，如图3.68所示。

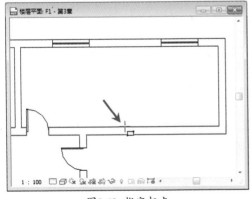

图3.68 指定起点

移动光标，指定矩形洞口的对角点，如图3.69所示。可以根据临时尺寸标注，确认所绘洞口的宽度。

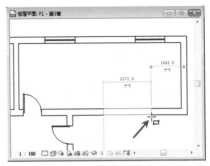

图3.69 指定对角点

在选中的墙体上创建矩形洞口，效果如图3.70所示。

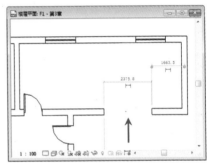

图3.70 创建洞口

提示

通过修改临时尺寸标注，可以调整矩形洞口的宽度。

切换至三维视图，查看矩形洞口的三维效果，如图3.71所示。

图3.71 三维样式的洞口

单击"附着顶部/底部"按钮，可以将选定的墙体附着到模型图元，如屋顶或楼板。

单击"分离顶部/底部"按钮，可将墙体从模型图元（屋顶与楼板）中分离。

在三维视图中选择矩形洞口，修改临时尺寸标注，可以调整洞口的位置。激活洞口边界线上的夹点，通过调整夹点的位置，可以修改洞口的尺寸。

2. 通过"属性"选项板编辑

选择墙体，"属性"选项板中显示墙体参数，如图3.72所示。

"约束"选项组中显示墙体的定位参数，"尺寸标注"选项组中显示墙体的"长度""面积""体积"参数，在绘制完墙体后，由软件自动计算得到。

图3.72 "属性"选项板

"属性"选项板的上方显示当前墙体类型名称❶，单击名称，弹出类型列表❷，如图3.73所示。

列表中显示当前项目中包含的墙体类型，如叠层墙1、墙1、大楼-外墙和大楼-内墙等。

选择墙体类型，可以重新定义选中墙体的类型。

叠层墙1、墙1与幕墙1是项目文件自带的墙体类型。用户可以在此基础上，执行"新建墙体类型"的操作，从而得到各种参数的墙体类型。

在"约束"选项组中单击"定位线"选项，弹出样式列表，如图3.74所示。

图3.73 类型列表　　图3.74 弹出列表

选择列表中的选项，重新定义选中墙体的定位方式。默认选择"墙中心线"，表示在绘制墙体时，绘制起点位于墙体中心线之上。

单击"底部约束"选项，弹出的列表中显示视图名称，如图3.75所示。选择列表中的选项，可以重新定义选中墙体的底部位置。

修改"底部偏移"选项值，也可定义墙体的底部位置。在选项中输入负值，则表示墙体向下移动；输入正值，则表示墙体向上移动。

单击"顶部约束"选项，弹出如图3.76所示的列表。在列表中选择选项，可更改墙体的顶部位置。

图3.75 视图列表　　图3.76 弹出列表

如果将墙体的"底部约束"设置为F1，

"顶部约束"设置为"直到标高：F2"，表示墙体被限制在F1与F2之间。

修改"无法连接高度"选项，可以定义墙体的顶部位置。假如已经设置了"顶部约束"参数，该选项显示为灰色，表示不可以被编辑。

只有将"顶部约束"选项值设置为"未连接"时，才可以自定义"无法连接高度"选项值。

3. 通过夹点编辑

选择墙体，在墙体的两端显示蓝色的夹点，如图3.77所示。

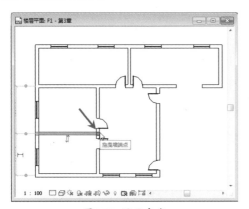

图3.77 显示夹点

将光标置于夹点之上，按住鼠标左键不放，移动光标，如图3.78所示。

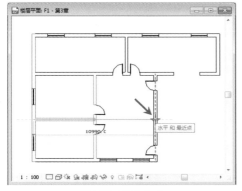

图3.78 移动夹点

在合适的位置释放鼠标，可以移动夹点，并修改墙体的宽度，效果如图3.79所示。

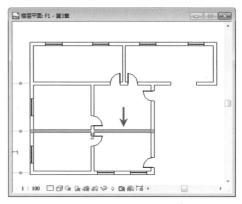

图3.79 修改墙体宽度

选择水平墙体，在左侧显示临时尺寸标注，注明墙体的位置，如图3.80所示。

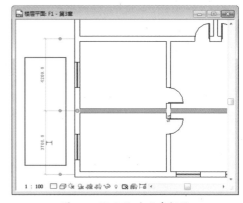

图3.80 显示临时尺寸标注

将光标置于其中一个临时尺寸标注参数之上，如图3.81所示，尺寸参数高亮显示。

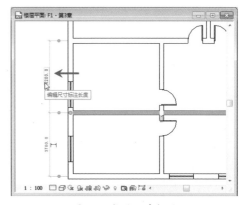

图3.81 激活尺寸标注

进入在位编辑模式，输入参数，如图3.82所示，重新定义相隔间距。

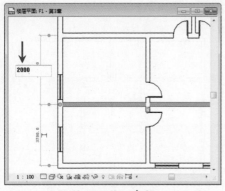

图3.82 输入参数

按Enter键，墙体移动到指定的位置上，效果如图3.83所示。

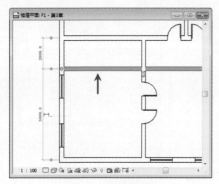

图3.83 移动墙体

选择墙体，在墙体的下方显示翻转控制柄，如图3.84所示。将光标置于控制柄之上，激活控制柄。

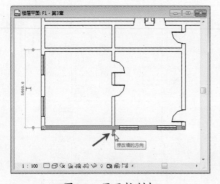

图3.84 显示控制柄

单击鼠标左键，翻转墙体的方向。此时控制柄的位置也发生变化，从墙体的下方移动至墙体的上方，如图3.85所示。

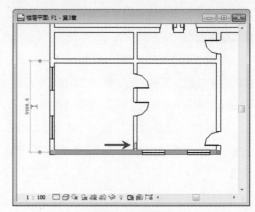

图3.85 翻转墙体

为了更好地观察翻转墙体方向的效果，可以切换至三维视图。

观察翻转后的墙体，发现墙面的显示效果与其他外墙体不同，如图3.86所示。这是因为翻转墙体方向后，外墙面被翻转至建筑物的内部，而内墙面被翻转至建筑物的外部。

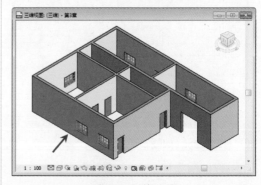

图3.86 三维效果

4. 通过视图控制栏编辑

在视图控制栏中修改参数，可以调整墙体在视图中的显示效果。

在视图控制栏中单击"详细程度"按钮，在弹出的列表中选择"粗略"选项，如图3.87所示。墙体显示为细实线，这是默认的显示样式。

在"详细程度"列表中选择"中等"选项，如图3.88所示。墙体转换显示样式，显示构造层边界线。假如构造层设置了"截面填充图案"，还可显示填充图案的效果。

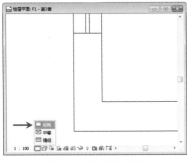

图3.87 "粗略"样式

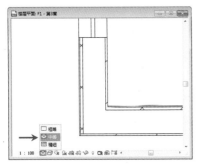

图3.88 "中等"样式

在视图控制栏中还可以设置"视觉样式"参数，为了方便查看设置效果，可以切换至三维视图。

单击控制栏上的"视觉样式"按钮，在弹出的列表中选择"线框"选项。模型转换显示样式，显示各个模型面的边界线，如图3.89所示。在该模式下，由于线条过多，不方便观察模型与编辑模型。

选择"隐藏线"样式，模型面的边界线被隐藏，仅显示模型面，效果如图3.90所示。在该模式下，可以较为清晰地显示模型，但是模型不带任何颜色。

选择"着色"样式，视图中的模型显示为彩色，模型的颜色可在"材质浏览器"对话框中设置。

图3.89 "线框"样式

图3.90 "隐藏线"样式

选择"一致的颜色"样式，模型的颜色与"着色"样式中的颜色相同。不同的是没有表示模型的明暗关系，使得各个模型面缺少对比效果。

选择"真实"样式，模拟真实情况显示模型，效果如图3.91所示。

图3.91 "真实"样式

3.2 叠层墙简介

叠层墙由上下两种不同厚度与材质的基本墙构成，是更为复杂的墙体。本节介绍创建与编辑叠层墙的方法。

3.2.1 设置叠层墙参数 难点

因为叠层墙由材质不同的基本墙体构成，所以需要分别设置基本墙体的参数。

1. 设置基本墙 1 参数

启用"墙"命令，单击"属性"选项板中的"编辑类型"按钮，弹出"类型属性"对话框。

在"类型"列表中选择名称为"大楼−外墙"的墙体❶，如图3.92所示。单击"复制"按钮❷，执行新建墙体类型的操作。

图3.92 "类型属性"对话框

在"名称"对话框中设置墙体名称，因为是构成叠层墙的基本墙体，所以可以在名称中添加"叠层墙"文字，如图3.93所示，方便与其他基本墙名称区别。

图3.93 "名称"对话框

提示

墙体名称的设置并没有硬性的规定，用户可按自己的使用习惯来设置。

单击"确定"按钮，返回"类型属性"对话框。"类型"菜单中显示新建墙体类型的名称❶，如图3.94所示。单击"结构"选项后的"编辑"按钮❷，弹出"编辑部件"对话框。

图3.94 新建墙体类型

在对话框中选择第2行"衬底[2]"，单击"删除"按钮，删除层。

修改第5行"面层2[5]"的材质为"大楼−外墙"，如图3.95所示。

图3.95 "编辑部件"对话框

选择第3行"结构[1]"，将光标定位于"材质"单元格内，单击右侧的矩形按钮，弹出"材质浏览器"对话框。

在列表中选择"默认墙"材质❶，单击鼠标右键，在弹出的菜单中选择"复制"命令❷，如图3.96所示，创建材质副本。

图3.96 选择"复制"命令

将材质副本命名为"混凝土"，如图3.97所示。单击列表下方的"打开/关闭资源浏览器"按钮，打开"资源浏览器"对话框。

图3.97 重命名材质

在对话框中单击展开"AutoCAD物理资源"列表，选择"混凝土"选项❶。在右侧的材质列表中选择名称为"C12/15"的材质，单击右侧的矩形按钮❷，如图3.98所示，替换当前的材质。

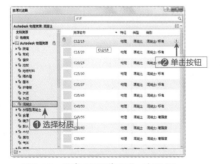

图3.98 "资源浏览器"对话框

单击右上角的"关闭"按钮，返回"材质浏览器"对话框。

保持材质默认参数不变，单击"确定"按钮，返回"编辑部件"对话框。

第3行"结构[1]"中显示设置材质的结果❶。在"厚度"列中分别修改各层的厚度值❷，如图3.99所示。

单击"确定"按钮，返回"类型属性"对话框。

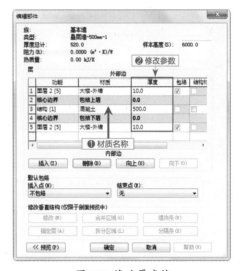

图3.99 修改厚度值

2. 设置基本墙2参数

在"类型属性"对话框中选择名称为"叠层墙-500mm-1"的墙体，单击"复制"按钮，弹出"名称"对话框。

在其中设置墙体名称，如图3.100所示。单击"确定"按钮，新建墙体类型。

图3.100 设置名称

技巧

为避免与已有的墙体类型名称重复，可在新建类型名称后添加编号。

单击"结构"选项后的"编辑"按钮，打开"编辑部件"对话框。

选择第1行"面层2[5]"，单击"材质"单元格中的矩形按钮，打开"材质浏览器"对话框。

新建一个名称为"大楼-外墙-粉刷"的材质，参数设置如图3.101所示。

图3.101 创建材质

单击"确定"按钮，返回"编辑部件"对话框，在第1行中观察设置材质的结果。重复操作，修改第5行"面层2[5]"的材质为"大楼-外墙-粉刷"。

保持其他参数不变，结果如图3.102所示。单击"确定"按钮，返回"类型属性"对话框。

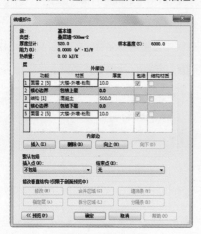

图3.102 修改材质

3. 设置叠层墙参数

在"类型属性"对话框中单击"族"菜单，在弹出的列表中选择"系统族：叠层墙" ❶，如图3.103所示。单击"复制"按钮❷，新建墙体类型。

图3.103 "类型属性"对话框

在打开的"名称"对话框中设置墙体名称，如图3.104所示。单击"确定"按钮，返回"类型属性"对话框。

图3.104 设置名称

"类型"菜单中显示新建墙体类型，如图3.105所示。单击"结构"选项后的"编辑"按钮，打开"编辑部件"对话框。

图3.105 新建墙体类型

单击"名称"选项，弹出墙体类型列❶。在第1行的"名称"列表中选择"叠层墙-500mm-2"类型。

同时修改第2行的"名称"参数为"叠层墙-500mm-1"类型。

设置第1行的"高度"类型为"可变"样式，第2行的"高度"为4200❷，如图3.106所示。

依次单击"确定"按钮，关闭"编辑部件"对话框及"类型属性"对话框。

图3.106 "编辑部件"对话框

3.2.2 创建叠层墙 重点

创建完毕叠层墙的参数后，仍然处于"墙"命令的状态中。

在选项卡中设置"标高"参数为F1，"高度"参数为F5。选择"定位线"的样式为"墙中心线"，表示墙体与墙中心线对齐。其他参数保持默认值即可，如图3.107所示。

图3.107 进入选项卡

"属性"选项板中显示当前墙体类型的名称为"叠层墙-500mm"，"约束"选项组中显示墙体的定位信息，如图3.108所示。

图3.108 "属性"选项板

在绘图区域中指定起点、下一点与终点，创建墙体。

为了方便查看叠层墙的创建效果，需要切换到三维视图。

图3.109所示为叠层墙的三维效果，由上下两种不同材质的基本墙构成。

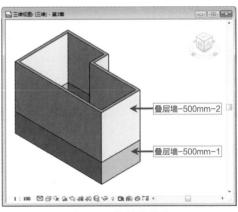

图3.109 绘制叠层墙

3.2.3 编辑叠层墙 重点

选择叠层墙，进入编辑模式。除了可修改墙体的高度之外，还可以在墙体上创建各种样式的洞口。

1. 修改墙体的高度

选择叠层墙，在墙体中显示造型操纵柄与墙端点。造型操纵柄显示为实心三角形，墙端点显示为实心圆点，如图3.110所示。

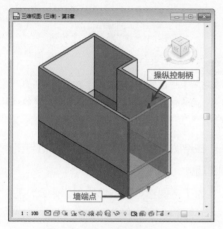

图3.110 选择墙体

将光标置于上方的造型操纵柄之上，按住鼠标左键不放，向下移动光标，如图3.111所示。

在拖曳鼠标的过程中，可以预览编辑墙体的效果。

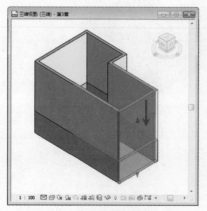

图3.111 向下拖曳鼠标

在合适的位置释放鼠标左键，可以调整墙体的高度，效果如图3.112所示。

激活叠层墙下方的造型操纵柄，按住鼠标左键不放，向上移动光标，操作如图3.113所示。

图3.112 修改墙体高度　图3.113 向上拖曳鼠标

在合适的位置释放鼠标左键，墙体的编辑效果如图3.114所示。

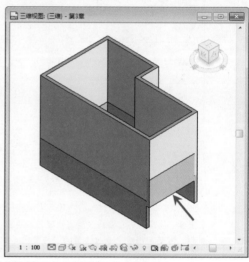

图3.114 调整效果

专家看板

为什么即使激活叠层墙下方的操纵柄，下部分子墙体仍然不受影响？

在叠层墙的"编辑部件"对话框中，将"叠层墙－500mm－1"墙体的高度设置为4200，表示该部分子墙体的高度已被限制为4200mm。

用户在创建墙体后，就不能随意修改这一部分墙体的高度。

"叠层墙－500mm－2"的高度设置为"可变"模式，所以用户可任意修改该部分子墙体的高度。

需要注意的是，叠层墙只能包含一个"高度"为"可变"的子墙体。

2. 创建洞口

在"修改|叠层墙"选项卡中，激活"墙洞

口"按钮，可以创建矩形洞口。

通过启用"编辑轮廓"工具，如图3.115所示，可以创建其他样式的洞口。

图3.115 单击按钮

激活"编辑轮廓"工具命令，进入如图3.116所示的选项卡。单击"绘制"列表中的"椭圆弧"按钮，指定绘制轮廓的方式。

图3.116 指定绘制方式

技巧

选择其他的绘制方式，如"正多边形""圆""椭圆"等，可以创建其他样式的洞口。

单击ViewCube中的"前"，切换至前视图。在墙体上指定椭圆弧的第一点、第二点及椭圆轴端点，绘制椭圆弧的效果如图3.117所示。

在"绘制"列表中单击"线"按钮，更改绘制方式。绘制水平线段，连接椭圆弧的第一点与第二点，效果如图3.118所示。

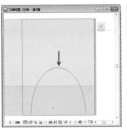

图3.117 绘制椭圆弧　　图3.118 绘制线段

技巧

在创建洞口轮廓线时，需要确保轮廓线为闭合状态。否则会在工作界面的右下角弹出警告对话框，提醒用户轮廓线处于开放状态，必须闭合轮廓线才可继续绘制。

单击"完成编辑模式"按钮，退出命令。在叠层墙上创建洞口的效果如图3.119所示。

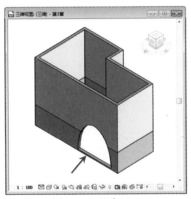

图3.119 创建洞口

3.3 知识小结

本章介绍了创建与编辑基本墙体与叠层墙的方法。

建筑项目中的墙体大多数是基本墙体，在创建墙体之前，需要先设置墙体参数，包括墙体的类型（属于基本墙还是叠层墙）、材质（是砖墙还是混凝土墙）、高度及定位方式等。墙体参数存储在墙体类型中（如大楼-外墙），在创建墙体时，选择墙体类型，就可以创建指定参数的墙体。

通过编辑墙体，可以修改墙体的显示样式，如修改墙体的高度、宽度，或材质、对齐方式等。

3.4 拓展训练

本节安排了两个拓展练习，以帮助读者巩固本章所学知识。

训练3-1 设置墙体参数

素材文件：素材 \ 第 2 章 \ 训练 2-2 创建轴网 .rvt

效果文件：素材 \ 第 3 章 \ 训练 3-1 设置墙体参数 .rvt

视频文件：视频 \ 第 3 章 \ 训练 3-1 设置墙体参数 .mp4

操作步骤提示如下。

01 打开第 2 章中的"训练 2-2 创建轴网 .rvt"文件，在此基础上设置墙体参数。

02 启用"墙"命令，分别新建名称为"外墙体"与"内墙体"的墙体类型。

03 在"编辑部件"对话框中设置墙体参数，其中外墙体的宽度为 250mm，内墙体的宽度为 240mm。

04 在"类型属性"对话框中，将"外墙体"的功能设置为"外部"，"内墙体"的功能设置为"内部"。

05 关闭"类型属性"对话框，完成设置墙体参数的操作。

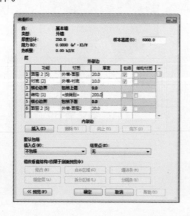

训练3-2 创建内外墙体

素材文件：素材 \ 第 3 章 \ 训练 3-1 设置墙体参数 .rvt

效果文件：素材 \ 第 3 章 \ 训练 3-2 创建内外墙体 .rvt

视频文件：视频 \ 第 3 章 \ 训练 3-2 创建内外墙体 .mp4

操作步骤提示如下。

01 打开"训练 3-1 设置墙体参数 .rvt"文件。

02 启用"墙"命令，在"属性"选项板中选择"外墙体"，设置"底部约束"为"1 层"、"顶部约束"为"直到标高：2 层"。指定起点与终点，绘制外墙体。

03 在"属性"选项板中选择"内墙体"，保持"底部约束"为"1 层"、"顶部约束"为"直到标高：2 层"不变，绘制内墙体。

04 切换至三维视图，观察创建墙体的效果。

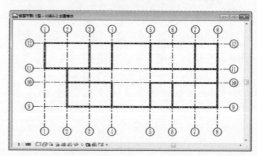

第 4 章

创建门窗与幕墙

因为项目文件不再提供门族与窗族，所以要先从
外部库中载入族，才可在项目中放置门窗实例。
幕墙属于墙体的一种，本章将介绍创建与编辑幕
墙的方法。

4.1 添加门

创建门实例之前，需要先载入门族。用户可以自行创建门族，也可以从网络上下载。
本节介绍添加门的方法。

4.1.1 载入族 【重点】

选择"建筑"选项卡，单击"构建"面板中的"门"按钮，如图4.1所示，激活命令。

图4.1 单击按钮

弹出如图4.2所示的对话框，询问用户"项目中未载入门族。是否要现在载入"，如图4.2所示。

图4.2 提示对话框

提示

在没有载入门族，并初次启用"门"命令的情况下，会打开提示对话框。如果已载入门族，则不会弹出该对话框。

打开"载入族"对话框，定位至族文件的存储文件夹，选择门族❶，如图4.3所示。单击"打开"按钮❷，将族载入到项目中。

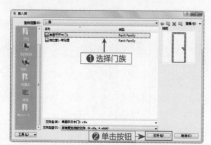

图4.3 "载入族"对话框

载入族后，"属性"选项板中显示门的属性信息，如图4.4所示。

图4.4 显示门信息

技巧

选择"插入"选项卡，单击"载入族"按钮，也可执行"载入门族"的操作。

4.1.2 放置门 【重点】

激活"门"命令，在"属性"选项板中单击"编辑类型"按钮，打开"类型属性"对话框。

在"类型"菜单中选择门类型，例如选择"900×2100mm"的门类型❶，单击"复制"按钮❷，如图4.5所示。

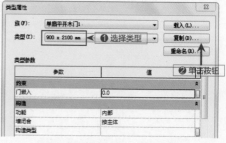

图4.5 "类型属性"对话框

打开"名称"对话框。设置门的名称，如图4.6所示。

图4.6 设置名称

提示

门的名称可以单纯用数字或字母表示，或者使用字母与数字的组合。用户可以自由设置。

单击"确定"按钮，返回"类型属性"对话框，在"类型"菜单中显示新建门类型的名称❶。

在"尺寸标注"选项组中修改参数❷，如图4.7所示，重新定义门的尺寸参数。

单击"确定"按钮，关闭"类型属性"对话框。"属性"选项板中显示新建门类型M-1，如图4.8所示。保持"底高度"为0不变，开始执行"放置门"的操作。

图4.7 修改参数　　图4.8 显示门类型

提示

设置"底高度"为0，表示门的底部与墙体底部重合。

将光标置于墙体之上，此时显示临时尺寸标注，如图4.9所示。移动光标，临时尺寸参数会实时更新。

借助临时尺寸标注，用户可以在墙体上确定门的放置位置。

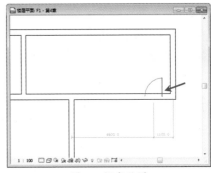

图4.9 指定位置

技巧

显示临时尺寸后，用户可以直接在键盘上输入参数，精确定位门的位置。

在墙体的合适位置单击鼠标左键，放置门的效果如图4.10所示。

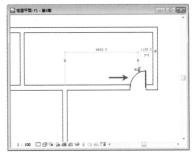

图4.10 放置门

切换至三维视图，观察放置门的效果，如图4.11所示。

图4.11 三维效果

4.1.3 编辑门

选择门，在门的上方显示临时尺寸标注，注明门与左右两侧墙体的距离。

1. 修改门的位置

将光标置于其中一个临时尺寸标注数字之上，如图4.12所示。

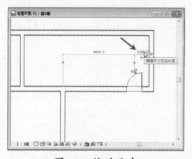

图4.12 临时尺寸

在尺寸标注数字上单击鼠标左键，进入在位编辑状态。输入距离参数，如图4.13所示，重新定义门的位置。

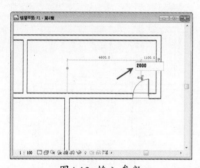

图4.13 输入参数

在空白位置单击鼠标左键，退出编辑模式。根据所设定的距离参数，门图元自动移动到指定位置，效果如图4.14所示。

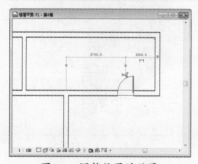

图4.14 调整位置的效果

选择门图元后，将光标置于图元之上，按住鼠标左键不放，拖曳鼠标，预览移动门的效果，如图4.15所示。

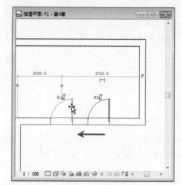

图4.15 拖曳鼠标

在合适的位置释放鼠标，可将门移动到指定的位置，效果如图4.16所示。

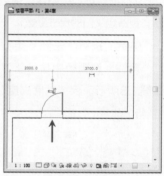

图4.16 移动效果

> **提示**
>
> 移动门图元后，与其相关的临时尺寸标注随之更新，精确表示门的位置。

2. 翻转门

选择门，显示翻转符号。将光标置于垂直方向上的"翻转实例面"符号上，如图4.17所示，符号高亮显示。

图4.17 激活符号

在符号上单击鼠标左键，可以在垂直方向上翻转门图元，效果如图4.18所示。

图4.18 翻转门的实例面

将光标置于水平方向上的"翻转实例开门方向"符号上，如图4.19所示，高亮显示符号。

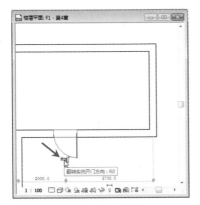

图4.19 激活符号

在符号上单击鼠标左键，可在水平方向上翻转门，修改门的开启方向，效果如图4.20所示。

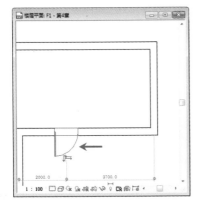

图4.20 翻转开门方向

技巧

在指定位置放置门实例时，可以按空格键，翻转门的开启方向。调整至合适的方向后，单击鼠标左键放置门即可。

练习4-1 为办公楼添加门 难点

素材文件：素材 \ 第3章 \ 练习3-2 创建办公楼的内墙体 .rvt

效果文件：素材 \ 第4章 \ 练习4-1 为办公楼添加门 .rvt

视频文件：视频 \ 第4章 \ 练习4-1 为办公楼添加门 .mp4

1. 布置入口门厅

01 打开"练习3-2 创建办公楼的内墙体.rvt"文件。

02 启用"门"命令，在"属性"选项板中选择"入口门厅"❶，如图4.21所示。单击"编辑类型"按钮❷，弹出"类型属性"对话框。

提示

启用"门"命令后，在"属性"选项板中单击弹出类型列表，列表中显示所有已载入的门族。

03 在"类型属性"对话框中展开"尺寸标注"选项组，设置尺寸参数，如图4.22所示。

图4.21 "属性"选项板　　图4.22 "类型属性"对话框

04 单击"确定"按钮，返回视图。将光标置于4轴与6轴之间的水平墙体上，如图4.23所示，指定放置基点。

05 在合适的位置单击鼠标左键，放置入口门厅的效果如图4.24所示。

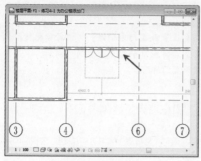

图4.23 指定基点

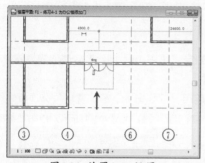

图4.24 放置入口门厅

06 切换至三维视图，查看放置入口门厅的三维效果，如图4.25所示。

2. 布置平开门

01 在"属性"选项板中选择"双扇平开木门2"，类型为"2000×2100mm"，如图4.26所示。

图4.25 三维效果

图4.26 选择门类型

提示

载入门族后，有时候该门族会包含多个不同参数的类型。用户可以直接选用门类型，也可以自定义门类型的参数。

02 将光标置于墙体之上，借助临时尺寸标注，指

定放置门的基点，如图4.27所示。

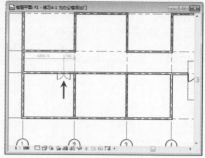

图4.27 指定基点

03 在合适的位置单击鼠标左键，放置双扇平开木门的效果如图4.28所示。

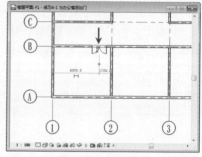

图4.28 放置双扇门

04 选择上一步放置的双扇平开木门，进入"修改|门"选项卡。单击"镜像-拾取轴"按钮，如图4.29所示，激活命令。

图4.29 单击按钮

05 以鼠标左键单击2轴为镜像轴，如图4.30所示。

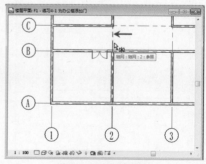

图4.30 拾取镜像轴

06 双扇平开木门镜像复制到2轴的右侧，效果如图4.31所示。

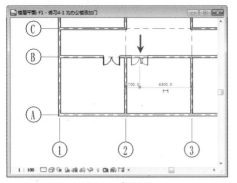

图4.31 复制门

技巧

放置完毕一个门图元后，尚处于命令之中。用户单击基点，可以继续放置门图元。

07 选择镜像复制得到的双扇门副本，在"修改"面板上单击"复制"按钮，激活命令，如图4.32所示。

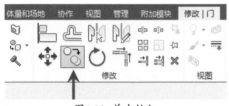

图4.32 单击按钮

08 在双扇门上单击指定移动起点，如图4.33所示。

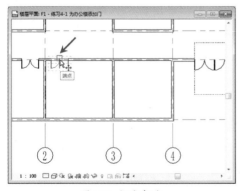

图4.33 指定起点

技巧

启用"复制"命令，在选项栏中选择"多个"选项，可以连续复制多个图元副本。

09 向右移动光标，单击指定终点，如图4.34所示。

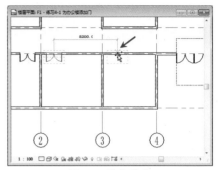

图4.34 指定终点

10 在合适的位置单击鼠标左键，移动复制双扇门的效果如图4.35所示。

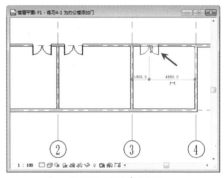

图4.35 移动复制门

11 在"属性"选项板中单击弹出类型列表，选择类型为"1800×2100mm"的"双扇平开木门2"，如图4.36所示。

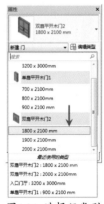

图4.36 选择门类型

提示

"双扇平开木门2"包含3个不同参数的类型，在"属性"选项板中可以任意选用某一门类型。

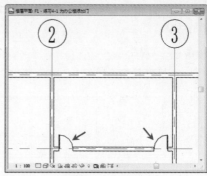

12 将光标置于B轴与C轴之间的墙体之上，如图4.37所示，指定放置门的基点。

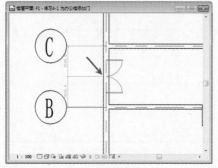

图4.37 指定基点

13 在合适的位置单击鼠标左键，放置双扇门的效果如图4.38所示。

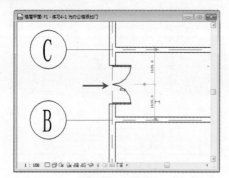

图4.38 放置门

14 在"属性"选项板中选择"单扇平开木门1"，类型为"900×2100mm"，如图4.39所示。

图4.39 选择门类型

15 在墙体上单击指定基点，放置单扇门的效果如图4.40所示。

图4.40 放置门

16 切换至三维视图，查看门的效果，如图4.41所示。

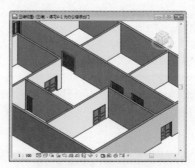

图4.41 三维效果

3. 绘制墙洞口

01 单击选择4轴与6轴间的水平墙体，如图4.42所示。

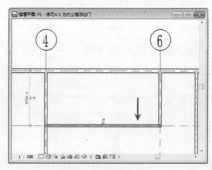

图4.42 选择墙体

02 在"修改|墙"选项卡中单击"墙洞口"按钮，如图4.43所示，激活命令。

图4.43 单击按钮

技巧

选择"建筑"选项卡，单击"洞口"面板上的"墙洞口"按钮，也可以执行"创建墙洞口"的操作。

03 将光标置于墙体之上，单击指定矩形洞口的起点，如图4.44所示。

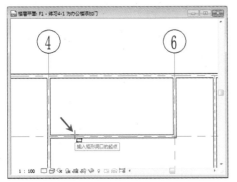

图4.44 指定起点

04 按住鼠标左键不放，向右下角拖曳鼠标，指定矩形洞口的对角点，如图4.45所示。

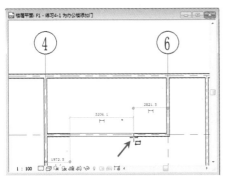

图4.45 指定终点

05 在合适的位置释放鼠标，创建矩形洞口的效果如图4.46所示。

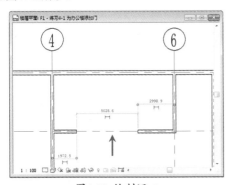

图4.46 绘制洞口

06 选择洞口上方的临时尺寸标注，进入在位编辑模式。输入尺寸参数，如图4.47所示。

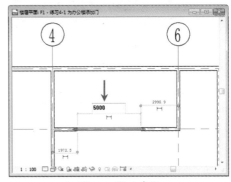

图4.47 修改参数

技巧

修改洞口间距参数，可以调整洞口在墙体中的位置。

07 按Enter键，退出编辑模式，重新定义洞口宽度的效果如图4.48所示。

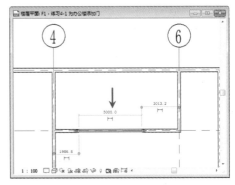

图4.48 修改结果

08 切换至三维视图，观察墙洞口的三维效果，如图4.49所示。

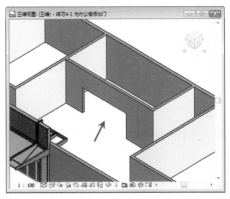

图4.49 三维效果

4.2 添加窗

本节介绍添加窗的方法。

4.2.1 载入族 重点

选择"建筑"选项卡，单击"构建"面板中的"窗"按钮，如图4.50所示，激活命令。

图4.50 单击按钮

弹出如图4.51所示的提示对话框，询问用户"项目中未载入窗族。是否要现在载入"。单击"是"按钮，打开"载入族"对话框。

图4.51 提示对话框

在对话框中选择窗族，如图4.52所示，单击"打开"按钮，将选中的窗族载入到项目中。

图4.52 "载入族"对话框

"属性"选项板中显示载入的窗族的信息，如图4.53所示。在视图中单击指定基点，可放置窗实例。

图4.53 "属性"选项板

4.2.2 放置窗 难点

启用"窗"命令，在"属性"选项板中选择类型后，就可以在墙体中放置窗实例。

将光标置于墙体之上，显示临时尺寸标注，如图4.54所示。移动光标，临时尺寸标注参数随之发生变化。

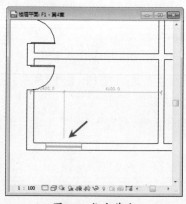

图4.54 指定基点

在合适的位置单击鼠标左键，放置窗实例的效果如图4.55所示。

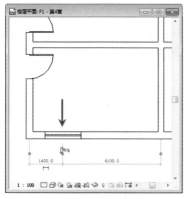

图4.55 放置窗实例

此时仍然处于命令中,向右移动光标,在墙体上指定放置基点,如图4.56所示。

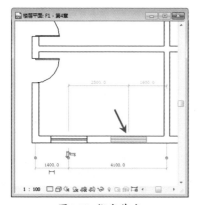

图4.56 指定基点

单击鼠标左键,指定基点,创建下一个窗实例的效果如图4.57所示。

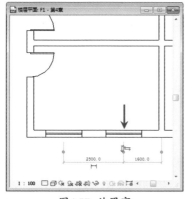

图4.57 放置窗

单击"属性"选项板中的"编辑类型"按钮,弹出"类型属性"对话框。

单击"复制"按钮,在"名称"对话框中修改参数,如图4.58所示。

图4.58 设置名称

单击"确定"按钮,新建窗类型。"类型"菜单中显示类型名称❶,修改"尺寸标注"选项组中的参数❷,如图4.59所示,重新定义窗的尺寸参数。

提示

修改"高度"和"宽度"选项参数,"粗略高度"和"粗略宽度"选项值会自动更新。

单击"确定"按钮,关闭对话框。"属性"选项板中显示窗类型的名称,如图4.60所示。

图4.59 "类型属性"对   图4.60 "属性"选
话框   项板

在墙体上单击放置基点,放置另一类型窗的效果如图4.61所示。

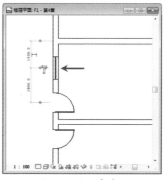

图4.61 放置窗实例

选择项目浏览器，单击展开"族"列表❶，列表中显示族名称，例如"场地""坡道""墙"等，如图4.62所示。

单击展开"窗"列表❷，显示当前项目中所包含的窗类型，如图4.63所示。

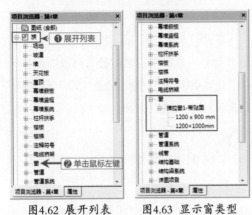

图4.62 展开列表　　图4.63 显示窗类型

选择窗类型，单击鼠标右键，在弹出的菜单中选择"创建实例"命令，如图4.64所示。

将光标移动至视图中，在墙体上单击指定基点，可放置窗实例。

图4.64 选择命令

4.2.3 编辑窗

选择墙体中的窗，执行编辑操作，可以修改窗的显示样式，或者调整窗的位置。

1. 翻转面

切换至三维视图，查看窗的三维样式，此时窗台位于建筑物的内部，如图4.65所示。

选择窗实例，单击鼠标右键，在弹出的菜单中选择"翻转面"命令，如图4.66所示。

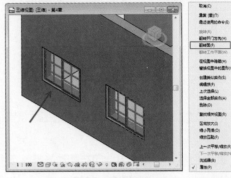

图4.65 窗的三维样式　　图4.66 选择命令

翻转窗的实例面，效果如图4.67所示。经过翻转操作后，窗台暴露在建筑物的外面。

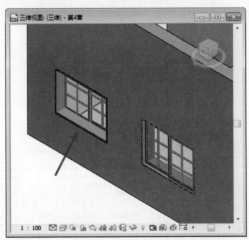

图4.67 翻转实例面

2. 调整窗的位置

在立面视图中，可以直观地查看窗的立面效果，如图4.68所示。默认情况下，窗的底边与地面线的距离为900mm。

修改"属性"选项板中的"底高度"选项值，例如修改为1200，如图4.69所示。

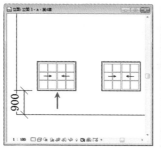
图4.68 窗的立面样式

图4.69 修改参数

随着"底高度"值被重新定义，窗实例也自动调整位置，效果如图4.70所示。

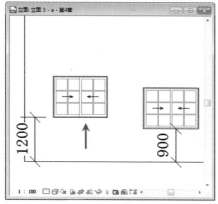
图4.70 调整窗位置

选择立面窗，显示临时尺寸标注，注明与相邻窗实例的间距、与墙体顶边和底边的距离，如图4.71所示。

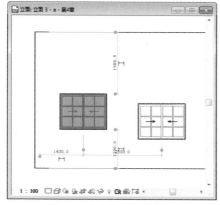
图4.71 显示临时尺寸标注

将光标置于临时尺寸标注之上，单击鼠标左键，进入在位编辑模式。

输入参数，如图4.72所示，重新定义窗的位置。

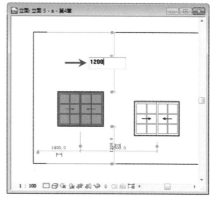
图4.72 输入参数

按Enter键，窗实例向上移动，临时尺寸标注也随之更新，效果如图4.73所示。

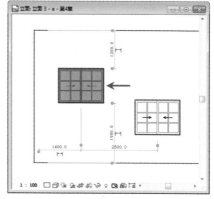
图4.73 移动窗实例

> **技巧**
>
> 在立面视图中，选择窗实例，按住鼠标左键不放，拖曳鼠标，可以移动窗实例至指定的位置。

练习4-2 为办公楼添加窗 重点

素材文件：素材\第4章\练习4-1为办公楼添加门.rvt
效果文件：素材\第4章\练习4-2为办公楼添加窗.rvt
视频文件：视频\第4章\练习4-2为办公楼添加窗.mp4

1. 放置窗

01 打开"练习4-1为办公楼添加门.rvt"文件。

02 启用"窗"命令，在"属性"选项板中选择窗类型，如图4.74所示。

图4.74 选择窗

提示

在为办公楼添加窗实例之前，需要先载入需要的窗族，如"推拉窗3-带贴面"。配套资源第4章提供了本节所需要的族文件。

03 将光标置于墙体之上，通过临时尺寸标注，确定放置基点，如图4.75所示。

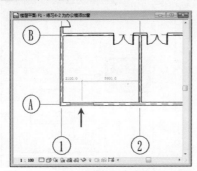

图4.75 指定基点

04 在墙体上单击鼠标左键，添加的窗实例的效果如图4.76所示。

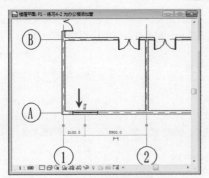

图4.76 放置窗实例

2. 复制窗

01 选择窗实例，单击"修改"面板中的"镜像-

绘制轴"按钮，如图4.77所示，激活命令。

图4.77 单击按钮

02 将光标移动至窗的上方，单击鼠标左键，指定镜像轴的起点，如图4.78所示。

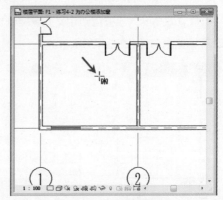

图4.78 指定起点

03 向下移动光标，单击鼠标左键，如图4.79所示，指定镜像轴的终点，绘制垂直镜像轴。

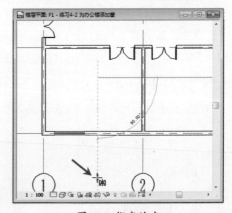

图4.79 指定终点

提示

可以在任意方向绘制镜像轴，图元副本的位置受到镜像轴的影响。

04 在镜像轴的右侧创建图元副本的效果如图4.80所示。

05 保持窗副本的选中状态，按键盘上的左方向键，向左调整窗位置，效果如图4.81所示。

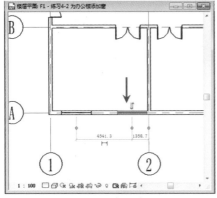

图4.80 复制窗

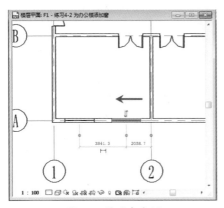

图4.81 移动窗实例

技巧

选中窗,将光标置于窗上,按住鼠标左键不放,移动光标,可向左向右调整窗位置。

06 选择已创建的窗实例,如图4.82所示。

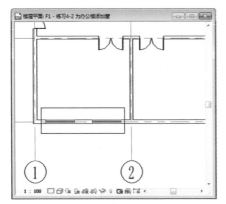

图4.82 选择窗实例

07 单击"修改"面板中的"镜像–拾取轴"按钮,如图4.83所示,激活命令。

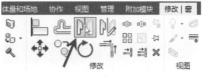

图4.83 单击按钮

技巧

按MM快捷键可激活"镜像–拾取轴"命令。

08 拾取2轴为镜像轴,如图4.84所示。

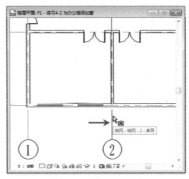

图4.84 拾取镜像轴

09 在镜像轴的右侧创建窗副本,效果如图4.85所示。

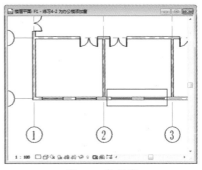

图4.85 复制窗

3. 新建窗类型

01 单击"属性"选项板中的"编辑类型"按钮,弹出"类型属性"对话框。单击"复制"按钮,在"名称"对话框中设置参数,如图4.86所示。

图4.86 设置名称

97

02 单击"确定"按钮，返回"类型属性"对话框。"类型"菜单中显示新建类型的名称，修改"尺寸标注"选项组中的参数，如图4.87所示，重定义窗的尺寸。

图4.87 设置参数

03 单击"确定"按钮，关闭对话框。在墙体中单击指定基点，放置窗实例的效果如图4.88所示。

04 切换至三维视图，查看窗的三维样式，效果如图4.89所示。

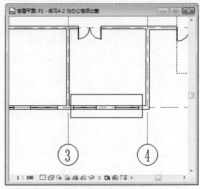

图4.88 放置窗

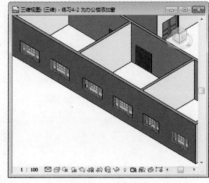

图4.89 三维效果

4.3 幕墙简介

幕墙具有美观大方、经济实惠的特点，被广泛应用在现代建筑中。Revit应用程序提供了专门创建与编辑幕墙的工具，本节介绍创建与编辑幕墙的方法。

4.3.1 创建幕墙的方法 难点

选择"建筑"选项卡，单击"构建"面板中的"墙"按钮，如图4.90所示，激活命令。

图4.90 单击按钮

技巧

按 WA 快捷键也可启用"墙"命令。

在"属性"选项板中单击弹出类型列表，选择名称为"幕墙1"的墙体，如图4.91所示，选择墙体类型。

在"约束"选项组中设置"底部约束"为F1，"底部偏移"为300。在"顶部约束"选项中选择"直到标高：F6"，修改"顶部偏移"为-800，如图4.92所示，指定幕墙在墙体中的位置。

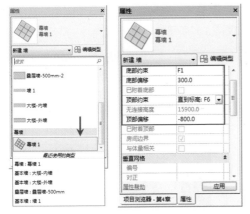

图4.91 选择墙体类型　　图4.92 设置参数

提示

"底部偏移"值为300，表示幕墙在F1的基础上，向上偏移300mm。"顶部偏移"值为 −800，表示幕墙在F6的基础上，向下偏移800mm。

在选项卡中的"绘制"列表中单击"线"按钮，指定绘制幕墙的方式。"高度"选项中显示已定义的幕墙高度值，如图4.93所示。其他选项保持默认值即可。

图4.93 设置参数

单击"属性"选项板中的编辑类型按钮，弹出"类型属性"对话框。

单击选择"自动嵌入"选项，如图4.94所示。单击"确定"按钮，返回视图。

图4.94 "类型属性"对话框

专家看板

在"类型属性"对话框中选择"自动嵌入"选项的原因是什么？

幕墙与基本墙体一样，都属于墙体。如果在创建幕墙前，不将幕墙设置为"自动嵌入"模式，那么所创建的幕墙就会与基本墙体重合放置。

软件也会弹出如图4.95所示的警告对话框，提醒用户"高亮显示的墙重叠"。

只有选择"自动嵌入"选项，幕墙才会嵌入指定的基本墙体中。

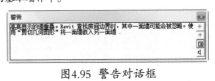

图4.95 警告对话框

将光标置于墙体之上，显示临时尺寸标注，如图4.96所示。在合适的位置单击鼠标左键，指定幕墙的起点。

图4.96 指定起点

向下移动光标，借助临时尺寸标注，单击鼠标左键，如图4.97所示，指定幕墙的终点。

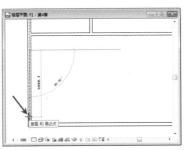

图4.97 指定终点

技巧

指定起点后，在移动光标的同时，通过查看临时尺寸标注，用户可以实时了解光标与起点的间距，有助于确定幕墙的宽度。

创建幕墙的效果如图4.98所示。选择幕墙，显示临时尺寸标注，注明幕墙起点与相邻墙体的间距，以及幕墙自身的宽度。

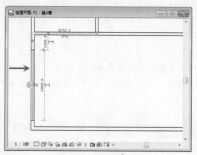

图4.98 绘制幕墙

此时仍处于命令中，继续单击起点与终点，绘制幕墙的效果如图4.99所示。

按两次Esc键，退出命令。

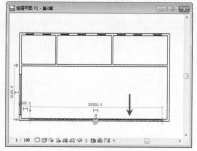

图4.99 绘制效果

切换至立面视图，查看幕墙的立面效果，如图4.100所示。借助左侧的尺寸标注，了解"底部偏移"和"顶部偏移"参数值的设置含义。

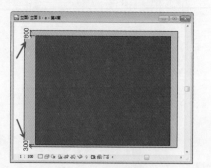

图4.100 立面效果

提示

因为项目文件不包含立面视图，为了观察幕墙的立面效果，需要用户先创建立面视图。

切换至三维视图，观察幕墙的三维效果，如图4.101所示。

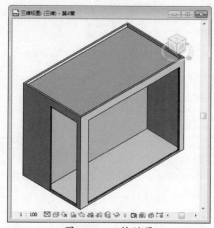

图4.101 三维效果

4.3.2 创建幕墙网格线

单击"构建"面板中的"幕墙网格"按钮，如图4.102所示，激活命令。

图4.102 单击按钮

技巧

"幕墙网格"命令没有默认的快捷键，用户可以自行设置。输入快捷键可以快速启用命令。

在选项卡中单击"全部分段"按钮，如图4.103所示，指定创建幕墙网格的方式，表示在出现预览的所有嵌板上放置网格线段。

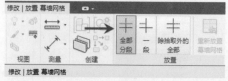

4.103 单击按钮

1. 放置垂直网格线

将光标置于幕墙的水平边界线之上，此时可预览垂直的网格虚线，如图4.104所示。

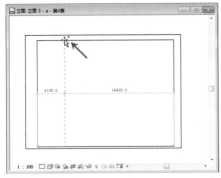

图4.104 指定位置

借助临时尺寸标注，确定网格线的位置。在幕墙边界线上单击鼠标左键，指定放置网格线的位置，如图4.105所示。

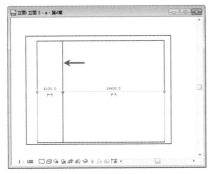

图4.105 创建垂直网格线

继续在水平边界线上指定放置网格线的位置，放置垂直网格线的效果如图4.106所示。

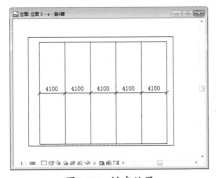

图4.106 创建效果

若需要调整网格线的位置，可以先选中网格线，再单击临时尺寸标注参数，进入在位编辑模式。输入尺寸参数，如图4.107所示。在空白位置单击鼠标左键，可退出编辑模式。

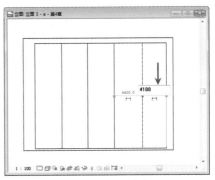

图4.107 输入参数

切换至三维模式，观察放置垂直网格线后幕墙的显示效果，如图4.108所示。

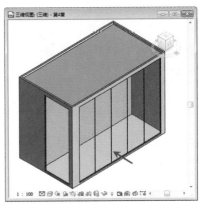

图4.108 三维效果

2. 放置水平网格线

启用"幕墙网格"命令之后，将光标置于幕墙的垂直边界线之上，预览水平网格虚线，如图4.109所示。

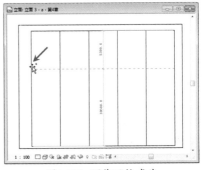

图4.109 预览网格虚线

在幕墙垂直边界线上单击鼠标左键，创建水平网格线的效果如图4.110所示。

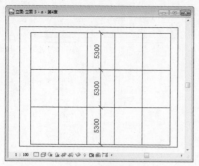

图4.110 创建效果

切换至单位视图，观察添加了水平网格线后，幕墙的三维效果，如图4.111所示。

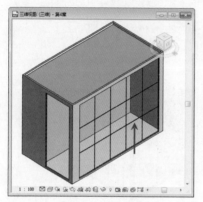

图4.111 三维效果

转换至另一立面视图，继续放置水平网格线，效果如图4.112所示。

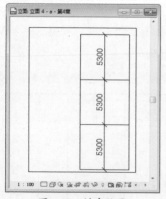

图4.112 创建效果

接着转换至三维视图，显示为另一建筑立面创建水平网格线的效果，如图4.113所示。

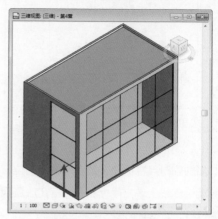

图4.113 三维效果

3. 在三维视图中创建网格线

在立面视图中放置幕墙网格线，是为了更加准确地确定网格线的位置。在三维视图中也是可以放置网格线的。

切换至三维视图，启用"幕墙网格"命令。将光标置于幕墙之上，移动光标，根据临时尺寸标注提供的定位，如图4.114所示，确定网格线的位置即可。

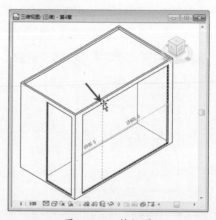

图4.114 三维视图

4. 在指定的嵌板上放置网格线

启用"幕墙网格"命令后，在"放置"面板上单击"一段"按钮，如图4.115所示，指定放置网格线的方式。

图4.115 单击按钮

提示

单击"一段"按钮，在指定的嵌板上放置一条网格线。使用该工具可以控制网格线的位置。

将光标置于左侧的幕墙嵌板之上，预览网格虚线，效果如图4.116所示。

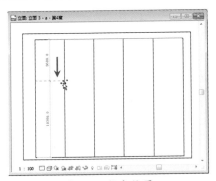

图4.116 指定位置

在合适的位置单击鼠标左键，指定网格线的位置，创建水平网格线的效果如图4.117所示。

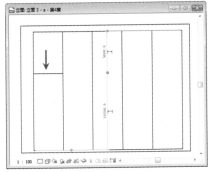

图4.117 放置网格线

提示

观察创建效果，只在拾取的嵌板上放置了网格线段，不会影响其他嵌板。

将光标置于网格线段之上，显示如图4.118所示的虚线。启用"添加/删除线段"命令，可在虚线位置创建网格线段。

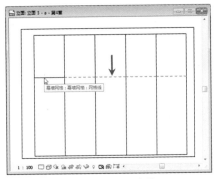

图4.118 显示效果

5. 在指定的嵌板之外的所有嵌板上放置网格线

在"放置"面板上单击"除拾取外的全部"按钮，如图4.119所示，选择放置网格线段的方式。

图4.119 单击按钮

提示

单击"除拾取外的全部"按钮，排除选定的幕墙嵌板，在其余的嵌板上放置网格线段。

将光标置于幕墙嵌板之上，预览网格线的放置效果，如图4.120所示。

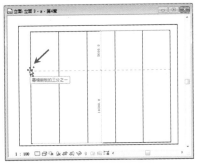

图4.120 预览效果

在合适的位置单击鼠标左键，指定网格线的位置。此时网格线显示为红色的细实线，在位于中间嵌板的线段上单击鼠标左键，如图4.121所示。

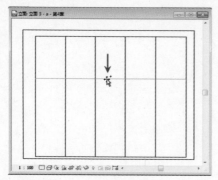

图4.121 单击待删除部分

拾取中间嵌板上的线段后，该线段的线型显示为虚线，如图4.122所示。其他未选中的线段不受影响。

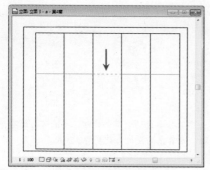

图4.122 显示为虚线

按Enter键，退出命令。查看放置网格线段的效果，发现在中间嵌板上没有创建网格线，如图4.123所示。

这是因为用户指定中间嵌板的网格线段为排除部分，所以该部分被删除。

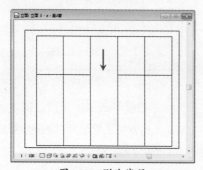

图4.123 删除线段

将光标置于网格线段之上，显示如图4.124所示的虚线。启用"添加/删除线段"命令，可在虚线位置创建网格线段。

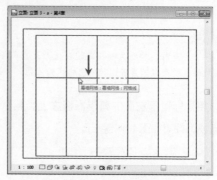

图4.124 显示虚线

6. 添加 / 删除网格线

选择网格线段，在选项卡中单击"添加/删除线段"按钮，如图4.125所示，激活命令。

图4.125 单击按钮

在中间嵌板的网格虚线位置单击鼠标左键，此时线型转换为实线，效果如图4.126所示。

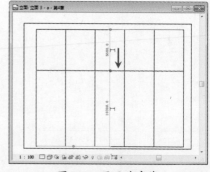

图4.126 显示为实线

按Enter键，退出命令。在指定的位置创建网格线，效果如图4.127所示。

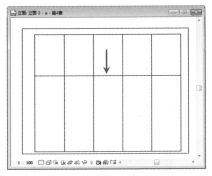

图4.127 添加线段

再次激活"添加/删除线段"按钮，单击需要删除的网格线段，显示效果如图4.128所示。

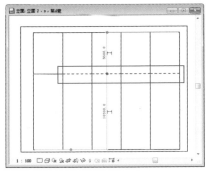

图4.128 显示为虚线

提示

网格线转换为虚线，表示即将删除该部分的网格线。

按Enter键，退出命令，删除选定的网格线，效果如图4.129所示。

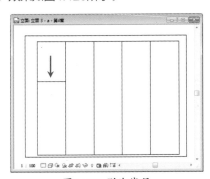

图4.129 删除线段

4.3.3 创建竖梃 重点

在"构建"面板中单击"竖梃"按钮，如图4.130所示，激活命令。

图4.130 单击按钮

1. 在一条网格线上放置竖梃

在选项卡中单击"网格线"按钮，如图4.131所示，选择放置竖梃的方式。

图4.131 选择放置方式

将光标置于垂直网格线之上，高亮显示网格线，如图4.132所示。

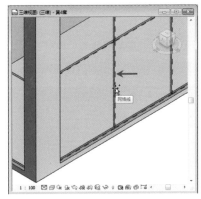

图4.132 选择网格线

在网格线上单击鼠标左键，可以放置垂直方向上的竖梃，效果如图4.133所示。

图4.133 放置竖梃

滚动鼠标滚轮，缩小视图，查看在选定的网格线上放置竖梃的效果，如图4.134所示。

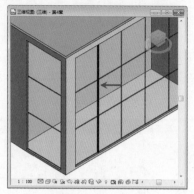

图4.134 缩小视图

提示

在选定的垂直网格线上放置垂直竖梃，竖梃将与网格线重合。

2. 在网格线的一段上放置竖梃

在"放置"面板中单击"单段网格线"按钮，如图4.135所示，更改放置竖梃的方式。

图4.135 单击按钮

将光标置于水平网格线之上，此时仅高亮显示位于左侧嵌板内的网格线，如图4.136所示。

图4.136 选择网格线段

在网格线上单击鼠标左键，可在此基础上放置竖梃，效果如图4.137所示。

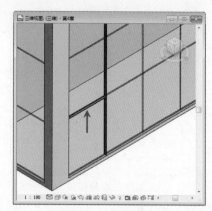

图4.137 放置竖梃

提示

只在选中的一段网格线上放置竖梃，其他同一水平方向上的网格线段不受影响。

3. 在所有网格线上放置竖梃

在"放置"面板上单击"全部网格线"按钮，如图4.138所示，指定放置竖梃的方式。

图4.138 单击按钮

将光标置于网格线之上，整面幕墙的网格线高亮显示，如图4.139所示。

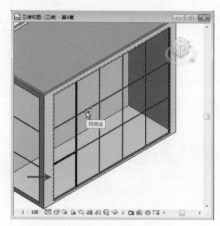

图4.139 选择全部网格线

在高亮显示的网格线上单击鼠标左键，放置竖梃的效果如图4.140所示。

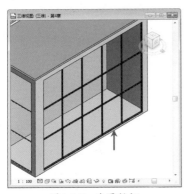

图4.140 放置竖梃

提示

单击"全部网格线"按钮，光标无论是置于水平网格线上还是垂直网格线上，都可高亮显示并选中网格线。

此时仍处在放置竖梃的命令中，单击选择另一幕墙中的网格线，放置竖梃的效果如图4.141所示。

图4.141 创建效果

4.3.4 编辑竖梃 （难点）

选择竖梃，进入编辑模式后，通过修改参数，可以改变竖梃的显示样式。

将光标置于竖梃之上，单击鼠标左键，选中竖梃。处于选中状态的竖梃高亮显示，效果如图4.142所示。

"属性"选项板中显示竖梃的类型名称为"矩形竖梃1"，单击"编辑类型"按钮，如图4.143所示，打开"类型属性"对话框。

对话框中显示"角度"值为0°，将光标定位于该选项之中，输入5°，如图4.144所示，更改竖梃的角度。

图4.142 选择竖梃的效果

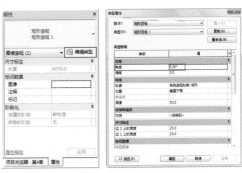

图4.143 单击按钮　　图4.144 "类型属性"对话框

单击"确定"按钮，关闭对话框。查看改变角度后竖梃的显示效果，如图4.145所示。竖梃的边倾斜5°，形成了一个斜面。

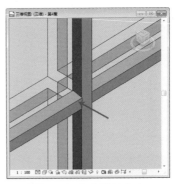

图4.145 更改倾斜角度

提示

选择任意竖梃，在"类型属性"对话框中修改参数，可以影响幕墙中的所有竖梃。

重新打开竖梃的"类型属性"对话框，修改"厚度"值为100，同时重新在"尺寸标注"选项组中修改"边2上的宽度"和"边1上的宽度"选项值，如图4.146所示。

单击"确定"按钮关闭对话框，在视图中观察竖梃的变化效果，可见竖梃的尺寸增大了。

在"类型属性"对话框中单击"轮廓"选项，在弹出的列表中显示竖梃的轮廓样式。

默认选择"系统竖梃轮廓：矩形"，此时改选"系统竖梃轮廓：圆形"，如图4.147所示，修改竖梃的轮廓样式。

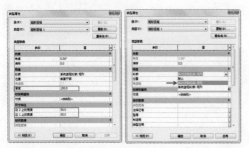

图4.146 修改参数　　图4.147 选择竖梃样式

单击"确定"按钮，返回视图。查看更改竖梃样式的效果，以圆形轮廓显示的效果如图4.148所示。

选择竖梃，在竖梃中显示"切换竖梃连接"符号。将光标置于符号之上，如图4.149所示。

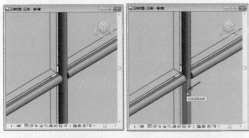

图4.148 更改样式的　　图4.149 激活符号
效果

单击"切换竖梃连接"符号，竖梃随即更改连接方式。由"打断"方式切换为"结合"方式，效果如图4.150所示。

选择竖梃后，在"竖梃"面板中单击"结合"按钮或"打断"按钮，如图4.151所示，也可以更改竖梃的连接方式。

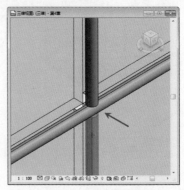

图4.150 更改连接样式

图4.151 单击按钮

4.3.5 幕墙系统

启用"幕墙系统"命令，可以在体量面上创建幕墙系统。

1. 创建幕墙系统

选择"建筑"选项卡，单击"构建"面板中的"幕墙系统"按钮，如图4.152所示，激活命令。

图4.152 单击按钮

提示

在创建幕墙系统之前，需要先创建体量模型。

在选项卡中单击"选择多个"按钮，如图4.153所示，激活命令。

图4.153 单击按钮

将光标置于体量模型之上，拾取要创建幕墙系统的面，如图4.154所示。

在选定的体量面上单击鼠标左键，选择面，效果如图4.155所示。

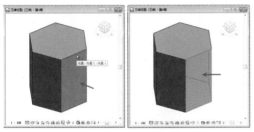

图4.154 单击体量面　　图4.155 选中体量面

移动光标，继续在其他体量面上单击鼠标左键，可以加选面，效果如图4.156所示。

在"多重选择"面板中单击"创建系统"按钮，可在选定的体量面上创建幕墙系统，效果如图4.157所示。

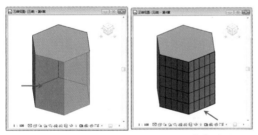

图4.156 加选体量面　　图4.157 创建幕墙系统

2. 编辑幕墙系统

创建完毕的幕墙系统，不包含竖梃，需要用户自行添加。

选择幕墙系统，在"面模型"面板中单击"编辑面选择"按钮，如图4.158所示，激活命令。

图4.158 单击按钮

将光标置于体量面之上，高亮显示面边界线，如图4.159所示。

在面上单击鼠标左键，选中体量面，如图4.160所示。可将选中的面添加到已创建的幕墙系统中。

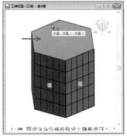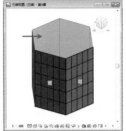

图4.159 拾取体量面　　图4.160 选择体量面

在"多重选择"面板中单击"重新创建系统"按钮，如图4.161所示，更新幕墙系统。

图4.161 单击按钮

重新创建幕墙系统，效果如图4.162所示，当前幕墙系统包含3个体量面。

选择幕墙系统，单击"属性"选项板中的"编辑类型"按钮，如图4.163所示。

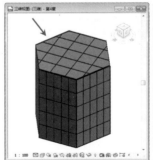

图4.162 更新幕墙系统　　图4.163 单击按钮

弹出"类型属性"对话框，单击"布局"选项，在列表中选择"固定距离"选项，激活"间距"选项。

修改"间距"值，例如将参数值修改为2000，如图4.164所示。

图4.164　"类型属性"对话框

默认情况下，"布局"选项值为"无"，"间距"选项值默认为1500。

单击"确定"按钮，返回视图。幕墙系统中的网格间距自动更新，显示效果如图4.165所示。

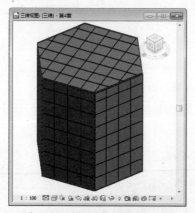

图4.165　更改网格间距的效果

再次打开"类型属性"对话框，单击"网格1竖梃"选项组下的"内部类型"按钮，在列表中选择"矩形竖梃：矩形竖梃1"选项，指定竖梃的样式。

重复操作，修改"网格2竖梃"选项组中的"内部类型"选项值，如图4.166所示。

单击"确定"按钮，关闭对话框。为幕墙系统添加竖梃，效果如图4.167所示。

图4.166　选择竖梃样式

图4.167　添加竖梃的效果

练习4-3 使用"幕墙"命令创建幕墙 重点

素材文件：	素材 \ 第 4 章 \ 练习 4-3 使用"幕墙"命令创建幕墙－素材 .rvt
效果文件：	素材 \ 第 4 章 \ 练习 4-3 使用"幕墙"命令创建幕墙 .rvt
视频文件：	视频 \ 第 4 章 \ 练习 4-3 使用"幕墙"命令创建幕墙 .mp4

1. 创建幕墙

01 打开"练习4-3　使用'幕墙'命令创建幕墙－素材.rvt"文件，如图4.168所示。

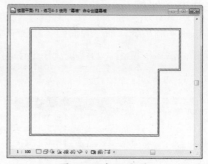

图4.168　打开文件

02 启用"幕墙"命令，在"属性"选项板中的"约束"选项组中设置参数，如图4.169所示。

图4.169 设置参数

03 在基本墙体上单击指定起点、终点，绘制幕墙的效果如图4.170所示。

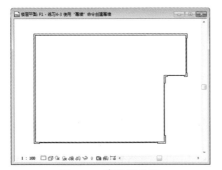

图4.170 幕墙的效果

04 切换至三维视图，查看幕墙的三维效果，如图4.171所示。

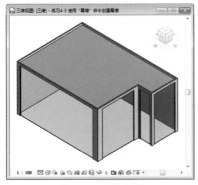

图4.171 三维效果

2. 绘制网格线与放置竖梃

01 切换至立面视图，启用"幕墙网格"命令，创建垂直方向与水平方向上的网格线，效果如图4.172所示。

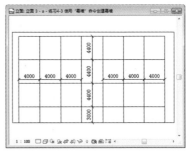

图4.172 绘制幕墙网格线效果

02 转换至另一立面图，继续创建幕墙网格线，效果如图4.173所示。

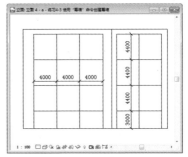

图4.173 网格线的效果

03 切换至三维视图，观察幕墙网格线的三维效果，如图4.174所示。

图4.174 三维效果

04 修改视图的"视觉样式"为"隐藏线"。启用"幕墙网格"命令，在幕墙上指定网格线的位置，如图4.175所示。

图4.175 预览网格线

05 在幕墙上单击鼠标左键，指定网格线的位置，创建网格线的效果如图4.176所示。

图4.176 绘制网格线

06 启用"竖梃"命令，选择放置方式为"全部网格线"，为幕墙创建竖梃。修改"视觉样式"为"着色"，查看网格线的效果，如图4.177所示。

图4.177 放置竖梃

3. 更改幕墙嵌板的样式

01 将光标置于幕墙中的任意竖梃之上，高亮显示竖梃，如图4.178所示。

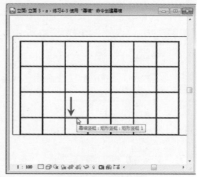

图4.178 放置光标

02 连续按Tab键，循环亮显幕墙各构件。在高亮显示下方幕墙嵌板时，单击鼠标左键，选中嵌板，如图4.179所示。

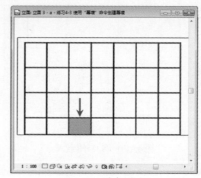

图4.179 选择嵌板

03 在"属性"选项板中单击弹出类型列表，选择某种门嵌板样式，如图4.180所示。

图4.180 "属性"选项板

04 如此将幕墙嵌板的样式更改为"门嵌板"，效果如图4.181所示。

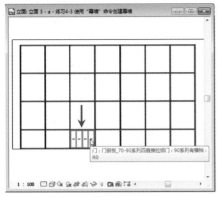

图4.181 修改样式

05 重复上述操作，修改另一个幕墙嵌板的样式为"门嵌板"，效果如图4.182所示。

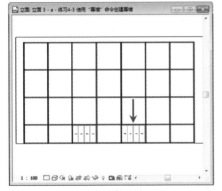

图4.182 修改结果

06 切换至另一立面视图，继续执行修改嵌板样式的操作，如图4.183所示。

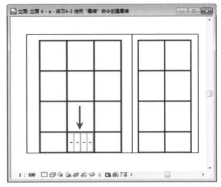

图4.183 更换样式

07 转换至三维视图，观察幕墙的最终效果，如图4.184所示。

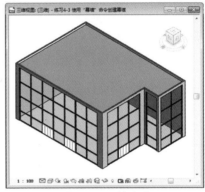

图4.184 三维结果

4.4 知识小结

本章介绍了创建与编辑门窗、幕墙的方法。

在创建门窗之前，需要先载入门族与窗族。选择门窗，进入编辑模式后，可以修改门窗的属性参数和在墙体中的位置等。如果要修改门窗在垂直方向上的位置，最好先切换至立面视图。幕墙在基本墙体的基础上创建，在三维视图中可以比较直观地查看创建效果。但是在创建幕墙网格线时，在立面视图中可以较为精确地确定网格线的位置。当然，在三维视图中也是可以创建网格线的。

幕墙竖梃在幕墙网格线的基础上创建，有3种创建方式供用户选择，最为快捷的创建方式是"全部网格线"。通过修改幕墙嵌板的样式，可以在幕墙上创建门窗，但是需要先载入嵌板族。

4.5 拓展训练

本节安排了3个拓展练习，以帮助读者巩固本章所学知识。

训练4-1 创建门

素材文件：素材 \ 第 4 章 \ 训练 4-1 创建门 - 素材 .rvt
效果文件：素材 \ 第 4 章 \ 训练 4-1 创建门 .rvt
视频文件：视频 \ 第 4 章 \ 训练 4-1 创建门 .mp4

操作步骤提示如下。

01 打开 "训练4-1 创建门-素材.rvt" 文件。

02 启用 "门" 命令，在 "属性" 选项板中选择 "双扇平开镶玻璃门1"，在墙体上单击指定基点，放置双扇门。

03 在 "属性" 选项板中选择 "单扇平开木门1"，在墙体中放置单扇门。

04 按两次Esc键，退出命令。

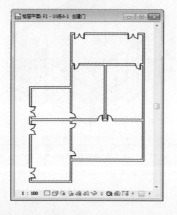

训练4-2 创建窗

素材文件：素材 \ 第 4 章 \ 训练 4-2 创建窗 - 素材 .rvt
效果文件：素材 \ 第 4 章 \ 训练 4-2 创建窗 .rvt
视频文件：视频 \ 第 4 章 \ 训练 4-2 创建窗 .mp4

操作步骤提示如下。

01 打开 "训练4-2 创建窗-素材.rvt" 文件。

02 启用 "窗" 命令，在 "属性" 选项板中选择 "推拉窗6"，在墙体上单击鼠标左键，指定基点，放置推拉窗。

03 在 "属性" 选项板中选择 "固定窗"，在墙体中放置固定窗。

04 按两次Esc键，退出命令。

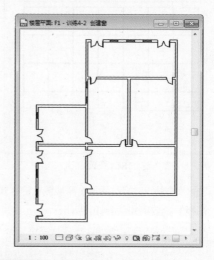

训练4-3 创建幕墙

素材文件：素材 \ 第 4 章 \ 训练 4-3 创建幕墙 - 素材 .rvt
效果文件：素材 \ 第 4 章 \ 训练 4-3 创建幕墙 .rvt
视频文件：视频 \ 第 4 章 \ 训练 4-3 创建幕墙 .mp4

操作步骤提示如下。

01 打开 "训练4-3 创建幕墙-素材.rvt" 文件。

02 启用 "幕墙" 命令，创建幕墙。

03 启用 "幕墙网格" 命令，在幕墙上创建网格线。

04 启用 "竖梃" 命令，在幕墙网格的基础上放置竖梃。

05 选择幕墙嵌板，将其样式修改为 "门嵌板"。

06 执行 "保存" 命令，保存文件。

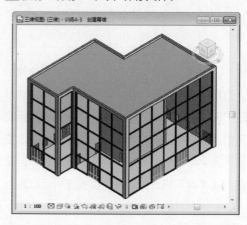

第 5 章

创建楼板、天花板与屋顶

Revit提供了专门的命令，用来创建楼板、天花板与屋顶。用户只要掌握这些命令的操作方法，以及相关参数的设置，就可以轻松地进行创建。本章将介绍创建与编辑楼板、天花板及屋顶的方法。

本章重点

创建与编辑楼板的方法 ｜ 创建天花板的方法
创建各种类型屋顶的方法 ｜ 编辑屋顶的方法

5.1 创建楼板

楼板的作用是分隔建筑物的各层空间。在Revit中可以创建3种类型的楼板，分别是建筑楼板、结构楼板及面楼板。

本节介绍创建与编辑楼板的方法。

5.1.1 创建楼板的方法 难点

选择"建筑"选项卡，单击"构建"面板中的"楼板"按钮，弹出列表。在列表中选择"楼板：建筑"选项，如图5.1所示，启用命令。

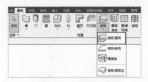

图5.1 选择选项

> **技巧**
>
> "楼板"命令没有默认的快捷键，用户可以启用"快捷键"命令，在"快捷键"对话框中自定义快捷键。

进入"修改|创建楼层边界"选项卡，在"绘制"面板中选择"边界线"按钮，单击"拾取墙"按钮，指定绘制方式。

设置"偏移"值为0，选择"延伸到墙中（至核心层）"选项，如图5.2所示。

图5.2 设置参数

> **提示**
>
> 选择"拾取墙"绘制方式，通过拾取墙体，可以在墙体的一侧创建楼层边界线。

"属性"选项板中显示楼板的类型❶，如图5.3所示。在"约束"选项组中设置"标高"为F1，表示楼板位于F1楼层上。将"自标高的高度偏移"选项值设置为0❷，表示楼板与F1标高线重合。

图5.3 "属性"选项板

此时进入编辑模式，绘图区域中的图元显示为淡灰色，效果如图5.4所示。

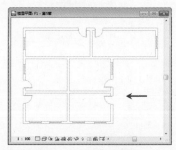

图5.4 进入编辑模式

将光标置于墙体之上，高亮显示墙体，如图5.5所示，表示即将以该墙体为基准创建楼层边界线。

图5.5 选择墙体

在高亮显示的墙体上单击鼠标左键，在墙体的内侧创建楼层边界线，如图5.6所示。

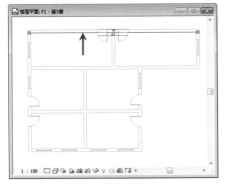

图5.6 创建边界线

楼层边界线为洋红色，在灰色的墙体上显示，方便用户区别边界线的位置。

继续拾取墙体，以墙体为基准创建闭合的楼层边界线。查看创建结果，可见边界线出现了相交的情况，如图5.7所示。

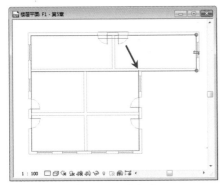

图5.7 显示线相交

在"修改"面板中单击"修剪/延伸为角"按钮，如图5.8所示，激活命令。

图5.8 单击按钮

将光标置于水平边界线之上，高亮显示边界线，如图5.9所示。单击鼠标左键，拾取边界线。

移动光标，单击拾取与水平边界线相交的垂直边界线，如图5.10所示。

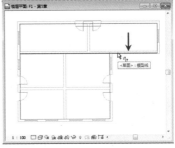

图5.9 选择边界线1

图5.10 选择边界线2

修剪线段的效果如图5.11所示。此时楼层边界线闭合不相交，软件将在此基础上创建楼板。

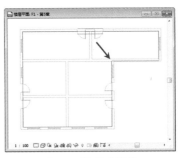

图5.11 修剪边界线

为什么相交的楼层边界线不能创建楼板？

创建完楼层边界线后，如果发生边界线相交的情况，在工作界面的右下角会弹出如图5.12所示的提示对话框，提醒用户"线不能彼此相交"。

如果边界线相交，或者处于开放状态，那么软件将无法识别边界线的准确位置，也就无法创建楼板。

图5.12 提示对话框

单击"完成编辑模式"按钮，退出命令。视图中显示创建楼板的效果，以蓝色的实体填充图案显示，如图5.13所示。

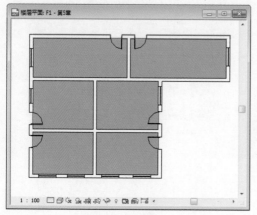

图5.13 绘制楼板

为了更直观地查看楼板，可以切换至三维视图。将"视觉样式"设置为"线框"，可以更好地观察楼板模型，效果如图5.14所示。

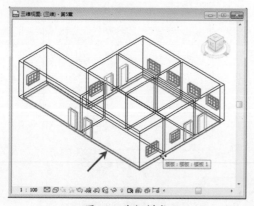

图5.14 线框样式

5.1.2 创建倾斜楼板 重点

通常情况下，楼板与楼层标高平行，显示为一个平面。通过为楼板添加坡度，可以创建倾斜楼板，连接不同标高的建筑物。

启用"楼板"命令，在绘图区域中创建楼板，效果如图5.15所示。

图5.15 绘制楼板

单击"绘制"列表中的"坡度箭头"按钮，如图5.16所示，转换绘制模式。

图5.16 单击按钮

在楼层边界线上单击鼠标左键，指定坡度箭头的起点，如图5.17所示。

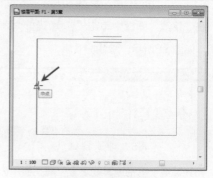

图5.17 指定起点

向右移动光标，指定坡度箭头的终点，同时可以预览箭头绘制的效果，如图5.18所示。

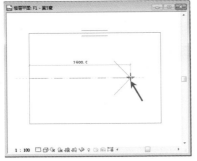

图5.18 指定终点

在合适的位置单击鼠标左键，退出绘制模式。坡度箭头的绘制效果如图5.19所示。

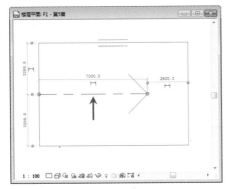

图5.19 绘制坡度箭头

箭头的周围显示临时尺寸标注，修改标注，可以修改箭头的长度及位置。

在"属性"选项板中设置"约束"选项组的参数，如图5.20所示。

设置"尾高度偏移"为500，"头高度偏移"为0，其他选项保持默认值。

图5.20 "属性"选项板

> **提示**
>
> 只有在"尾高度偏移"值与"头高度偏移"值不相等的情况下，才可以创建倾斜楼板。

单击"完成编辑模式"按钮，退出命令。切换至三维视图，单击ViewCube上的"前"按钮，切换至前视图。

在前视图查看倾斜楼板的效果，如图5.21所示。"尾高度"为500mm，"头高度"为0mm，所以楼板显示为倾斜状态。

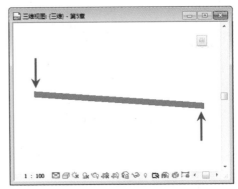

图5.21 楼板倾斜效果

5.1.3 编辑楼板 重点

改动建筑项目后，如新增或删除墙体，就需要编辑楼板，使楼板适应建筑项目。

为了选择项目中的楼板，可以先选中所有的项目图元，如图5.22所示。

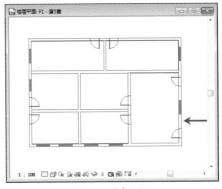

图5.22 选择图元

进入"修改|选择多个"选项卡，单击"过滤器"按钮，如图5.23所示，激活命令。

图5.23 单击按钮

弹出"过滤器"对话框,在"类别"列表中选择"楼板"选项,取消选择其他类别选项,如图5.24所示。

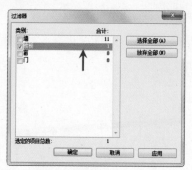

图5.24 "过滤器"对话框

单击"确定"按钮,关闭对话框,选中楼板的效果如图5.25所示。

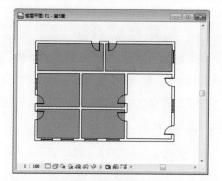

图5.25 选择楼板

进入编辑状态,绘图区域中显示楼层边界线。单击选择其中两段边界线,如图5.26所示。

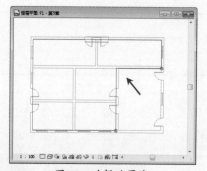

图5.26 选择边界线

提示

按住 Ctrl 键不放,单击楼层边界线,可以选中两段或多段边界线。

按DE快捷键,删除选中的楼层边界线,效果如图5.27所示。

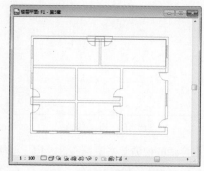

图5.27 删除边界线的效果

技巧

选中楼层边界线,直接按 Delete 键,也可删除边界线。

在"绘制"列表中单击"线"按钮,如图5.28所示,指定绘制方式。

图5.28 单击按钮

将光标置于楼层边界线的端点之上,单击鼠标左键,指定该点为起点,如图5.29所示。

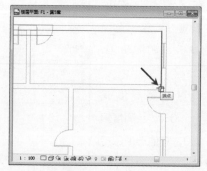

图5.29 指定起点

向下移动光标,在合适的位置单击鼠标左键,绘制垂直楼板边界线,如图5.30所示。

将光标置于另一水平边界线的端点,如图5.31所示,单击鼠标左键指定起点,继续绘制边界线。

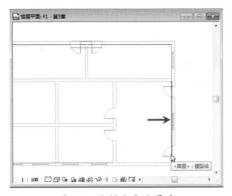

图5.30 绘制垂直边界线

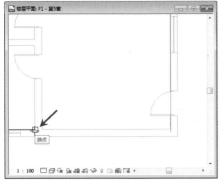

图5.31 指定起点

向右移动光标，在垂直边界线的端点单击鼠标左键，以该点为水平边界线的终点，闭合楼层边界线的效果如图5.32所示。

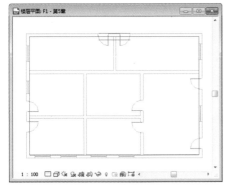

图5.32 闭合边界线

提示

绘制完水平边界线与垂直边界线后，单击"修改"面板上的"修剪/延伸为角"按钮，依次单击边界线，使它们形成一个直角。

单击"完成编辑模式"按钮，退出命令。

通过编辑楼层边界线，使得楼板的范围延伸至新增墙体的范围内，效果如图5.33所示。

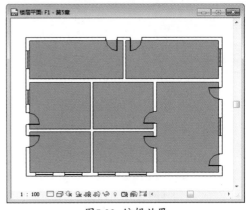

图5.33 编辑效果

练习5-1 为办公楼添加楼板 重点

素材文件：素材\第4章\练习4-2为办公楼添加窗.rvt
效果文件：素材\第5章\练习5-1为办公楼添加楼板.rvt
视频文件：视频\第5章\练习5-1为办公楼添加楼板.mp4

1.设置楼板参数

01 打开"练习4-2为办公楼添加窗.rvt"文件。
02 启用"楼板"命令，在"属性"选项板中单击"编辑类型"按钮，如图5.34所示，弹出"类型属性"对话框。

图5.34 单击按钮

03 在"类型属性"对话框中单击"复制"按钮，在"名称"对话框中设置楼板名称，如图5.35所示。

图5.35 设置名称

04 单击"确定"按钮，返回"类型属性"对话框。单击"结构"选项右侧的"编辑"按钮，如图5.36所示，弹出"编辑部件"对话框。
05 选择第2行，将光标定位在"材质"单元格中，单击矩形按钮，如图 5.37 所示。

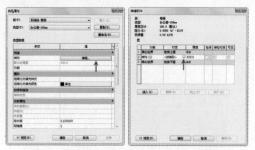

图5.36 单击按钮　　图5.37 "编辑部件"
　　　　　　　　　　　　　对话框

06 打开"材质浏览器"对话框，在材质列表中选择"默认"材质❶，单击鼠标右键，在弹出的菜单中选择"复制"命令❷，如图 5.38 所示。

图5.38 选择材质

07 修改材质副本的名称，接着单击列表下方的"打开/关闭材质浏览器"按钮，如图 5.39 所示。

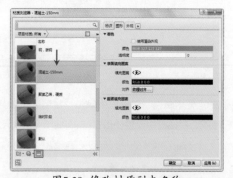

图5.39 修改材质副本名称

08 打开"资源浏览器"对话框，单击展开"Autodesk 物理资源"列表，选择"混凝土"选项。

09 在右侧的列表中选择"平面–抛光灰色"材质，并单击右侧的矩形按钮，如图 5.40 所示。

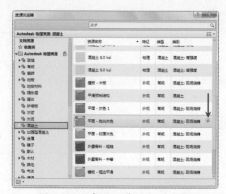

图5.40 "资源浏览器"对话框

10 单击右上角的"关闭"按钮，返回"编辑部件"对话框。修改"厚度"值为 150，如图 5.41 所示。

11 单击"确定"按钮，返回"类型属性"对话框。在"功能"选项列表中选择"内部"选项，如图 5.42 所示，指定楼板的功能属性。

12 单击"确定"按钮，关闭对话框，返回视图。

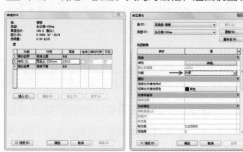

图5.41 修改厚度值　　图5.42 设置功能属性

2. 绘制楼板

01 在"绘制"列表中单击"拾取墙"按钮，选择绘制楼层边界线的方式。

02 拾取外墙体，创建闭合的楼层边界线的效果如图 5.43 所示。

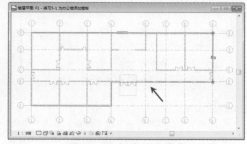

图5.43 绘制楼层边界线

03 单击"完成编辑模式"按钮，退出命令，创建楼板的效果如图 5.44 所示。

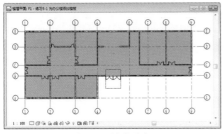

图5.44 创建楼板

图5.45 三维效果

04 切换至三维视图，查看楼板的三维效果，如图5.45所示。

5.2 创建天花板

创建天花板的方法与创建楼板的方法相同，通过绘制边界线可以创建指定样式的天花板。本节介绍创建与编辑天花板的方法。

5.2.1 创建天花板的方法 重点

创建天花板有两种方法，一种是自动创建天花板，另外一种是绘制天花板。

1. 自动创建天花板

选择"建筑"选项卡，在"构建"面板上单击"天花板"按钮，如图5.46所示，激活命令。

图5.46 单击按钮

提示

与"楼板"命令相同，"天花板"命令也没有默认的快捷键。用户可为其设置快捷键，以便快速地启用命令。

进入"修改|放置天花板"选项卡，单击"自动创建天花板"按钮，如图5.47所示，指定创建方式。

图5.47 选择绘制方式

将光标置于房间内部，此时可以显示天花

板轮廓线，如图5.48所示。

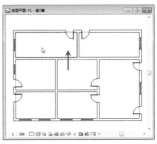

图5.48 显示轮廓线

专家看板

为什么可以自动生成天花板边界线？

在创建墙体时，"属性"选项板中显示一个名称为"房间边界"的选项，如图5.49所示。默认是选择该项的，即以所创建的墙体作为房间的边界线。

选用"自动创建天花板"方式后，软件提醒用户在以墙为界限的面积内单击鼠标左键即可绘制天花板轮廓线。

如果墙体的"房间边界"选项为选中状态的话，就可以在该墙体界限之内创建天花板。

若取消选择墙体的"房间边界"选项，由于软件搜索不到房间边界信息，就无法创建天花板轮廓线。

图5.49 "属性"选项板

在指定的房间内自动生成天花板的效果如图5.50所示。因为其他房间没有创建天花板，所以显示为空白状态。

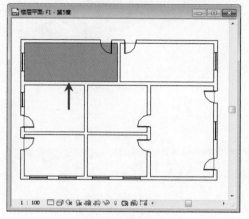

图5.50 创建天花板

2. 绘制天花板

在"修改|放置天花板"选项卡中单击"绘制天花板"按钮，如图5.51所示，更改绘制方式。

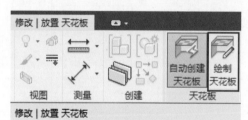

图5.51 单击按钮

进入"修改|创建天花板边界"选项卡，在"绘制"面板中单击"线"按钮，指定绘制轮廓线的方式。

在选项栏中选择"链"选项，可以绘制多段首尾相接的轮廓线。保持"偏移"值为0，使轮廓线与起点重合，如图5.52所示。

图5.52 设置参数

将光标置于房间内部，单击内墙角，指定轮廓线的起点，如图5.53所示。

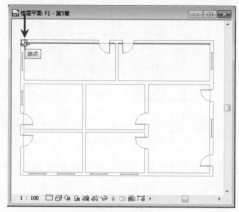

图5.53 指定下一点1

向下移动光标，将光标置于另一内墙角，如图5.54所示。单击鼠标左键，指定该点为下一点。

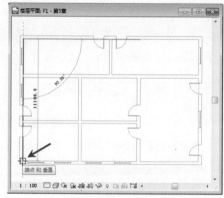

图5.54 指定下一点2

向右移动光标，单击指定下一点，如图5.55所示。

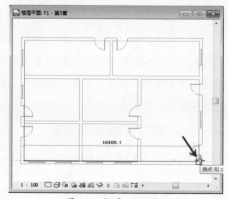

图5.55 指定下一点3

向上移动光标，单击内墙角，如图5.56所示，继续指定轮廓线的下一点。

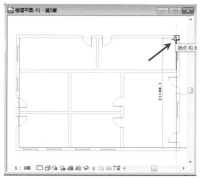

图5.56 指定下一点4

向左移动光标，单市鼠标左键，指定轮廓线的终点，效果如图5.57所示。

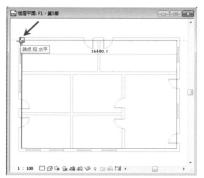

图5.57 指定终点

按Esc键，结束绘制操作，天花板轮廓线的绘制效果如图5.58所示。

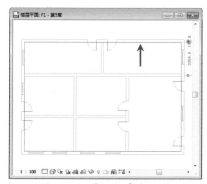

图5.58 天花板轮廓线效果

在"属性"选项板中修改"约束"参数，设置"标高"为F2，表示天花板位于F2视图中。设置"自标高的高度偏移"值为300，如图5.59所示。

图5.59 设置参数

单击"完成编辑模式"按钮，退出命令，创建天花板的效果如图5.60所示。

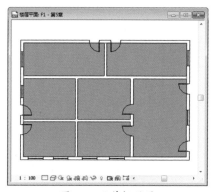

图5.60 天花板效果

切换至三维视图，观察天花板的三维效果，如图5.61所示。

图5.61 三维样式

5.2.2 编辑天花板 （难点）

项目文件中包含"天花板平面视图"，用户可以在该视图中查看或编辑天花板。

1. 查看天花板

选择项目浏览器，单击展开"天花板平面"列表，单击选择F1视图，如图5.62所示，切换视图。

图5.62 选择视图

在天花板视图中，仅显示墙体与天花板，如图5.63所示，门窗或者其他图元不在该视图中显示。

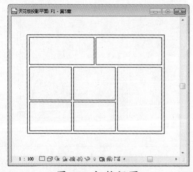

图5.63 切换视图

选择视图中的图元，此时墙体与天花板均为选中状态，如图5.64所示。

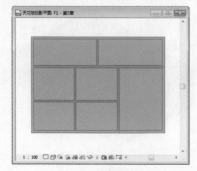

图5.64 选择图元

单击选项卡中的"过滤器"按钮，弹出"过滤器"对话框。在"类别"列表中仅显示"墙"和"天花板"类别。

单击选中"天花板"类别，如图5.65所示，单击"确定"按钮，返回视图。

图5.65 "过滤器"对话框

视图中显示天花板的选中状态。将光标置于天花板边界线上，光标显示为移动符号，如图5.66所示。

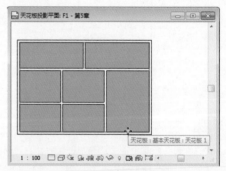

图5.66 选择天花板

此时按住鼠标左键不放，移动光标，可以更改天花板的位置，如图5.67所示。

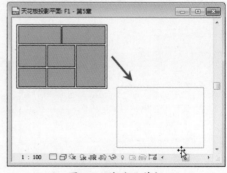

图5.67 移动天花板

在合适的位置松开左键，移动天花板的效果如图5.68所示。

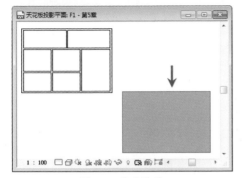

图5.68 移动结果

提示

将天花板移动至空白位置的好处是，用户可快速地选择天花板，不需要借助"过滤器"工具。

在项目浏览器中的"楼层平面"列表中选择F2视图，如图5.69所示。

图5.69 选择视图

切换至F2视图，其中显示墙体与天花板，如图5.70所示。

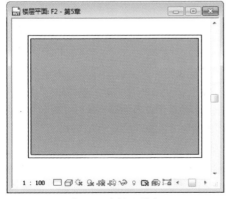

图5.70 选择天花板

提示

因为天花板的"标高"为F2，所以切换至F2楼层平面视图后，可以在其中查看天花板。

2. 编辑天花板

在三维视图中查看天花板的创建效果，发现其中一个房间缺少天花板，如图5.71所示。

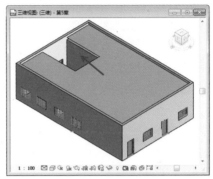

图5.71 缺失天花板

选择天花板，在选项卡中单击"编辑边界"按钮，如图5.72所示，进入编辑模式。

图5.72 单击按钮

技巧

用户也可以直接删除存在问题的天花板，再重新创建。但是有时候通过执行编辑操作，可以更快速地解决问题。

进入"修改|天花板>编辑边界"选项卡，单击"绘制"面板中的"线"按钮，如图5.73所示，选择绘制边界线的方式。

图5.73 选择绘制方式

在视图中单击指定起点与终点，绘制垂直线段，效果如图5.74所示。

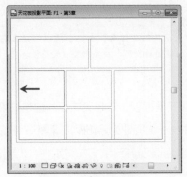

图5.74 绘制垂直线段

因为边界线不允许相交，所以选择相交的边界线，如图5.75所示。按Delete键删除线段。

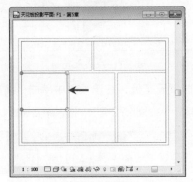

图5.75 选择线段

提示

编辑模式中的"绘制"列表提供了多种绘制天花板边界线的方式，用户通过这些方式可以绘制出各种样式的边界线。

单击"完成编辑模式"按钮，退出命令。重新转换至三维视图，此时已经为房间添上了缺失的天花板，效果如图5.76所示。

图5.76 修改结果

练习5-2 为办公楼添加天花板 重点

素材文件：素材\第5章\练习5-1为办公楼添加楼板.rvt

效果文件：素材\第5章\练习5-2为办公楼添加天花板.rvt

视频文件：视频\第5章\练习5-2为办公楼添加天花板.mp4

1. 设置天花板参数

01 打开"练习5-1为办公楼添加楼板.rvt"文件。

02 启用"天花板"命令，在"属性"选项板中单击弹出类型列表，选择"复合天花板"类型，如图5.77所示。

图5.77 选择天花板类型

提示

有两种类型的天花板供选择，一种是"基本天花板"，另一种是"复合天花板"。

03 单击"属性"选项板右上角的"编辑类型"按钮，弹出"类型属性"对话框。

04 单击"复制"按钮，在"名称"对话框中设置参数，如图5.78所示。

图5.78 设置名称

05 单击"确定"按钮，关闭对话框。"类型"菜单中显示新建类型名称❶，单击"结构"选项后的"编辑"按钮❷，如图5.79所示。

06 弹出"编辑部件"对话框，单击"插入"按钮❶，插入新层。在"功能"单元格中，修改新层的功能属性为"面层2[5]"❷，如图5.80所示。

图5.79 "类型属性"对话框

图5.80 插入新层

07 将光标定位在"材质"单元格中，单击右侧的矩形按钮，如图5.81所示，弹出"材质浏览器"对话框。

图5.81 单击按钮

08 在材质列表中选择"默认"材质，复制材质副本，并自定义材质名称❶。

09 单击左下角的"打开/关闭资源浏览器"按

钮❷，如图5.82所示，打开"资源浏览器"对话框。

图5.82 复制材质

10 在对话框的左侧单击展开"AutoCAD物理资源"列表，选择"木材"选项❶。

11 在右侧的材质列表中选择"石膏板－漆成白色"材质，单击右侧的按钮❷，如图5.83所示，替换当前资源。

图5.83 选择材质

12 单击右上角的"关闭"按钮，关闭对话框，返回"编辑部件"对话框。

13 在"厚度"列中修改"结构[1]"层与"面层2[5]"层的厚度值，如图5.84所示。

图5.84 修改参数

14 单击"确定"按钮，返回"类型属性"对话框。"厚度"选项中显示天花板的厚度值，如图5.85所示。

图5.85 显示厚度值

2. 绘制天花板

01 在选项卡中单击"拾取墙"按钮，指定创建天花板的方式。选择"延伸到墙中（至核心层）"复选框，如图5.86所示。

图5.86 设置参数

02 拾取墙体，沿墙体创建闭合的天花板轮廓线，效果如图5.87所示。

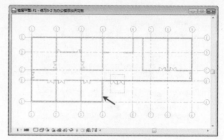

图5.87 绘制边界线

03 在"属性"选项板中设置"标高"为F2视图，"自标高的高度偏移"选项值为100，如图5.88所示。

图5.88 设置参数

04 单击"完成编辑模式"按钮，退出命令。切换至三维视图，观察创建天花板的效果，如图5.89所示。

图5.89 三维效果

5.3 创建屋顶

在Revit中可以创建多种类型的屋顶，如迹线屋顶、拉伸屋顶及面屋顶等。屋顶的相关构件，如底板、封檐板及檐槽，可以在屋顶的基础上创建。

本节介绍创建屋顶及屋顶构件的方法。

5.3.1 创建迹线屋顶

选择"建筑"选项卡，单击"构建"面板中的"屋顶"按钮，弹出选项列表，选择"迹线屋顶"选项，如图5.90所示，激活命令。

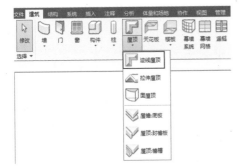

图5.90 选择选项

弹出如图5.91所示的"最低标高提示"对话框，单击"是"按钮关闭对话框，继续执行创建屋顶的操作。

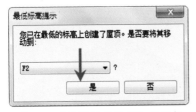

图5.91 "最低标高提示"对话框

进入"修改|创建屋顶迹线"选项卡，在"绘制"面板中单击"拾取墙"按钮，指定创建方式。

在选项栏中选择"定义坡度"选项，设置"悬挑"值为800，勾选"延伸到墙中（至核心层）"复选框，如图5.92所示。

图5.92 设置参数

> **提示**
>
> 选择"定义坡度"选项后，默认坡度值为30°，用户也可以设置指定的坡度值。

在"属性"选项板中单击弹出类型列表，选择"基本屋顶"类型，如图5.93所示。

在"约束"选项组中设置"底部标高"和"自标高的底部偏移"值，如图5.94所示，指定屋顶的位置。

图5.93 选择屋顶类型　　　图5.94 设置参数

此时进入编辑模式，绘图区域显示为乳白色，其中的墙体、门窗图元显示为灰色，如图5.95所示。

图5.95 进入编辑模式

将光标置于外墙体之上，高亮显示墙体，同时在墙体的一侧显示屋顶虚线，如图5.96所示。

图5.96 拾取墙体

> **提示**
>
> 因为选择了"拾取墙"的创建方式，所以通过拾取外墙体，在墙体的基础上创建屋顶。

在外墙体上单击鼠标左键，可在距墙体800mm的一侧创建屋顶线，如图5.97所示。

图5.97 创建屋顶线

因为将"悬挑"值设置为800，所以屋顶线与外墙体的间距为800。

重复拾取外墙体，创建闭合的屋顶轮廓线。轮廓线的一侧显示坡度符号，并显示坡度值，如图5.98所示。

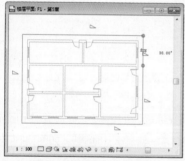

图5.98 绘制闭合的轮廓线

单击"完成编辑模式"按钮，退出命令。此时弹出如图5.99所示的提示对话框。在对话框中询问用户"是否希望将高亮显示的墙附着到屋顶"。

图5.99 提示对话框

在创建屋顶线时所拾取的所有外墙体此时全部高亮显示，如图5.100所示。

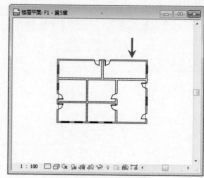

图5.100 高亮显示墙体

在提示对话框中单击"是"按钮，切换至三维视图，查看迹线屋顶的创建效果，如图5.101所示。

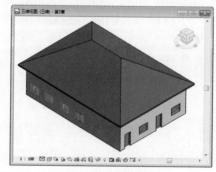

图5.101 三维视图

5.3.2 创建拉伸屋顶

在立面视图中创建拉伸屋顶，可以准确地绘制屋顶轮廓线。在此之前，用户需要先创建立面视图。

1. 创建立面视图

选择"视图"选项卡，单击"创建"面板中的"立面"按钮，如图5.102所示，激活命令。

图5.102 单击按钮

在视图中单击鼠标左键，放置立面，如图5.103所示。

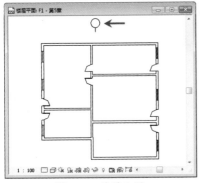

图5.103 放置立面

选择项目浏览器，单击展开"立面（立面1）"列表，其中显示新建的立面视图名称。双击"立面1-a"视图名称，如图5.104所示，切换至立面视图。

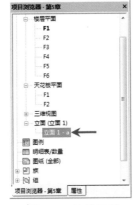

图5.104 选择视图

在立面视图中调整裁剪轮廓线的大小，显示立面样式的墙体，效果如图5.105所示。

图5.105 立面视图

2. 绘制屋顶轮廓线

在"构建"面板中单击"屋顶"按钮，在列表中选择"拉伸屋顶"选项，如图5.106所示，激活命令。

打开"工作平面"对话框，在"指定新的工作平面"选项组中选择"拾取一个平面"选项，如图5.107所示。

图5.106 选择选项

图5.107 "工作平面"对话框

单击"确定"按钮关闭对话框，将光标置于立面墙体之上。此时可以高亮显示墙体，如图5.108所示。

图5.108 选择墙体

在立面墙体上单击鼠标左键，弹出如图5.109所示的"屋顶参照标高和偏移"对话框。

单击"标高"选项，在弹出的列表中选择标高，如选择F2。单击"确定"按钮，开始绘制屋顶轮廓线。

图5.109 选择标高

提示

设置"屋顶参照标高和偏移"对话框中的"偏移"选项值，指定屋顶在标高的基础上所偏移的距离。

在选项卡中单击"绘制"列表中的"线"按钮，指定绘制屋顶轮廓线的方式。

选择"链"选项，保持"偏移"选项值为0不变，如图5.110所示。

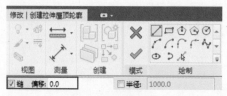

图5.110 设置参数

将光标置于水平墙线之上，显示"中点"符号，如图5.111所示。

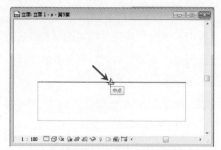

图5.111 指定起点

在中点处单击鼠标左键，指定线的起点。向上移动光标，在距起点2500mm的位置单击鼠标左键，指定线的终点。

绘制垂直线段的效果如图5.112所示。

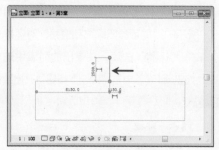

图5.112 绘制垂直线段

重复操作，以线段的终点为起点，绘制斜线段，效果如图5.113所示。

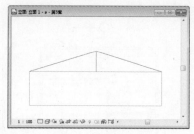

图5.113 绘制结果

技巧

在垂直线段的终点单击鼠标左键，指定起点。向左下角移动光标，单击水平墙线的端点，可绘制倾斜线段。

选择倾斜线段，显示临时尺寸标注，标明线段的长度及位置信息。

将光标置于长度标注之上，如图5.114所示。

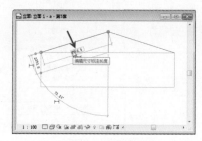

图5.114 选择参数

在长度标注上单击鼠标左键，进入在位编辑模式。在其中输入参数，如图5.115所示，重新指定线段长度。

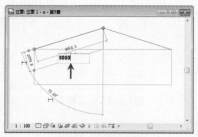

图5.115 输入参数

在空白位置单击鼠标左键，退出命令，完成修改操作。

继续执行修改操作，修改右侧斜线段的长度，使左右两侧的线段长度相同，效果如图5.116所示。

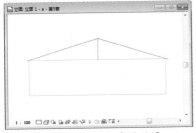

图5.116 修改长度的效果

选择中间的垂直线段，按Delete键，删除线段，效果如图5.117所示。

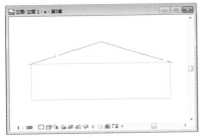

图5.117 删除线段的效果

3. 绘制结果

单击"完成编辑模式"按钮，退出命令。在立面视图中显示拉伸屋顶的立面效果，如图5.118所示。

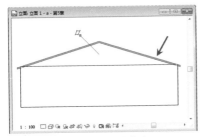

图5.118 绘制结果

在"属性"选项板中设置"拉伸起点"和"拉伸终点"的参数，如图5.119所示。

图5.119 设置参数

提示

"拉伸起点"和"拉伸终点"的参数决定了屋顶的长度。

切换至三维视图，观察拉伸屋顶的三维效果，如图5.120所示。

此时还需要执行"编辑墙"操作，使墙体附着于屋顶。

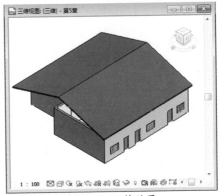

图5.120 三维效果

知识链接

"附着墙体"到屋顶的方法，可以参考5.4.4节的内容。

5.3.3 创建面屋顶

单击"构建"列表中的"屋顶"按钮，在列表中选择"面屋顶"选项，如图5.121所示，激活命令。

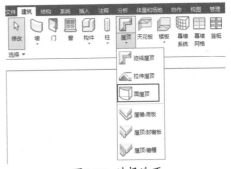

图5.121 选择选项

进入"修改|放置面屋顶"选项卡，单击"选择多个"按钮，如图5.122所示。

图5.122 单击按钮

将光标置于体量模型的水平面上，如图5.123所示，高亮显示面边界线。

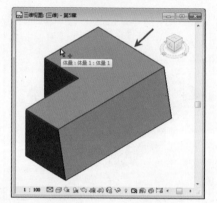

图5.123 高亮显示面边界线

在水平面上单击鼠标左键，选中模型面。此时面显示为蓝色的填充样式，如图5.124所示。

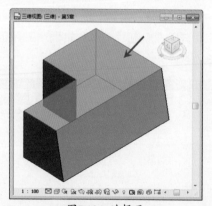

图5.124 选择面

选中面后，选项卡中的"选择多个"按钮显示为灰色。

单击"创建屋顶"按钮，可在选中的模型面上创建面屋顶，效果如图5.125所示。

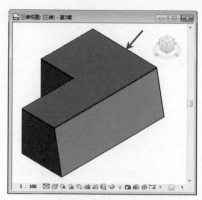

图5.125 创建面屋顶

5.3.4 创建玻璃斜窗 重点

在创建屋顶时，选择名称为"玻璃斜窗"的类型，可以创建材质为玻璃的屋顶。

1. 在建筑模型上创建玻璃斜窗

启用"迹线屋顶"命令，在"属性"选项板中单击弹出类型列表，选择"玻璃斜窗"类型，如图5.126所示。

图5.126 选择屋顶类型

拾取墙体，创建屋顶边界线。创建完毕后，切换至三维视图，查看创建玻璃斜窗的效果，如图5.127所示。

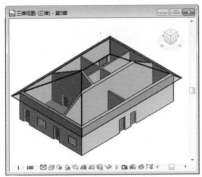

图5.127 创建玻璃斜窗

单击"构建"面板中的"幕墙网格"按钮，启用命令。在玻璃斜窗上创建网格线段，如图5.128所示。

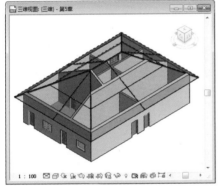

图5.128 添加网格线段

与幕墙相关的命令，如"幕墙系统""幕墙网格""竖梃"等，同样适用于玻璃斜窗。

接着启用"竖梃"命令，在网格线段的基础上放置竖梃，效果如图5.129所示。

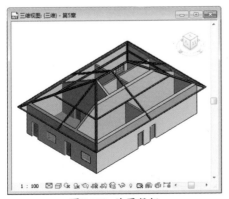

图5.129 放置竖梃

2. 在体量模型上创建玻璃斜窗

启用"面屋顶"命令，在"属性"选项板中选择"玻璃斜窗"类型。

将光标置于体量模型的倾斜面上，单击鼠标左键，选中斜面，如图5.130所示。

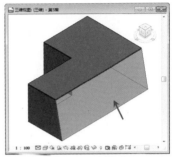

图5.130 选择面

单击选项卡中的"创建屋顶"按钮，在面上创建玻璃斜窗，效果如图5.131所示。

图5.131 创建玻璃斜窗

查看创建效果，发现玻璃斜窗与模型存在错位现象。

单击ViewCube中的"右"按钮，转换至右视图。在视图中选择玻璃斜窗，如图5.132所示。

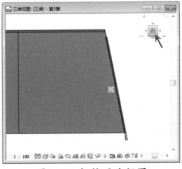

图5.132 切换至右视图

保持选择玻璃斜窗，按方向键在视图中调整其位置，使其与模型面紧密贴合，效果如图5.133所示。

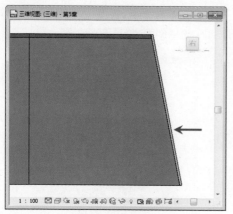

图5.133 调整结果

单击"构建"面板中的"幕墙系统"按钮，如图5.134所示，激活命令，在玻璃斜窗上创建幕墙系统。

单击鼠标左键选中玻璃斜窗，单击选项卡中的"创建系统"命令，可在斜窗的基础上创建幕墙系统，效果如图5.135所示。

图5.134 单击按钮

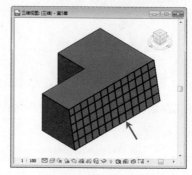

图5.135 创建幕墙系统

技巧

选择创建完毕的幕墙系统，单击"属性"选项板中的"编辑类型"按钮，弹出"类型属性"对话框，可在其中修改网格的间距及竖梃的类型。

5.4 创建屋顶构件

屋顶的构件包括底板、封檐板及檐槽，本节介绍创建构件的方法。

5.4.1 创建底板 **重点**

因为在创建屋顶时，将屋顶的标高设置为F2，所以选择项目浏览器，在"楼层平面"列表中选择F2视图，如图5.136所示。双击鼠标左键，切换视图。

图5.136 选择视图名称

技巧

在屋顶所在的视图中创建底板，方便确定底板的位置。

在视图控制栏中单击"视觉样式"按钮，在弹出的列表中选择"线框"命令，如图5.137所示，更改模型在视图中的显示样式。

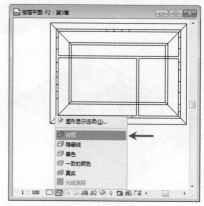

图5.137 选择视觉样式

单击"构建"面板中的"屋顶"按钮，在弹出的列表中选择"屋檐：底板"选项，如图5.138所示，激活命令。

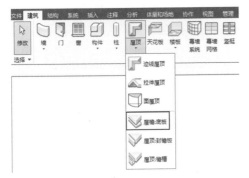

图5.138 选择选项

在选项卡中单击"绘制"列表中的"矩形"按钮，如图5.139所示，指定绘制底板的方式。

图5.139 选择绘制方式

提示

选择"矩形"绘制方式，选项栏中的"链"选项显示为灰色。因为绘制矩形可以创建首尾相连的边界线。

在屋顶轮廓线的左上角点单击鼠标左键，如图5.140所示，指定该点为矩形的起点。

图5.140 指定起点

向右下角移动光标，单击鼠标左键，指定矩形的对角点，如图5.141所示。

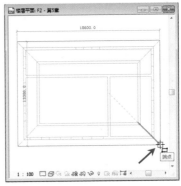

图5.141 指定对角点

以屋顶轮廓线为基础，绘制矩形边界线的效果如图5.142所示。

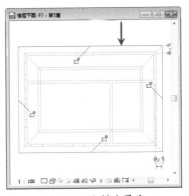

图5.142 绘制边界线

重复上述操作，继续绘制矩形边界线，效果如图5.143所示。

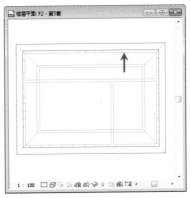

图5.143 绘制结果

单击"完成编辑模式"按钮，退出命令。切换至三维视图，查看底板的创建效果，如图5.144所示。

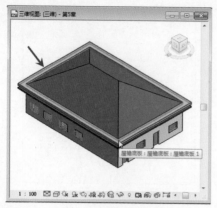

图5.144 底板效果

单击ViewCube中的"前"按钮，转换至前视图。在视图中选择底板，如图5.145所示。

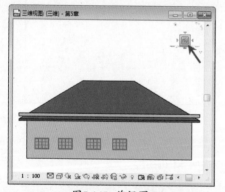

图5.145 前视图

在"属性"选项板中修改"自标高的高度偏移"值，如图5.146所示，重新定义底板的位置。

图5.146 修改参数

在视图中观察修改结果，此时底板向下移动，与屋顶底边重合，效果如图5.147所示。

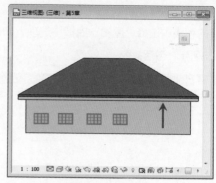

图5.147 调整位置

转换视图方向，查看重新定义位置后底板的三维效果，如图5.148所示。

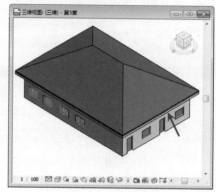

图5.148 查看效果

5.4.2 创建封檐板 重点

单击"构建"面板中的"屋顶"按钮，在弹出的列表中选择"屋顶：封檐板"选项，如图5.149所示，激活命令。

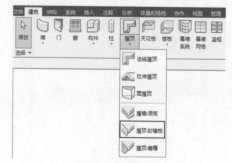

图5.149 选择选项

将光标置于屋顶边界线之上，如图5.150所示，高亮显示边界线。

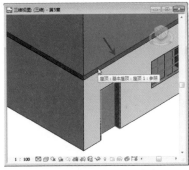

图5.150 拾取屋顶边界线

提示

启用"屋顶：封檐板"命令后，单击屋顶边界线、檐底板、封檐板或模型线，可以在此基础上创建封檐板。

操作完毕后，在选定的屋顶边上创建封檐板，效果如图5.151所示。

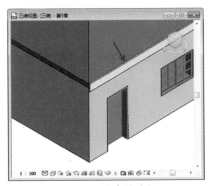

图5.151 创建封檐板

选择封檐板，进入"修改|封檐板"选项卡，单击"添加/删除线段"按钮，如图5.152所示，激活工具。

图5.152 单击按钮

依次在屋顶线上单击鼠标左键，可以创建首尾相接的封檐板，效果如图5.153所示。

技巧

启用"添加/删除线段"工具后，单击已创建的封檐板，可将其删除。

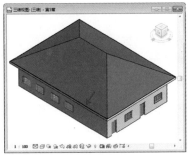

图5.153 创建结果

在"属性"选项板中，"垂直轮廓偏移"和"水平轮廓偏移"的选项值均为0，如图5.154所示。表示封檐板紧贴着屋顶边界线放置。

通过修改这两个选项值，可以调整封檐板的位置。例如修改"垂直轮廓偏移"值为300，如图5.155所示，可以调整封檐板在垂直方向上的位置。

图5.154 "属性"选　　图5.155 修改参数
　　　项板

修改参数后，在视图中查看修改结果。可见原本与屋顶边平行的封檐板向上移动了300mm，效果如图5.156所示。

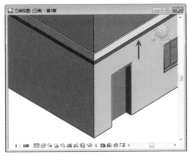

图5.156 移动效果

5.4.3 创建檐槽

在"构建"面板上单击"屋顶"按钮，在弹出的列表中选择"屋顶：檐槽"选项，如图5.157所示，激活命令。

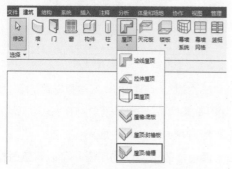

图5.157 选择选项

拾取屋顶边界线，在边界线上放置檐槽，效果如图5.158所示。

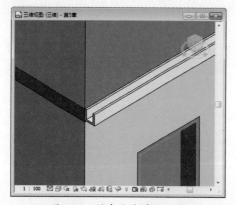

图5.158 创建的檐槽的效果

选择檐槽，进入"修改|檐沟"选项卡，单击"添加/删除线段"按钮，如图5.159所示，激活工具。

图5.159 单击按钮

在屋顶线上单击鼠标左键，可以继续放置檐槽，效果如图5.160所示。

图5.160 创建效果

5.4.4 编辑屋顶

选择屋顶，进入编辑模式，通过修改，可以重新定义屋顶的显示样式。

1. 编辑迹线屋顶

选择迹线屋顶，进入"修改|屋顶>编辑迹线"选项卡。在其中选用"绘制"列表中的工具，如图5.161所示，可以重新编辑屋顶迹线的样式。

图5.161 进入选项卡

技巧

为了能够方便选中迹线屋顶，可以先切换至屋顶所在的平面视图。虽然在三维视图中也能选中迹线屋顶，并进入编辑模式，但是在二维视图中可较为准确地执行编辑修改操作。

进入编辑模式后，视图中高亮显示屋顶迹线，如图5.162所示。用户可以在原有的基础上执行编辑操作，也可删除原有的迹线，再重新绘制。

图5.162 显示屋顶迹线

2. 编辑拉伸屋顶

选择拉伸屋顶，进入"修改|屋顶"选项卡，单击"编辑轮廓"按钮，如图5.163所示，进入编辑模式。

图5.163 单击按钮

启用"绘制"列表中的绘图工具，如图5.164所示，可以重新编辑屋顶轮廓线。

图5.164 选用工具

在视图中显示拉伸屋顶的轮廓线，如图5.165所示。通过启用"绘制"工具，可以执行修改操作，更改轮廓线的样式。

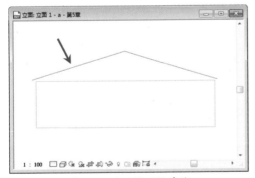

图5.165 显示屋顶轮廓线

3. 将墙体附着于屋顶

在创建拉伸屋顶时，出现了墙体与屋顶分离的情况。为了使墙体附着于屋顶，需要执行修改操作。

首先切换至后视图，在其中查看墙体与屋顶的分离状态，效果如图5.166所示。

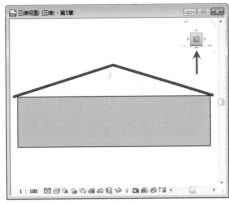

图5.166 后视图

选择墙体，进入"修改|墙"选项卡。单击"附着顶部/底部"按钮，如图5.167所示，激活命令。

图5.167 单击按钮

将光标置于屋顶之上，如图5.168所示，作为墙体即将要附着的顶部构件。

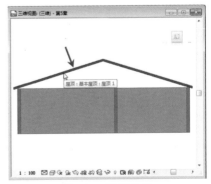

图5.168 选择屋顶

在屋顶上单击鼠标左键，可将墙体附着到屋顶上，效果如图5.169所示。

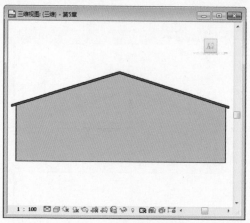

图5.169 墙体附着的效果

单击"分离顶部/底部"按钮,可以分离墙体与屋顶。

继续对其他墙体执行"附着于屋顶"的操作,效果如图5.170所示。

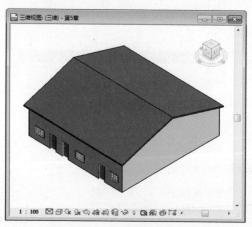

图5.170 操作效果

练习5-3 为办公楼添加屋顶

素材文件: 素材\第5章\练习5-2为办公楼添加天花板.rvt
效果文件: 素材\第5章\练习5-3为办公楼添加屋顶.rvt
视频文件: 视频\第5章\练习5-3为办公楼添加屋顶.mp4

1. 创建其他楼层

01 打开"练习5-2为办公楼添加天花板.rvt"文件。

02 切换至立面视图,在其中查看模型的立面效

果,如图5.171所示,此时模型仅包含F1楼层。

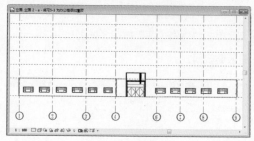

图5.171 立面效果

03 返回平面视图,全部选择图元。启用"过滤器"命令,在"过滤器"对话框中选择类别,如图5.172所示。

04 单击"确定"按钮,关闭对话框。保持图元的选中状态,单击"剪贴板"面板中的"复制到剪贴板"按钮,如图5.173所示。

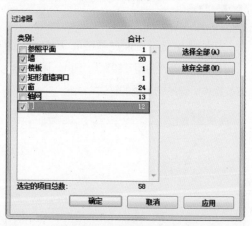

图5.172 "过滤器"对话框

图5.173 单击按钮

选择图元,按Ctrl+C或Ctrl+Insert快捷键,也可执行"复制到剪贴板"的操作。

05 执行上一步的操作后,激活"粘贴"按钮。单击按钮❶,在弹出的列表中选择"与选定的标高对齐"选项❷,如图5.174所示,激活命令。

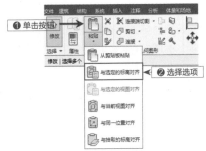

图5.174 选择选项

06 弹出"选择标高"对话框,在列表中单击选择F2,如图5.175所示。

图5.175 选择标高

提示

因为F1楼层的标高与其他楼层不同,可以先将墙体等图元复制到F2楼层。修改参数后,再在F2楼层的基础上,将墙体等图元复制至其他楼层。

07 单击"确定"按钮,执行粘贴操作。在立面视图中查看操作结果,如图5.176所示。

08 通过查看立面图,可以发现墙体的高度超出F2楼层标高许多,需要执行修改墙体高度的操作。

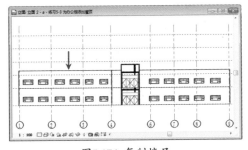

图5.176 复制楼层

09 切换至F2视图,选择外墙体,在"属性"选项板中修改"顶部约束"选项值为"直到标高:F3",设置"顶部偏移"值为0,如图5.177所示。

图5.177 设置参数

10 切换至立面视图,此时墙体的高度已被调整,与F2楼层的标高相符,如图5.178所示。

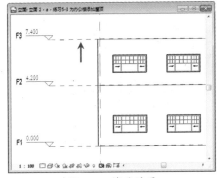

图5.178 修改结果

11 返回F2视图,选择墙体门窗图元,执行"复制""粘贴"操作,在"选择标高"对话框中选择标高,如图5.179所示。

图5.179 选择标高

12 单击"确定"按钮,关闭对话框,向上复制图元的效果如图5.180所示。

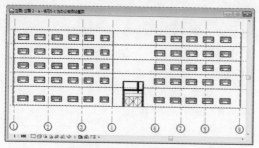

图5.180 复制楼层的效果

13 切换至三维视图,查看复制楼层后的三维效果,如图 5.181 所示。

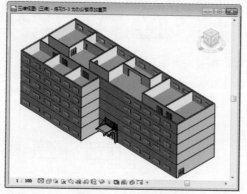

图5.181 三维效果

2.设置屋顶参数

01 选择"建筑"选项卡,在"构建"面板中单击"屋顶"按钮,在弹出的列表中选择"迹线屋顶"选项,激活命令。

02 单击"属性"选项板中的"编辑类型"按钮,如图 5.182 所示,弹出"类型属性"对话框。

03 在对话框中单击"复制"按钮,在"名称"对话框中设置参数,如图 5.183 所示。

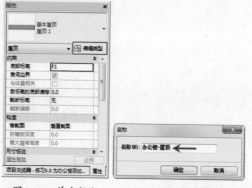

图5.182 单击按钮　　图5.183 设置参数

04 单击"确定"按钮,返回对话框。"类型"选项中显示新建屋顶类型的名称,如图 5.184 所示,单击"结构"选项后的"编辑"按钮。

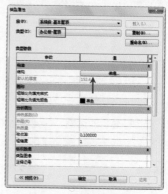

图5.184 新建屋顶类型

05 弹出"编辑部件"对话框,单击两次列表下方的"插入"按钮,插入两个新层,如图 5.185 所示。

图5.185 插入新层

06 选择新层,单击"向上"按钮,向上调整层的位置。在"功能"单元格中,依次修改新层的功能属性,如图 5.186 所示。

图5.186 设置功能属性

07 选择第 1 行，将光标定位在"材质"单元格中，单击右侧的"矩形"按钮，弹出"材质浏览器"对话框。

08 在材质列表中选择"默认"材质，执行"复制""重命名"操作，创建名称为"屋顶－面层"的材质❶，如图 5.187 所示。

09 单击"打开/关闭资源浏览器"按钮❷，打开"资源浏览器"对话框。

图5.187 创建材质

10 在对话框中单击展开"AutoCAD 物理资源"列表，选择"灰浆"选项❶。

11 在右侧的列表中选择材质，单击右侧的替换按钮❷，如图 5.188 所示，替换当前的材质。

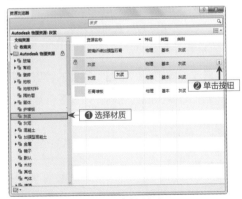

图5.188 选择材质

12 单击右上角的"关闭"按钮，关闭对话框。单击"确定"按钮，关闭"材质浏览器"对话框，结束为"面层 2[5]"层设置材质的操作。

13 选择第 4 行，单击"材质"单元格中的"矩形"

按钮，弹出"材质浏览器"对话框。

14 选择"屋顶－面层"材质，执行"复制"操作，创建材质副本。

15 修改材质名称为"屋顶－结构"❶，如图 5.189 所示。单击"打开/关闭资源浏览器"按钮❷，打开"资源浏览器"对话框。

图5.189 创建材质

16 在对话框中的"AutoCAD 物理资源"列表中选择"混凝土"选项❶，在右侧的列表中选择材质，单击右侧的矩形按钮❷，如图 5.190 所示，执行替换资源的操作。

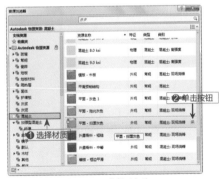

图5.190 选择材质

17 单击"关闭"按钮返回"材质浏览器"对话框。保持参数设置不变，单击"确定"按钮，关闭对话框。

18 在"编辑部件"对话框中修改"厚度"值，如图 5.191 所示。

19 单击"确定"按钮，返回"类型属性"对话框。

20 在"类型属性"对话框中单击"确定"按钮，结束设置参数的操作。

图5.191 修改厚度值

3.创建屋顶

01 在"修改|创建屋顶迹线"选项卡中单击"拾取墙"按钮,取消选择"定义坡度"选项,设置"悬挑"值为0,选择"延伸到墙中(至核心层)"复选框,如图5.192所示。

图5.192 设置参数

技巧

取消选择"定义坡度"选项,可以创建平屋顶。

02 依次拾取外墙体,创建闭合的屋顶迹线,效果如图5.193所示。

图5.193 绘制闭合迹线

03 在"属性"选项板中设置"底部标高"为F6,其他参数设置如图5.194所示。

04 单击"完成编辑模式"按钮,结束创建屋顶的操作。

图5.194 设置参数

提示

因为办公楼的顶层为F6,所以将屋顶的"底部标高"设置为F6,表示屋顶位于F6楼层。

05 切换至F5视图,选择外墙体,在"属性"选项板中修改"顶部约束"选项值为"未连接",设置"无连接高度"为4000,如图5.195所示。

图5.195 设置参数

提示

修改外墙体的"顶部约束"值,可以调整墙体的高度。

06 切换至三维视图,查看屋顶的效果,如图5.196所示。

图5.196 屋顶的效果

4.添加窗

通过"复制""粘贴"得到的楼层,需要将一些不必要的图元删除,如位于外墙体上的门图元。

删除图元后,需要在原本放置门图元的位置添加窗图元。

01 切换至F2视图,单击"构建"面板中的"窗"按钮,激活命令。在"属性"选项板中选择窗类型,如图5.197所示。

图5.197 选择窗类型

02 将光标置于 C 轴与 B 轴间的垂直墙体之上，单击鼠标左键，放置窗图元，如图 5.198 所示。

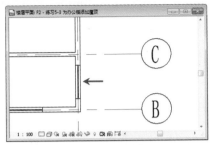

图5.198 添加窗

03 选择添加的窗，执行"复制""粘贴"操作，复制到其他楼层，效果如图 5.199 所示。

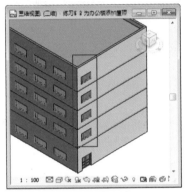

图5.199 复制窗

04 切换至 F3 视图，启用"窗"命令，在"属性"选项板中选择窗类型，如图 5.200 所示。

05 在如图 5.201 所示的位置放置窗图元。

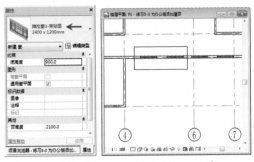

图5.200 选择窗
类型　　　　　图5.201 添加窗

06 选择窗图元，将其复制到其他楼层，效果如图 5.202 所示。

图5.202 复制窗

5.5 知识小结

本章介绍了创建与编辑楼板、天花板及屋顶、屋顶构件的方法。

在创建楼板时，可以通过拾取墙体生成，也可以自定义楼板边界线，创建指定样式的楼板。天花板的创建过程与楼板相似，设置不同的标高，天花板的显示位置也不同。用户在创建天花板之前，可以新建天花板类型并设置其材质参数。假如不设置材质参数，也可选用默认的天花板类型。

5.3节介绍了迹线屋顶、拉伸屋顶及面屋顶等的创建方法。在创建屋顶之前，需要绘制屋顶轮廓线。软件会在用户所定义的轮廓线的基础上创建屋顶模型。

屋顶构件包括底板、封檐板、檐槽，因为是依附屋顶而存在，所以需要在创建屋顶模型后，再添加屋顶构件。

本节安排了3个拓展练习，以帮助读者巩固本章所学知识。

训练5-1 创建楼板

素材文件：素材\第4章\训练4-2 创建窗 .rvt
效果文件：素材\第5章\训练5-1 创建楼板 .rvt
视频文件：视频\第5章\训练5-1 创建楼板 .mp4

操作步骤提示如下。

01 打开"训练4-2 创建窗 .rvt"文件。

02 启用"楼板"命令，弹出"类型属性"对话框。

03 新建楼板类型，并在"编辑部件"对话框中修改厚度为150mm。

04 在"材质浏览器"对话框中选择名称为"混凝土"的材质。

05 拾取墙体，绘制楼板轮廓线，创建楼板模型。

06 按 Ctrl+S 快捷键，保存文件。

训练5-2 创建天花板

素材文件：素材\第5章\训练5-1 创建楼板 .rvt
效果文件：素材\第5章\训练5-2 创建天花板 .rvt
视频文件：视频\第5章\训练5-2 创建天花板 .mp4

操作步骤提示如下。

01 打开"训练5-1 创建楼板 .rvt"文件。

02 启用"天花板"命令，弹出"类型属性"对话框，新建天花板类型。

03 选择"绘制天花板"模式，拾取墙体，绘制天花板轮廓线。

04 在轮廓线的基础上创建天花板模型。

05 按 Ctrl+S 快捷键，保存文件。

训练5-3 创建屋顶

素材文件：素材\第5章\训练5-2 创建天花板 .rvt
效果文件：素材\第5章\训练5-3 创建屋顶 .rvt
视频文件：视频\第5章\训练5-3 创建屋顶 .mp4

操作步骤提示如下。

01 打开"训练5-2 创建天花板 .rvt"文件。

02 启用"迹线屋顶"命令，选择"屋顶1"类型。

03 设置标高为 F2，拾取外墙体，绘制屋顶迹线。

04 在选项栏中选择"定义坡度"选项，设置"悬挑"值为800。

05 在屋顶迹线的基础上，创建迹线屋顶模型。

06 按 Ctrl+S 快捷键，保存文件。

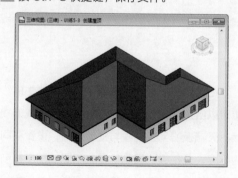

第 **6** 章

创建栏杆扶手与
楼梯

在Revit 中可以通过设置样式参数创建不同样式
的扶手与楼梯。默认情况下，创建扶手后不附带
栏杆。如果需要创建栏杆，需要载入栏杆族。本
章将介绍创建扶手与楼梯的方法。

本章重点

创建扶手的方法 │ 添加栏杆的方法
创建不同样式楼梯的方法 │ 编辑楼梯的方法

6.1 创建栏杆扶手

启用"扶手"命令后，可以选用两种方式来创建扶手。一种是绘制路径，另外一种是直接放置在楼梯或坡道上。

6.1.1 绘制路径创建扶手 难点

选择"建筑"选项卡，单击"构建"面板中的"栏杆扶手"按钮，在弹出的列表中选择"绘制路径"选项，如图6.1所示。

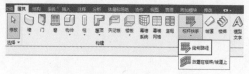

图6.1 选择选项

在选项卡中的"绘制"列表中单击"线"按钮，指定绘制方式。选择"链"选项，设置"偏移"值为0，如图6.2所示。

图6.2 设置参数

在绘图区域中单击鼠标左键，指定起点，如图6.3所示。

图6.3 指定起点

向上移动光标，单击鼠标左键，指定终点，如图6.4所示，结束绘制路径的操作。

按Esc键，暂时退出绘制模式。路径在视图中显示为洋红色，如图6.5所示。

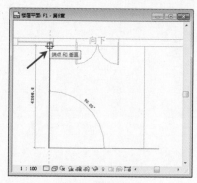

图6.4 指定终点

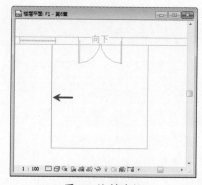

图6.5 绘制路径

单击"完成编辑模式"按钮，退出命令。以路径为基础，创建扶手的效果如图6.6所示。

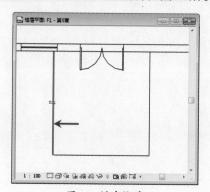

图6.6 创建扶手

切换至三维视图，查看在坡道上创建扶手的效果，如图6.7所示。

图6.7 三维样式

知识链接

关于坡道模型的创建方式，请阅读第7章的内容。

重复操作，继续绘制另一侧的扶手模型，效果如图6.8所示。

图6.8 创建另一侧扶手

专家看板

为什么要分开创建坡道两侧的扶手？

在Revit中创建扶手，其路径可以是开放的状态，但是各段路径必须连接在一起。

在坡道两侧创建扶手，需要两段不连接的路径。

创建两段不连接的路径线后，会弹出如图6.9所示的提示对话框，提醒用户绘制错误。

此时关闭提示对话框，删除一侧的路径线。退出命令，可以在坡道一侧创建扶手。

再次执行创建操作，创建坡道另一侧的扶手即可。

图6.9 提示对话框

6.1.2 在楼梯或坡道上放置扶手

单击"构建"面板中的"栏杆扶手"按钮，在弹出的列表中选择"放置在楼梯/坡道上"选项，如图6.10所示，激活命令。

图6.10 选择选项

在选项卡中选择"踏板"按钮，如图6.11所示，在踏板上放置扶手。

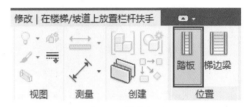

图6.11 单击按钮

提示

选择"梯边梁"按钮，可以将扶手放置在梯边梁之上。

将光标置于梯段上，如图6.12所示，高亮显示梯段模型。

在梯段上单击鼠标左键，放置扶手的效果如图6.13所示。

 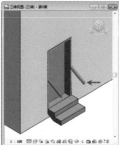

图6.12 拾取梯段　　图6.13 创建扶手

知识链接

关于梯段模型的创建方式，阅读6.2节的内容。

6.1.3 编辑扶手 重点

对扶手执行编辑修改操作，可以调整其位置和路径样式。

1. 调整位置

选择扶手，显示"翻转栏杆扶手方向"符号。将光标置于符号之上，高亮显示符号，如图6.14所示。

单击符号，翻转扶手方向，如图6.15所示。再次单击符号，扶手恢复本来的方向。

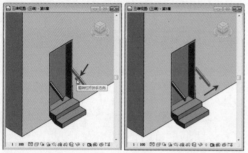

图6.14 显示符号　　图6.15 翻转扶手方向

"属性"选项板的"从路径偏移"选项值默认为25.4mm，表示扶手与路径的间距。修改参数，如图6.16所示，可以调整扶手的位置。

图6.16 修改参数

在视图中查看调整扶手位置的效果，如图6.17所示。根据所定义的偏移值，扶手向左移动100mm。

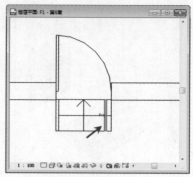

图6.17 调整扶手位置

修改"从路径偏移"选择值为负值❶，扶手向相反方向移动❷，如图6.18所示。

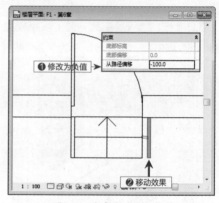

图6.18 向相反方向移动

2. 修改路径样式

在"修改|栏杆扶手"选项卡中单击"编辑路径"按钮，如图6.19所示，进入编辑路径的模式。

图6.19 单击按钮

进入"修改|栏杆扶手>绘制路径"选项卡，选用"绘制"面板中的工具，如图6.20所示，可以编辑路径或者重新绘制路径。

图6.20 选用工具

单击扶手一侧的"切换草图方向"按钮，如图6.21所示，可以向左或向右切换扶手的位置。

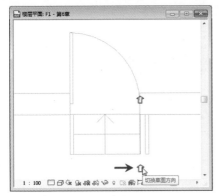

图6.21 单击按钮

在选项卡中选择"预览"选项，在绘制路径或者编辑路径时，可以预览扶手。

取消选择"预览"选项❶，仅在编辑过程中显示路径❷，效果如图6.22所示。

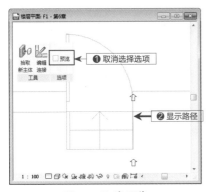

图6.22 取消预览

练习6-1 创建空调板栏杆扶手

素材文件：素材\第6章\练习6-1创建空调板栏杆扶手-素材.rvt

效果文件：素材\第6章\练习6-1创建空调板栏杆扶手.rvt

视频文件：视频\第6章\练习6-1创建空调板栏杆扶手.mp4

1. 设置参数

01 打开"练习6-1创建空调板栏杆扶手-素材.rvt"文件。

02 单击"构建"面板上的"栏杆扶手"按钮，在弹出的列表中选择"绘制路径"按钮，指定绘制方式。

03 在"属性"选项板中单击"编辑类型"按钮，如图6.23所示，打开"类型属性"对话框。

图6.23 单击按钮

04 在对话框中单击"复制"按钮，弹出"名称"对话框，设置参数，如图6.24所示。

图6.24 设置名称

05 单击"确定"按钮返回"类型属性"对话框，单击"栏杆结构（非连续）"选项中的"编辑"按钮，如图6.25所示。

图6.25 单击按钮

06 在"编辑扶手（非连续）"对话框中单击"插入"按钮❶，插入3个新行❷，如图6.26所示。

图6.26 插入新行

提示

默认将新插入的行的名称设置为"新建扶栏（1）""新建扶栏（2）"等。用户可以自定义行名称。

07 将光标定位在"名称"单元格中，依次修改各行名称。移动光标，定位光标于"高度"选项中，修改参数，如图6.27所示。

图6.27 设置参数

提示

"高度"列中的参数决定了扶栏在垂直方向上的位置。

08 单击"确定"按钮，返回"类型属性"对话框。

09 单击"栏杆位置"选项后的"编辑"按钮，弹出"编辑栏杆位置"对话框。在"主样式"表格及"支柱"表格中，确认"栏杆族"列的参数为"无"，如图6.28所示。

提示

因为在本例中不需要添加栏杆，只需要添加扶手。所以需要确认"栏杆族"列值为"无"。

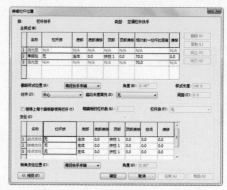

图6.28 "编辑栏杆位置"对话框

10 单击"确定"按钮，返回"类型属性"对话框。单击左下角的"预览"按钮，在弹出的窗口中预览创建效果，如图6.29所示。

11 单击"确定"按钮，关闭对话框，完成设置参数的操作。

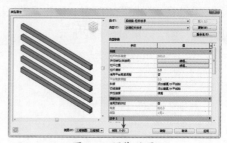

图6.29 预览效果

2. 绘制路径

01 在"属性"选项板中设置"底部标高"为F1，"底部偏移"为80，"从路径偏移"值为-30，如图6.30所示。

图6.30 设置参数

提示

"底部标高"为80，表示扶手在F1标高的基础上，向上移动80mm。"从路径偏移"为-30，表示扶手距路径的间距为-30mm。

02 在绘图区域中指定起点与终点，绘制路径的效果如图 6.31 所示。

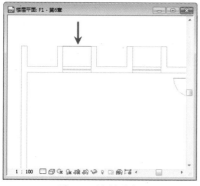

图6.31 绘制路径

03 单击"完成编辑模式"按钮，退出命令，创建扶手的效果如图 6.32 所示。

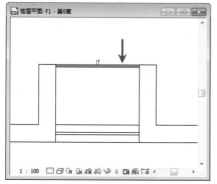

图6.32 创建扶手

> **提示**
>
> 因为不能够一次性绘制多段不连续的路径，所以只能重复执行创建命令，直至创建完毕所需要的扶手为止。

04 重复操作，继续绘制路径、创建扶手，最终效果如图 6.33 所示。

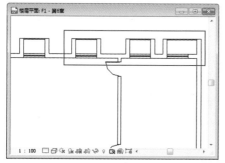

图6.33 创建效果

05 切换至三维视图，查看为空调板创建栏杆扶手的效果，如图 6.34 所示。

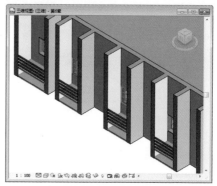

图6.34 三维效果

6.1.4 添加栏杆的方法 （难点）

栏杆在扶手的基础上创建，但是因为项目文件没有自带栏杆族，所以要先载入族，才可添加栏杆。

选择扶手，如图6.35所示，单击"属性"选项板中的"编辑类型"按钮，弹出"类型属性"对话框。

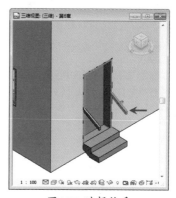

图6.35 选择扶手

在对话框中单击"栏杆位置"选项后的"编辑"按钮，如图6.36所示，弹出"编辑栏杆位置"对话框。

选择"主样式"表格中的第2行，将光标定位于"栏杆族"单元格中，在"栏杆族"列表中选择栏杆样式❶。修改"相对前一栏杆的距离"值为100❷，如图6.37所示。

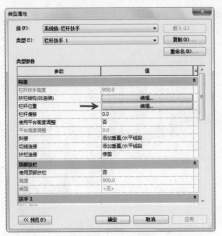

图6.36 单击按钮

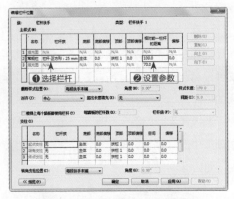

图6.37 "编辑栏杆位置"对话框

专家看板

为什么我的"栏杆族"列表中没有栏杆样式信息?

在"编辑栏杆位置"对话框中,在"栏杆族"列表中选择栏杆样式,可以为扶手添加栏杆。

如果"栏杆族"列表中显示"无",表示当前项目文件中没有包含栏杆族。

先退出添加栏杆的命令,执行"载入族"操作。载入栏杆族后,就可以在"栏杆族"列表中显示栏杆信息,如图6.38所示。

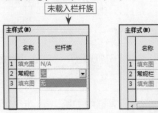

图6.38 显示栏杆信息

单击"确定"按钮,返回"类型属性"对话框。单击左下角的"预览"按钮,在预览窗

口中浏览添加栏杆的效果,如图6.39所示。

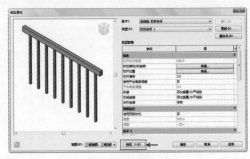

图6.39 预览效果

单击"确定"按钮,关闭对话框。在扶手的基础上添加栏杆,效果如图6.40所示。

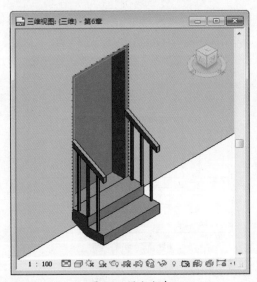

图6.40 添加栏杆

练习6-2 创建坡道栏杆 重点

素材文件:素材\第6章\练习6-2创建坡道栏杆-素材.rvt
效果文件:素材\第6章\练习6-2创建坡道栏杆.rvt
视频文件:视频\第6章\练习6-2创建坡道栏杆.mp4

01 打开"练习6-2创建坡道栏杆-素材.rvt"文件。

02 启用"栏杆扶手"命令,选择"放置在楼梯/坡道上"放置方式。

03 单击"属性"选项板中的"编辑类型"按钮,弹出"类型属性"对话框。

04 单击"复制"按钮,弹出"名称"对话框,设置类型名称,如图6.41所示。

图6.41 设置参数

提示

为了不影响已创建的栏杆扶手，在为其他构件添加栏杆扶手时，应该新建类型。

05 单击"确定"按钮，返回"类型属性"对话框。单击"扶栏结构（非连续）"选项后的"编辑"按钮，弹出"编辑扶手（非连续）"对话框。

06 将光标定位在"轮廓"单元格中，单击鼠标左键，在弹出的列表中选择扶于轮廓，并修改"偏移"值为 -30，如图 6.42 所示。

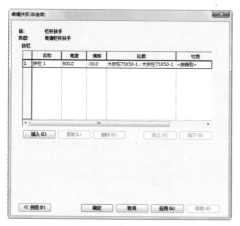

图6.42 添加扶手

技巧

在重新定义扶手样式之前，需要先载入扶手轮廓族。

07 单击"确定"按钮，返回"类型属性"对话框。

08 单击"栏杆位置"选项后的"编辑"按钮，弹出"编辑栏杆位置"对话框。

09 选择"主样式"表格中的第 2 行，设置"栏杆族"样式，并修改"相对前一栏的距离"为 150 ❶。

10 选择"支柱"表格中的第 1 行，在"栏杆族"列表中选择"中式立筋龙骨 2：中式"，修改"空间"偏移值为 -150 ❷，如图 6.43 所示。

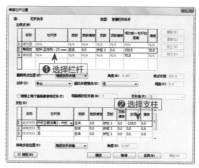

❶ 选择栏杆

❷ 选择支柱

图6.43 添加栏杆

提示

在"支柱"表格中，修改"空间"选项值，可以调整支柱在平面视图中向左或向右的偏移值。

11 单击"确定"按钮，返回"类型属性"对话框。单击左下角的"预览"按钮，在窗口中预览栏杆扶手的效果，如图 6.44 所示。

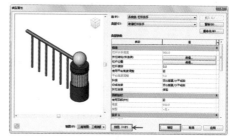

图6.44 预览效果

技巧

单击"视图"选项，在弹出的列表中显示各种样式的视图，选择视图，可以从不同的角度查看栏杆扶手的效果。

12 单击"确定"按钮，返回视图，拾取坡道，创建栏杆扶手的效果如图 6.45 所示。

扶手

栏杆

支柱

图6.45 添加栏杆扶手

6.2 创建楼梯

在平面视图中绘制楼梯时，Revit同步生成楼梯的三维模型。用户可以在三维视图中查看梯段的创建效果。

本节介绍创建楼梯的方法。

6.2.1 创建直跑梯段 重点

启用"楼梯"命令后，通过指定起点与终点，可以创建一个直跑梯段。

1. 设置参数

选择"建筑"选项卡，单击"楼梯坡道"面板中的"楼梯"按钮，如图6.46所示，激活命令。

图6.46 单击按钮

进入"修改|创建楼梯"选项卡，在"构件"面板中单击"梯段"按钮，在左侧的列表中选择"直梯"按钮，如图6.47所示，指定梯段的样式。

图6.47 进入选项卡

单击选项栏中的"定位线"选项，在弹出的列表中显示定位样式，选择"梯段：中心"选项。

设置"实际梯段宽度"选项值，默认为1000。选择"自动平台"选项，如图6.48所示，在创建梯段的过程中，自动生成平台。

图6.48 设置参数

提示

在"定位线"列表中，用户可以选择其他定位方式。如选择"梯段：左"选项，则定位点在梯段的左侧边界线上。

单击"工具"面板中的"栏杆扶手"按钮，如图6.49所示，打开"栏杆扶手"对话框。

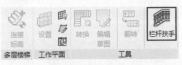

图6.49 单击按钮

单击弹出样式列表，显示项目文件中所有的栏杆扶手样式。单击选择其中的一种，如图6.50所示，指定梯段的栏杆扶手样式。

图6.50 选择样式

"位置"列表中提供了"踏板"和"梯边梁"选项供用户选择。默认选择"踏板"选项，如图6.51所示。单击"确定"按钮，关闭对话框。

图6.51 选择位置

在"属性"选项板中的"约束"选项组下设置"底部标高"和"顶部标高"参数，如图6.52所示。

修改"底部偏移"和"顶部偏移"参数，表示梯段在标高的基础上移动若干距离。

在"尺寸标注"选项组下，会根据所设置的标高自动计算"所需踢面数"。

图6.52 设置参数

2. 绘制梯段

在绘图区域中单击鼠标左键，指定起点❶。向上移动光标，预览梯段的绘制效果，如图6.53所示。起点的下方显示灰色的提示文字，提醒用户"创建了14个踢面，剩余14个踢面"。

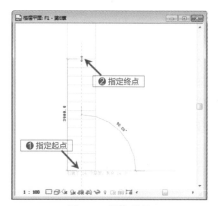

图6.53 预览效果

技巧

在指定梯段起点后，移动光标指定终点的过程中，查看下方的提示文字，有助于用户确定梯段的终点。

在合适的位置单击鼠标左键，指定梯段的终点❷。此时显示已绘梯段的样式，如图6.54所示。

提示

梯段的起始踏步与终止踏步的左侧显示踢面标注数字，用户阅读数字，可以得知所创建的踢面数。

此时尚处在命令中，向右移动光标，显示临时尺寸标注。

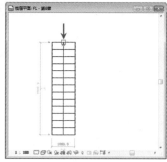

图6.54 绘制梯段

借助临时尺寸标注，指定另一梯段的起点，如图6.55所示。

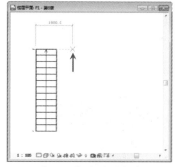

图6.55 指定另一起点

技巧

用户也可以直接输入参数，指定另一梯段的起点。

指定起点后，向下移动光标，指定梯段的终点，如图6.56所示。

在移动光标的过程中，梯段下方的提示文字会实时更新，提醒用户已创建的踢面数。

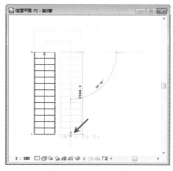

图6.56 指定终点

在合适的位置单击鼠标左键，指定另一梯段的终点，创建梯段的效果如图6.57所示。

梯段的左右两侧显示标注文字，注明踢面数。

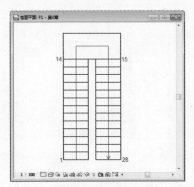

图6.57 梯段效果

切换至三维视图，查看梯段的三维模型，效果如图6.58所示。

图6.58 三维效果

在绘制踢面时，也可以绘制踢面数目不等的梯段，效果如图6.59所示。

图6.59 踢面数目不等的效果

也可以不绘制双跑楼梯，指定起点与终点创建直梯，效果如图6.60所示。

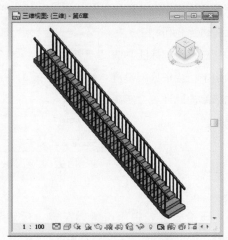

图6.60 创建直梯效果

练习6-3 为办公楼添加梯段 难点

素材文件：素材\第5章\练习5-3 为办公楼添加屋顶 .rvt
效果文件：素材\第6章\练习6-3 为办公楼添加梯段 .rvt
视频文件：视频\第6章\练习6-3 为办公楼添加梯段 .mp4

1. 绘制参照平面

为了更准确地确定梯段的起点与终点，可以事先绘制参照平面。

在Revit中，参照平面显示为绿色的虚线，可以在任意方向绘制。

01 打开"练习5-3 为办公楼添加梯段 .rvt"文件。

02 选择"建筑"选项卡，单击"工作平面"面板上的"参照平面"按钮，如图6.61所示，激活命令。

图6.61 单击按钮

> 技巧
>
> 按RP快捷键也可以启用"参照平面"命令。

03 将光标定位于6轴与7轴之间，绘制垂直方向上的参照平面，效果如图6.62所示。

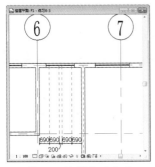

图6.62 绘制参照平面

2. 绘制 F1 梯段

F1与F2之间的层高为4200mm，所需的踢面数为24步。以参照平面为基准，指定梯段的起点与终点，可以创建梯段模型。

01 单击"楼梯坡道"面板中的"楼梯"按钮，进入"修改 | 创建楼梯"选项卡。

02 在选项栏中选择"定位线"为"中心"，设置"实际梯段宽度"为1380，选择"自动平台"选项，如图 6.63 所示。

图6.63 设置参数

03 在"属性"选项板中设置"底部标高"为F1，"顶部标高"为F2，其他参数设置如图 6.64 所示。

图6.64 "属性"选项板

04 将光标置于左侧参照平面的下方端点之上，如图 6.65 所示，单击鼠标左键，指定该点为梯段的起点。

05 移动光标，指定梯段的终点。重复操作，继续绘制另一梯段，创建梯段的效果如图 6.66 所示。

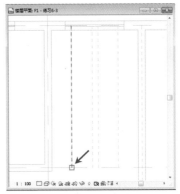

图6.65 指定起点

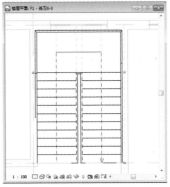

图6.66 绘制梯段

06 选择平台的栏杆扶手，按 Delete 键删除图元，效果如图 6.67 所示。

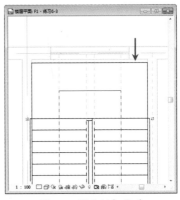

图6.67 删除栏杆扶手

> **提示**
>
> 观察平台上方边界线，发现与内墙线有一定的间距。

07 选择平台，在边界线上显示蓝色的夹点。将光标置于夹点之上，夹点显示为深蓝色，如图 6.68 所示。

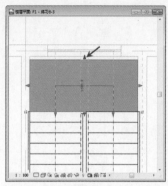

图6.68 激活夹点

08 按住鼠标左键不放，向上拖曳鼠标。将夹点移动至内墙线后，松开左键，使平台边界线与内墙线重合，效果如图6.69所示。

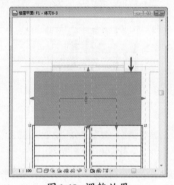

图6.69 调整效果

09 单击"完成编辑模式"按钮，退出命令。软件会自动为梯段添加缺失的栏杆扶手，效果如图6.70所示。

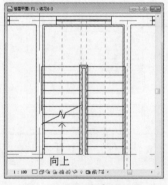

图6.70 添加扶手的效果

提示

删除平台的栏杆扶手后，在退出命令时，软件检测到平台缺失栏杆扶手后会自动添加。

3. 绘制 F2 梯段

因为F2的层高为3200mm，与F1的层高不同，所以F2的梯段要独立创建。

01 切换至F2视图，启用"楼梯"命令。在"属性"选项板中设置参数，如图6.71所示。

图6.71 设置参数

提示

"属性"选项板中的"底部标高"选项中，自动显示当前视图的名称。用户可以自定义"底部偏移""顶部标高""顶部偏移"等参数。

02 以参照平面为基准，指定梯段的起点与终点，绘制梯段的效果如图6.72所示。

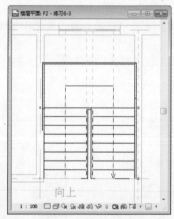

图6.72 梯段的效果

技巧

在 F1 视图中绘制的参照平面，在 F2 视图中同样可见。

03 选择梯段平台的栏杆扶手，单击"修改"面板中的"删除"按钮，删除图元的效果如图6.73所示。

04 选择平台，激活边界线上的夹点，调整平台的尺寸，使得边界线与内墙线重合，效果如图6.74所示。

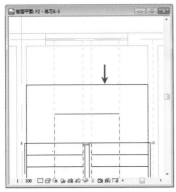

图6.73 删除栏杆扶手

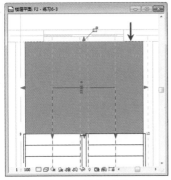

图6.74 调整效果

05 单击"完成编辑模式"按钮,退出命令,创建梯段的效果如图 6.75 所示。

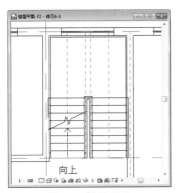

图6.75 梯段效果

4. 创建剖面视图

在剖面视图中,可以直观地查看梯段的创建效果。因为项目文件没有剖面视图,所以需要用户自己创建。

01 选择"视图"选项卡,单击"创建"面板中的"剖面"按钮,如图 6.76 所示,激活命令。

图6.76 单击按钮

02 在梯段的上方单击鼠标左键,指定剖面线的起点❶;向下移动光标,在合适的位置单击鼠标左键,指定剖面线的终点❷,如图 6.77 所示。

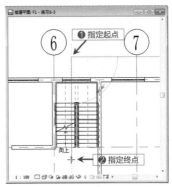

图6.77 指定起点与终点

03 绘制剖面线的效果如图 6.78 所示。项目文件还在此基础上创建建筑模型的剖面视图。

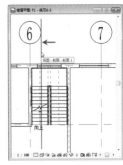

图6.78 绘制剖面线

提示

剖面线的位置不同,相对应的剖面视图所显示的内容也不同。

04 选择项目浏览器,单击展开"剖面(剖面 1)"列表,其中显示新建的剖面视图,如图 6.79 所示。

图6.79 显示视图名称

05 双击剖面视图名称，切换视图，在其中查看梯段的剖面样式，如图 6.80 所示。

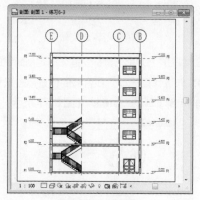

图6.80 剖面视图

5. 生成多层楼梯

Revit 2018改进了"梯段"命令，新增了"选择标高"工具。通过该工具可以创建连续的多层楼梯。

01 在视图中选择 F2 梯段，如图 6.81 所示。

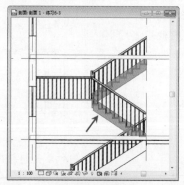

图6.81 选择梯段

技巧

因为 F2 的层高与其他楼层的层高相同，所以在 F2 梯段的基础上，执行"生成多层梯段"的操作。

02 在"修改 | 楼梯"选项卡中单击"选择标高"按钮，如图 6.82 所示，激活命令。

图6.82 单击按钮

03 单击选择 F4 标高，按住 Ctrl 键不放，继续选择 F5、F6 标高，如图 6.83 所示。

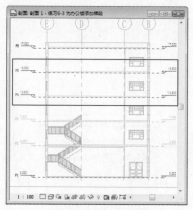

图6.83 选择标高

04 单击"连接标高"按钮，如图 6.84 所示，激活命令。

图6.84 单击按钮

技巧

单击"断开标高"按钮，可以移除梯段，并断开选定标高上多层楼梯中的标高。

05 单击"完成"按钮，退出命令，创建多层梯段的效果如图 6.85 所示。

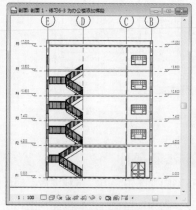

图6.85 生成梯段

06 切换至三维视图，查看多层梯段的创建效果，如图 6.86 所示。

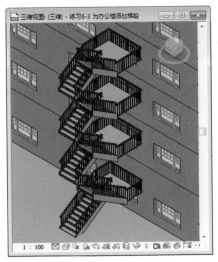

图6.86 三维效果

6.2.2 创建其他类型的梯段

除了直线梯段之外，在Revit中还可以创建
其他类型的梯段，如螺旋梯段、L形斜踏步梯段
及U形斜踏步梯段等。

本节介绍这些梯段的创建方法。

1. 创建全踏步螺旋梯段

启用"楼梯"命令，进入"修改|创建楼
梯"选项卡。在"构件"面板中单击"全踏步
螺旋"按钮，如图6.87所示，选择梯段样式。

图6.87 单击按钮

在绘图区域中单击鼠标左键，指定梯段的
中心❶。移动光标，在合适的位置单击鼠标左
键，指定梯段的半径❷，如图6.88所示。

单击结束创建操作。单击"完成编辑模
式"按钮，退出命令。创建梯段的效果如图
6.89所示。

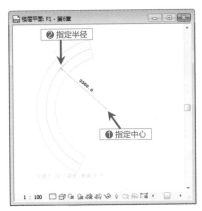

图6.88 绘制梯段

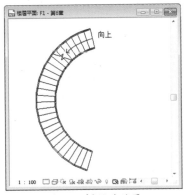

图6.89 梯段的效果

切换至三维视图，查看梯段的三维效果，
如图6.90所示。

图6.90 三维效果

2. 创建圆心－端点螺旋梯段

在"修改|创建梯段"选项卡中，单击"构
件"面板中的"圆心－端点螺旋"按钮，如图
6.91所示，指定梯段的样式。

图6.91 选择梯段样式

在绘图区域中单击鼠标左键,指定梯段的中心❶。移动光标,指定梯段的半径。

在合适的位置单击鼠标左键,指定梯段的起点❷。移动光标,指定梯段的终点❸,如图6.92所示。

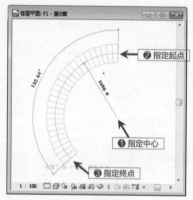

图6.92 绘制梯段

结束创建梯段的操作后,切换到三维视图,查看圆心-端点螺旋梯段的创建效果,如图6.93所示。

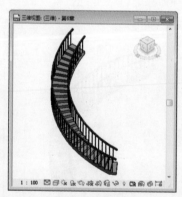

图6.93 三维效果

提示

"全踏步螺旋梯段"和"圆心-端点螺旋梯段"的创建效果相差无几,不同的是创建过程。

3. 创建L形斜踏步梯段

在"修改|创建梯段"选项卡中,单击"构件"面板中的"L形转角"按钮,如图6.94所示,选择梯段样式。

图6.94 单击按钮

将光标置于绘图区域中,预览梯段的创建效果。在合适的位置单击鼠标左键,如图6.95所示,可创建梯段。

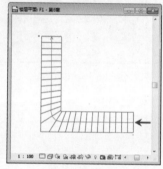

图6.95 指定基点

单击"完成编辑模式"按钮,退出命令,创建L形斜踏步梯段的效果如图6.96所示。

图6.96 L形梯段效果

在三维视图中查看梯段的创建效果,如图6.97所示,该梯段在转角处没有设置休息平台。

图6.97 三维效果

4. 创建U形斜踏步梯段

在"修改|创建梯段"选项卡中，单击"构件"面板中的"U形转角"按钮，如图6.98所示，指定梯段的样式。

图6.98 单击按钮

在绘图区域中的合适位置单击鼠标左键，如图6.99所示，指定梯段的位置。

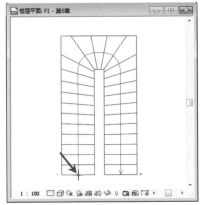

图6.99 指定基点

结束创建操作，切换至三维视图，查看梯段的三维效果，如图6.100所示。

与L形斜踏步梯段不同的是，U形斜踏步梯段两个跑段的间距较近。相同的是，在转角处都没有设置休息平台。

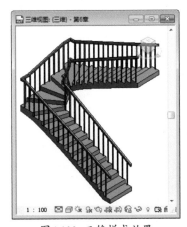

图6.100 三维样式效果

5. 创建自定义梯段

综合上述内容，用户只需要先选择梯段的样式，再设置参数，就可以创建指定样式的梯段。

选用"创建草图"方式来绘制梯段，可以自定义梯段的样式。

在"构件"面板中单击"创建草图"按钮，如图6.101所示，激活命令。

图6.101 单击按钮

进入选项卡，在"绘制"面板中单击"边界"按钮，同时选择绘制方式为"矩形"，如图6.102所示。

图6.102 选择绘制方式

在绘图区域中单击指定起点与对角点，创建矩形边界线的效果如图6.103所示。

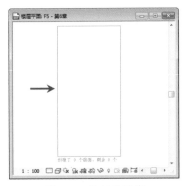

图6.103 绘制边界线

> **提示**
>
> 选择矩形边，显示临时尺寸标注，修改标注参数，可以调整矩形的尺寸。

选择矩形的水平边界线，按Delete键删除边界线，效果如图6.104所示。

图6.104 删除边界线的效果

在"绘制"面板中单击"踢面"按钮，并选择"线"为绘制方式，如图6.105所示。

图6.105 单击按钮

指定起点与终点，绘制踢面线的效果如图6.106所示。为了方便区别，边界线显示为绿色，踢面线显示为黑色。

图6.106 踢面线的效果

结束操作后，在绘图区域中显示自定义梯段的效果，如图6.107所示。

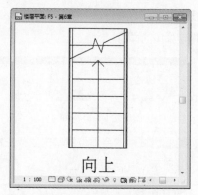

图6.107 自定义梯段效果

"绘制"面板中还提供了其他绘制梯段边界线的方式，如"圆形""多边形""圆心－端点弧"等。用户可选择这些绘制方式，创建指定样式的边界线。

在三维视图中观察梯段的创建效果，如图6.108所示。

图6.108 三维效果

6.3 知识小结

本章介绍了创建栏杆扶手与梯段的方法。

默认情况下，扶手与栏杆并不同时创建。用户可以在创建之前，为扶手添加栏杆；也可以选择已创建的扶手，在此基础上添加栏杆。因为项目文件并不提供栏杆族，所以需要先载入族，才可执行添加栏杆的操作。梯段的类型多样，有直梯、弧形梯与转角梯。此外，用户还可以自定义边界来创建梯段。在创建梯段前，用户可以选择梯段的扶手栏杆样式。

6.4 拓展训练

本节安排了两个拓展练习，以帮助读者巩固本章所学知识。

训练6-1 创建梯段

素材文件：素材＼第5章＼训练5-3创建屋顶.rvt
效果文件：素材＼第6章＼训练6-1创建梯段.rvt
视频文件：视频＼第6章＼训练6-1创建梯段.mp4

操作步骤提示如下。

01 打开"训练5-3 创建屋顶.rvt"文件。

02 激活"楼梯"命令，在"属性"选项板中设置
"底部标高"为F1，"底部偏移"为−450。

03 设置"顶部标高"为"无"、"所需的楼梯高
度"为450。

04 在平面视图中单击指定梯段的起点与终点，绘
制梯段。

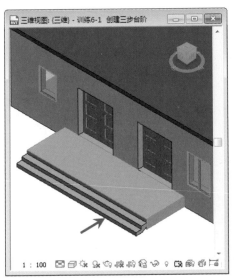

训练6-2 为梯段添加栏杆扶手

素材文件：素材＼第6章＼训练6-1创建梯段.rvt
效果文件：素材＼第6章＼训练6-2为梯段添加栏杆扶
手.rvt
视频文件：视频＼第6章＼训练6-2为梯段添加栏杆扶
手.mp4

操作步骤提示如下。

01 打开"训练6-1 创建梯段.rvt"文件。

02 激活"栏杆扶手"命令，选择"放置在楼梯/
坡道上"方式。

03 单击拾取梯段，在梯段上放置栏杆扶手。

04 再次激活"栏杆扶手"命令，选择"绘制路径"
方式。

05 在楼板上单击指定起点与终点，绘制栏杆扶手
的路径。

06 切换至三维视图，查看栏杆扶手的效果。

第 **7** 章

创建洞口、台阶
与坡道

Revit提供了创建洞口的命令，启用命令，可以在屋顶、楼板或墙面上创建各种样式的洞口。当连接标高不同的区域时，就需要台阶或坡道。因为没有专门创建台阶的命令，所以需要先绘制台阶轮廓并借助"楼板边缘"命令来创建。启用"坡道"命令，可以在指定的位置上创建坡道。

本章重点

创建各种不同类型洞口的方法 ｜ 绘制台阶轮廓的方法
创建台阶的方法 ｜ 创建坡道的方法

7.1 创建洞口

在Revit中可以创建各种样式的洞口，包括面洞口、竖井洞口等。创建洞口时，需要满足一定的条件，如创建面洞口时，需要拾取模型面。

本节介绍创建洞口的方法。

7.1.1 创建面洞口

选择"建筑"选项卡，在"洞口"面板上单击"按面"按钮，如图7.1所示，激活命令，就可以在选中的面上创建各种类型的洞口。

图7.1 单击按钮

在屋顶上单击鼠标左键，进入"修改|创建洞口边界"选项卡，在"绘制"面板中单击"多边形"按钮，如图7.2所示，指定洞口边界线的样式。

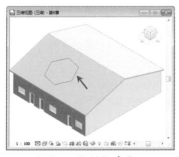

图7.2 指定绘制方式

提示

启用命令后，要求用户选择屋顶、楼板、天花板、梁或柱子的平面，然后在面上创建洞口。

因为选择的绘制方式为"多边形"，所以需在屋顶上指定起点与终点，绘制多边形样式的边界线，效果如图7.3所示。

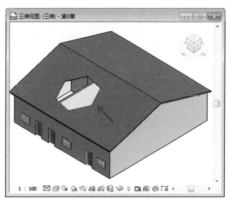

图7.3 绘制轮廓线

单击"完成编辑模式"按钮，退出命令，在屋顶上创建多边形洞口的效果如图7.4所示。

图7.4 创建面洞口

练习7-1 为办公楼添加竖井洞口 重点

素材文件：素材\第6章\练习6-3 为办公楼添加梯段 .rvt
效果文件：素材\第7章\练习7-1 为办公楼添加竖井洞口 .rvt
视频文件：视频\第7章\练习7-1 为办公楼添加竖井洞口 .mp4

在尚未创建竖井洞口之前，梯段被楼板遮挡，效果如图7.5所示。创建洞口后，可以查看梯段的完整效果。

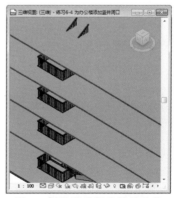

图7.5 梯段被楼板遮挡的效果

1. 创建竖井洞口

通过创建竖井洞口命令，可以创建一个跨越多个标高的垂直洞口。该洞口贯穿楼板、天花板或屋顶。

01 打开"练习6-3 为办公楼添加梯段.rvt"文件。

02 在"洞口"面板上单击"竖井"按钮，如图7.6所示，激活命令。

图7.6 单击按钮

03 进入选项卡，在"绘制"面板中单击"边界线"按钮，选择"矩形"为绘制方式，如图7.7所示。

图7.7 选择绘制方式

04 滚动鼠标滚轮，放大视图。在楼梯间单击鼠标左键，依次指定起点❶与对角点❷，创建矩形边界线的效果如图7.8所示。

图7.8 绘制边界线

05 在"属性"选项板中设置"底部约束"为F2，"顶部约束"为"直到标高：F6"，其他参数设置如图7.9所示。

06 单击"完成编辑模式"按钮，退出命令。切换至三维视图，查看竖井洞口的创建效果，如图7.10所示。

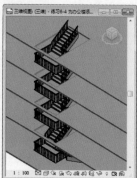

图7.9 设置参数　　图7.10 竖井洞口创建效果

2. 绘制符号线

为了在平面视图中表示竖井的位置，有必要绘制符号线。

01 切换至F2视图，选择全部图元。单击选项卡中的"过滤器"按钮，打开"过滤器"对话框。

02 在对话框中仅选择"竖井洞口"类别，如图7.11所示。

03 单击"确定"按钮，关闭对话框，可以仅选中竖井洞口。

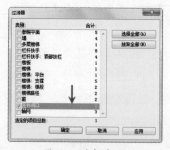

图7.11 选择复制

04 在"绘制"面板中单击"符号线"按钮，选择"线"为绘制方式，如图7.12所示。

图7.12 单击按钮

05 在竖井洞口轮廓线内单击指定起点、下一点及终点，绘制符号线的效果如图 7.13 所示。

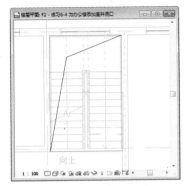

图7.13 符号线的效果

06 单击"完成编辑模式"按钮，退出命令。绘制符号线的最终效果如图 7.14 所示。

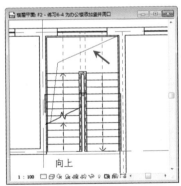

图7.14 最终效果

7.1.2 创建墙洞口

在"洞口"面板上单击"墙"按钮，激活命令，可以在墙体上创建矩形洞口。

启用命令后，单击选择墙体。在墙体上指定起点与对角点，绘制洞口边界线，如图7.15所示。

> **提示**
>
> 选择墙体，在"修改墙"面板中单击"墙洞口"按钮，也可以创建矩形墙洞口。

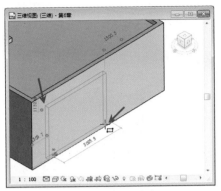

图7.15 绘制边界线

选择墙洞口，显示临时尺寸标注，如图7.16所示。修改尺寸参数，可以调整墙洞口的大小。

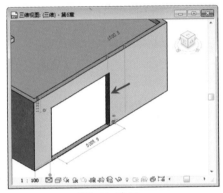

图7.16 墙洞口

7.1.3 创建垂直洞口 （重点）

在"洞口"面板上单击"垂直"按钮，激活命令，可以创建出一个贯穿屋顶、楼板或天花板的垂直洞口。

启用命令后，选择屋顶，在"绘制"面板中单击按钮，指定绘制洞口边界线的方式。例如单击"椭圆"按钮，如图7.17所示。

图7.17 单击按钮

在屋顶上指定椭圆的中心及轴端点的位置，绘制椭圆边界线，效果如图7.18所示。

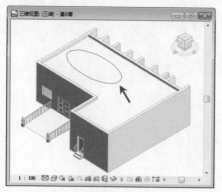

图7.18 椭圆边界线效果

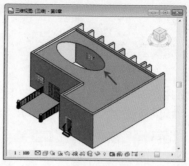

图7.19 垂直洞口效果

单击"完成编辑模式"按钮，退出命令，椭圆样式垂直洞口的效果如图7.19所示。

技巧

启用"按面"命令，也可以在屋顶上创建剪切洞口，效果与"垂直洞口"相同。

7.2 创建台阶与坡道

在Revit中，以台阶轮廓为基础，并借助"楼板边缘"命令，才可将台阶添加到项目中。相反，有专门的"坡道"命令来创建坡道模型。

本节介绍创建台阶与坡道的方法。

7.2.1 创建台阶轮廓

创建台阶轮廓，需要先调用族样板，再在族编辑器中执行创建操作。

本节介绍创建台阶轮廓的方法。

选择"文件"选项卡，在弹出的列表中选择"新建"命令。向右弹出子菜单，选择"族"命令，如图7.20所示。

图7.20 选择命令

提示

在"新建"列表中选择命令，还可以新建"项目文件""概念体量""标题栏""注释符号"。

弹出"新族-选择样板文件"对话框，选择名称为"公制轮廓"的族样板，如图7.21所示。单击"打开"按钮，调用样板文件。

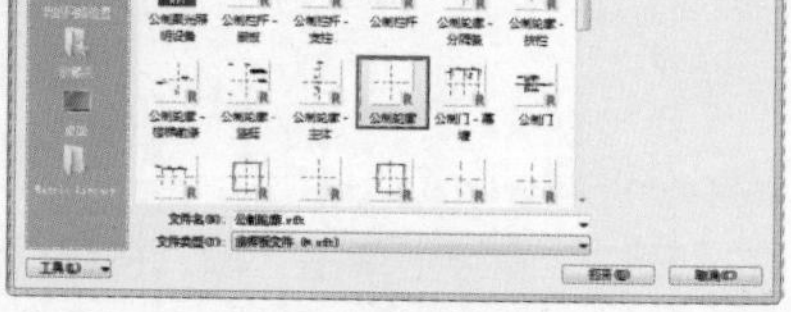

图7.21 选择样板

提示

创建不同类型的族文件，需要调用相对应的族样板。如创建门，就需要调用"公制门"族样板。

在族编辑器中选择"创建"选项卡，单击"详图"面板上的"线"按钮，激活命令。

进入"修改|放置线"选项卡，在"绘制"

面板中单击"线"按钮，选择绘制方式，如图7.22所示。

图7.22 选择绘制方式

在绘图区域中，单击指定起点与终点，绘制如图7.23所示的闭合轮廓线。

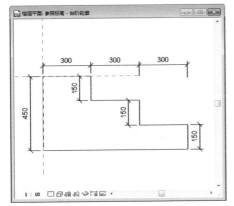

图7.23 绘制轮廓线

单击"族编辑器"面板中的"载入到项目"按钮，如图7.24所示，将台阶轮廓载入项目文件中。

图7.24 单击按钮

练习7-2 为办公楼添加台阶 重点

素材文件：素材\第7章\练习7-1 为办公楼添加竖井洞口 .rvt
效果文件：素材\第7章\练习7-2 为办公楼添加台阶 .rvt
视频文件：视频\第7章\练习7-2 为办公楼添加台阶 .mp4

1. 修改墙体参数

办公楼F1墙体的"底部标高"为F1，"底部偏移"为0。通过调整墙体的高度参数，可以使室内与室外产生高度落差。

在此基础上创建台阶，可以连接标高不同的两个区域。

01 打开"练习 7-1 为办公楼添加竖井洞口 .rvt"文件。

02 切换至三维视图，将光标置于F1外墙体之上。按 Tab 键，高亮显示 F1 外墙体。

03 此单击鼠标左键，选中 F1 外墙体，效果如图7.25 所示。

图7.25 选择墙体效果

04 在"属性"选项板中修改"底部偏移"选项值为 -450，如图 7.26 所示。其他选项参数保持不变。

图7.26 修改参数

> **提示**
>
> 将"底部偏移"设置为 -450，表示墙体底部边界线向下移动 -450mm。

2. 设置楼板参数

台阶在楼板的基础上创建，为了适应台阶，需要新建一个楼板类型，并重新定义楼板参数。

01 在"构建"面板中单击"楼板"按钮，如图7.27 所示，激活命令。

图7.27 单击按钮

02 在"属性"选项板中单击"编辑类型"按钮，弹出"类型属性"对话框。

03 在"类型"菜单中选择"办公楼–150mm"，单击"复制"按钮，以此为基础创建新的楼板类型。

04 在"名称"对话框中设置新类型的名称，如图7.28所示。单击"确定"按钮，结束新建操作。

图7.28 设置参数

在"办公楼–150mm"楼板的基础上新建楼板类型，可以使得新楼板继承其材质参数。

05 单击"结构"选项后的"编辑"按钮，如图7.29所示，弹出"编辑部件"对话框。

图7.29 单击按钮

06 在对话框中选择第2行"结构[1]"，将光标定位在"材质"单元格中，单击右侧的矩形按钮，打开"材质浏览器"对话框。

07 在材质列表中选择名称为"混凝土–150mm"的材质❶，单击鼠标右键，选择"复制"命令。

08 修改材质副本的名称为"混凝土"❷，如图7.30所示。单击"确定"按钮，返回"编辑部件"对话框。

"混凝土–150mm"是"办公楼–150mm"楼板的结构材质。

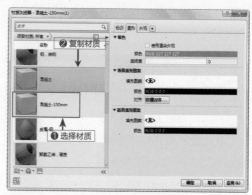

图7.30 复制材质

09 在"厚度"选项中修改参数值，如图7.31所示。单击"确定"按钮，返回"类型属性"对话框。

10 单击"功能"选项，在弹出的列表中选择"外部"，如图7.32所示，定义楼板的功能属性。

11 单击"确定"按钮，返回视图，开始创建楼板。

图7.31 修改参数　　　图7.32 修改功能属性

3. 绘制楼板

因为需要在出入口的位置创建台阶，方便连接建筑物的内部与外部，所以也在出入口的位置创建楼板。

01 在"修改|创建楼层边界"选项卡中的"绘制"面板中单击"矩形"按钮，如图7.33所示，指定绘制楼板的方式。

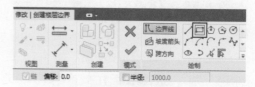

图7.33 单击按钮

02 滚动鼠标滚轮，放大视图。单击指定起点与对角点，绘制矩形轮廓线的效果如图7.34所示。

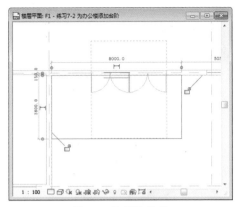

图7.34 绘制边界线

03 单击"完成编辑模式"按钮，退出命令，创建楼板的效果如图7.35所示。

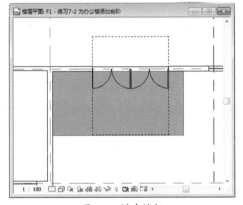

图7.35 创建楼板

04 重复操作，在平面视图的右侧继续绘制楼板，尺寸参数如图7.36所示。

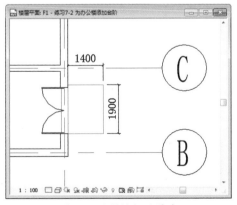

图7.36 绘制楼板边界线

05 移动视图，在平面视图的左侧绘制楼板，效果如图7.37所示。

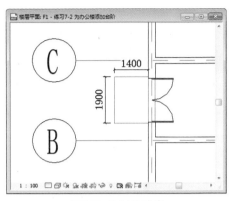

图7.37 绘制边界线

4. 创建台阶

创建台阶前，需要先将"台阶轮廓"族载入项目中，再激活"楼板边"命令，就可以在楼板的基础上创建台阶。

01 切换至三维视图，在视图中滚动鼠标滚轮，放大视图，效果如图7.38所示。

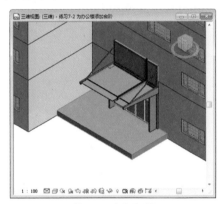

图7.38 放大视图

02 在"构建"面板上单击"楼板"按钮下方的实心箭头，在弹出的列表中选择"楼板：楼板边"选项，如图7.39所示，激活命令。

图7.39 选择选项

03 在"属性"选项板中单击"编辑类型"按钮，如图 7.40 所示，打开"类型属性"对话框。

04 单击"轮廓"选项，在弹出的列表中选择"台阶轮廓：台阶轮廓"选项，如图 7.41 所示，指定轮廓的样式。

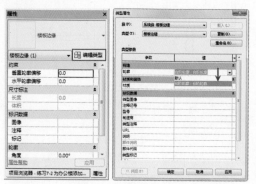

图7.40 单击按钮　　　图7.41 选择轮廓线

05 单击"确定"按钮，返回视图。将光标置于楼板边缘线之上，高亮显示边缘线，如图 7.42 所示。

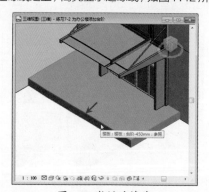

图7.42 激活边缘线

06 在边缘线上单击鼠标左键，创建台阶的效果如图 7.43 所示。

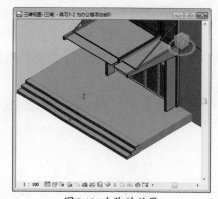

图7.43 台阶的效果

07 单击 ViewCube 上的角点，转换视图角度，继续拾取楼板边缘线，生成台阶的效果如图 7.44 所示。

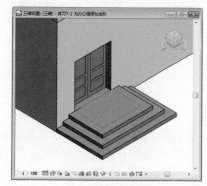

图7.44 创建效果

技巧

单击 ViewCube 上的角点，调整视图方向时不会退出命令。

08 拾取另一楼板的边缘线，生成台阶的效果如图 7.45 所示。

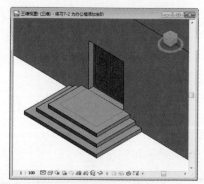

图7.45 另一台阶创建效果

7.2.2 创建坡道 重点

坡道一般在平面视图或三维视图中创建，但是在平面视图中可以比较准确地定位坡道的位置。

在"楼梯坡道"面板上单击"坡道"按钮，如图7.46所示，激活命令。

图7.46 单击按钮

进入"修改|创建坡道草图"选项卡，单击"绘制"面板上的"线"按钮，如图7.47所示，选择绘制坡道的方式。

图7.47 选择绘制方式

单击"绘制"面板中的"圆心－端点弧"按钮，可以绘制弧形坡道的轮廓线。

在"属性"选项板中设置坡道的位置与尺寸参数，如图7.48所示。

在"约束"选项组中设置标高与偏移参数❶。默认情况下，偏移参数的值为0。假如设置偏移值，表示坡道在标高的基础上移动若干距离。

修改"宽度"参数❷，设置坡道的实际宽度。

图7.48 设置参数

在绘图区域中移动光标，指定坡道的起点，如图7.49所示。此时可预览坡道的创建效果。

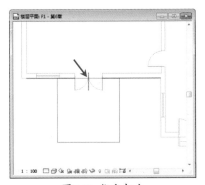

图7.49 指定起点

向下移动光标，指定坡道的终点，如图7.50所示。此时可显示临时尺寸标注，查看标注可了解坡道的长度。

图7.50 指定终点

坡道的宽度在"属性"选项板中设置，在绘制过程中，可自定义的是坡道的长度。

在合适的位置单击鼠标左键，结束创建操作。坡道的创建效果如图7.51所示，通过临时尺寸标注，得知所创建的坡道长度为4000mm。

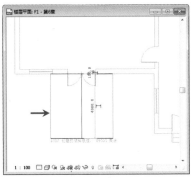

图7.51 结束绘制

单击"完成编辑模式"按钮，退出命令。坡道的上方显示文字标签，方向箭头指向坡道的下方，如图7.52所示。

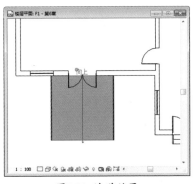

图7.52 坡道效果

切换至三维视图，观察坡道的三维效果，如图7.53所示。此时发现坡道的坡度方向显示错误，需要更改。

图7.53 显示方向错误

返回平面视图，选择坡道。将光标置于方向箭头之上，如图7.54所示，高亮显示箭头。

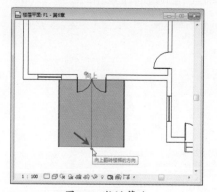

图7.54 激活箭头

在箭头上单击鼠标左键，翻转坡道的方向，结果如图7.55所示。

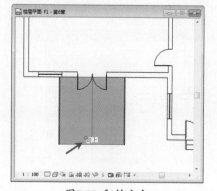

图7.55 翻转方向

在三维视图中查看翻转方向的效果，如图7.56所示。

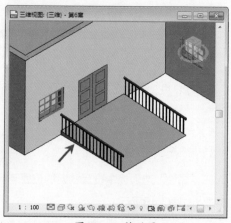

图7.56 三维效果

练习7-3 为办公楼添加坡道 难点

素材文件：素材\第7章\练习7-2 为办公楼添加台阶.rvt
效果文件：素材\第7章\练习7-3 为办公楼添加坡道.rvt
视频文件：视频\第7章\练习7-3 为办公楼添加坡道.mp4

1. 设置坡道参数

在创建坡道之前，首先设置坡道的参数。包括新建坡道类型、类型名称及类型参数等。

01 打开"练习7-2
为办公楼添加台阶
.rvt"文件。

02 单击"楼梯坡道"
面板中的"坡道"按钮，
激活命令。在"属性"
选项板中单击"编辑
类型"按钮，如图
7.57所示，打开"类
型属性"对话框。

图7.57 单击按钮

03 单击"复制"按钮，在"名称"对话框中设置参数，如图7.58所示。单击"确定"按钮，返回"类型属性"对话框。

图7.58 设置名称

04 单击"造型"选项，在列表中选择"实体"样式❶。修改"尺寸标注"选项组中的参数❷，如图7.59所示。

05 在"属性"选项板中设置"底部标高"为F1，"底部偏移"为 -450。修改"宽度"为3800，如图7.60所示。

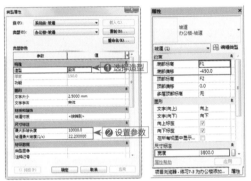

图7.59　"类型属性"对　图7.60 设置参数
　　　　　话框

提示

默认情况下，坡道的造型为"结构板"。用户可尝试创建"结构板"造型的坡道，了解该种类型坡道的创建效果。

2. 创建坡道

01 在绘图区域中单击指定起点与终点，绘制坡道草图的效果如图7.61所示。

图7.61 草图的绘制效果

02 单击"完成编辑模式"按钮，退出命令，创建坡道的效果如图7.62所示。

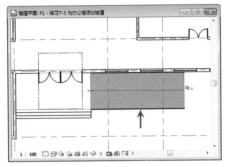

图7.62 创建坡道

03 切换至三维视图，查看坡道的三维效果，如图7.63所示。

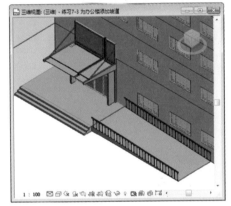

图7.63 三维效果

04 坡道靠墙的一侧可以不设置栏杆。所以，选择栏杆，按 Delete 键将其删除，效果如图 7.64所示。

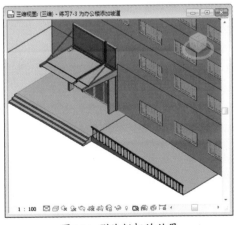

图7.64 删除栏杆的效果

7.3 知识小结

本章介绍了创建洞口、台阶与坡道的方法。

为方便用户，Revit提供了多种创建洞口的命令。用户选择命令，就可在指定的楼板或屋面等区域创建洞口。在绘制洞口轮廓线时，选用不同的绘制方式，可以创建样式各异的洞口。为了创建台阶，需要事先绘制台阶轮廓。

将台阶轮廓载入项目中，就可以在楼板的基础上，执行放样操作，最终生成台阶。

在创建坡道前，首先设置好坡道的类型及尺寸。坡道与梯段一样，都可以添加各种类型的栏杆扶手。

7.4 拓展训练

本节安排了两个拓展练习，以帮助读者巩固本章所学知识。

训练7-1 创建门洞

素材文件：素材\第7章\训练7-1创建门洞-素材.rvt	
效果文件：素材\第7章\训练7-1创建门洞.rvt	
视频文件：视频\第7章\训练7-1创建门洞.mp4	

操作步骤提示如下。

01 打开"训练7-1创建门洞-素材.rvt"文件。

02 切换至平面视图，选择内墙体，单击"修改墙"面板上的"墙洞口"按钮。

03 在墙体上单击指定起点与对角点，绘制洞口轮廓线。

04 修改洞口宽度为1000mm。

05 切换至三维视图，选择屋顶，单击鼠标右键，在弹出的菜单中选择"在视图中隐藏"→"图元"命令，隐藏屋顶。

06 选择洞口，修改洞口距墙顶边的间距为2100mm。

07 结束创建门洞的操作。

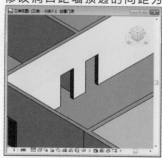

训练7-2 创建台阶

素材文件：素材\第7章\训练7-1创建门洞.rvt	
效果文件：素材\第7章\训练7-2创建台阶.rvt	
视频文件：视频\第7章\训练7-2创建台阶.mp4	

操作步骤提示如下。

01 打开"训练7-1创建门洞.rvt"文件。

02 切换至三维视图，单击"构建"面板中的"楼板"按钮，在弹出的列表中选择"楼板：楼板边"选项。

03 拾取楼板边缘线，沿边缘线放样生成台阶。

04 执行"保存"操作，存储文件。

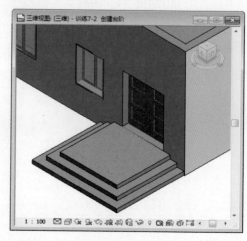

第 **8** 章

创建体量与场地

设计师可以通过体量模型简洁地表达初期的设计理念，除此之外，还可以在体量面上创建幕墙系统、屋面及楼板。场地建模包括绘制地形线、放置构件及创建建筑地坪等。建筑项目需要借助场地建模的系列命令，完善项目的表达。本章将介绍体量建模与场地建模的方法。

8.1 体量建模

为了降低系统内存的占用，一般情况下，体量模型在视图中不显示。体量建模的方式与常规建模的方式有相同的地方，也有不同的地方。本节介绍体量建模的方法。

8.1.1 设置体量的显示样式

因为在视图中默认不显示体量模型，用户可以根据建模习惯自定义体量模型的显示样式。

选择"体量和场地"选项卡，在"概念体量"面板中单击"按视图设置显示体量"按钮，如图8.1所示，可以基于当前视图的设置显示体量。但是在默认情况下，体量模型是关闭显示的。

图8.1 单击按钮

单击"按视图设置显示体量"按钮右侧的箭头，弹出选项列表。

选择"显示体量形状和楼层"选项，如图8.2所示，更改显示样式。

结果是可以在所有视图中显示体量形状及指定的任何体量楼层。此外，还可以隐藏体量表面、体量分区及体量着色。

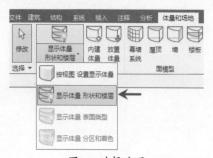

图8.2 选择选项

选择列表中的"显示体量表面类型"选项，可以显示体量面，包括已指定的任何玻璃和着色。

选择"显示体量分区和着色"选项，可以显示已指定的体量分区、玻璃和着色。

练习8-1 创建体量模型 重点

素材文件：无	
效果文件：素材\第8章\练习8-1 创建体量模型 .rvt	
视频文件：视频\第8章\练习8-1 创建体量模型 .mp4	

1. 设置名称

在创建体量模型前，先设置模型名称。这样便于在众多的体量模型中选择指定的模型。

01 新建空白文件。选择"体量和场地"选项卡，在"概念体量"面板上单击"内建体量"按钮，如图 8.3 所示，激活命令。

图8.3 单击按钮

02 弹出如图 8.4 所示的"体量－显示体量已启用"对话框，提醒用户新创建的体量可见。

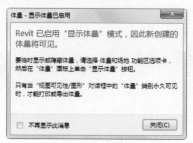

图8.4 提示对话框

03 单击"关闭"按钮，关闭"体量－显示体量已启用"对话框。

04 弹出"名称"对话框，设置名称参数，如图8.5所示。单击"确定"按钮，返回视图。

图8.5 设置名称

2. 创建模型

在绘图区域中绘制轮廓线，软件将以轮廓线为基础创建体量模型。

01 单击"绘制"面板中的"模型"按钮，如图8.6所示，进入绘制模型线的模式。

图8.6 单击按钮

02 在"绘制"面板中单击"线"按钮，如图8.7所示，指定绘制模型线的方式。

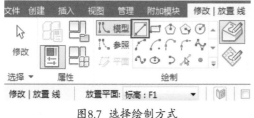

图8.7 选择绘制方式

03 在绘图区域中单击指定起点与终点，绘制闭合的轮廓线，效果如图8.8所示。

图8.8 绘制轮廓线

04 单击"形状"面板上的"创建形状"按钮，在弹出的列表中选择"实心形状"选项，如图8.9所示。

图8.9 选择选项

05 弹出如图8.10所示的提示对话框，提醒用户"要创建三维形状，请先创建线，然后选择这些线"。

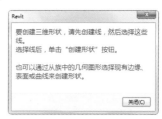

图8.10 提示对话框

06 单击"关闭"按钮，关闭对话框。在视图中选择轮廓线，如图8.11所示。

图8.11 选择轮廓线

07 单击"创建形状"按钮，在列表中选择"实心形状"选项。在轮廓线的基础上生成实心形状，效果如图8.12所示。

图8.12 实心模型创建效果

08 单击"在位编辑器"面板中的"完成体量"按钮，如图8.13所示，退出命令。

图8.13 单击按钮

09 体量模型的最终效果如图8.14所示。

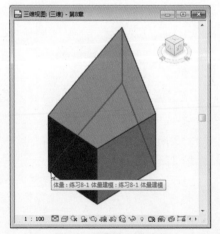

图8.14 体量模型的效果

选择项目浏览器，在"族"列表中单击展开"体量"列表，其中显示已建的体量模型。

选择模型，如图8.15所示，单击鼠标右键，弹出快捷菜单。选择命令，可以编辑模

型。例如选择"重命名"命令，可以重新定义模型的名称。

图8.15 项目浏览器

8.1.2 放置体量模型

启用"放置体量"命令，可以将已载入的体量族放置到项目中。

在"概念体量"面板中单击"放置体量"按钮，如图8.16所示，激活命令。

图8.16 单击按钮

弹出如图8.17所示的提示对话框，询问用户"项目中未载入体量族。是否要现在载入"。单击对话框中的"是"按钮，弹出"载入族"对话框。

图8.17 提示对话框

提示

如果已载入体量族，启用"放置体量"命令后，不会弹出提示对话框。

选择体量族，如图8.18所示，单击"打开"按钮，将其载入到项目中。

图8.18 选择体量

在"放置"面板上单击"放置在面上"按钮，如图8.19所示，选择放置方式。

图8.19 选择放置方式

技巧

单击"放置"面板上的"放置在工作平面上"按钮，可在工作平面上放置体量实例。

将光标置于模型面上，可以高亮显示模型面边界线，并预览体量实例的放置效果，如图8.20所示。

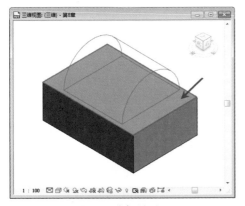

图8.20 选择模型面

在合适的位置单击鼠标左键，可在模型面上放置体量实例，效果如图8.21所示。

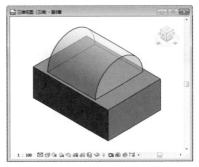

图8.21 放置体量实例

提示

选择"文件"选项卡，在列表中选择"新建"→"概念体量"命令，选择体量模板，可以创建体量族。

选择项目浏览器，"体量"列表中显示已载入的体量族的名称，如图8.22所示。

选择体量族，单击鼠标右键，在弹出的菜单中选择"创建实例"命令，可以在项目中放置体量实例。

图8.22 显示体量名称

8.1.3 创建面模型 重点

在体量模型的基础上，可以创建各种面模型，如幕墙系统、屋顶，以及墙体和楼板。本节介绍创建方法。

1. 创建幕墙系统

启用"幕墙系统"命令，可以在体量面或常规模型面上创建幕墙系统。

选择"体量和场地"选项卡，单击"面模型"面板上的"幕墙系统"按钮，如图8.23所示，激活命令。

图8.23 单击按钮

进入"修改|放置面幕墙系统"选项卡，单击"选择多个"按钮，如图8.24所示。

图8.24 单击按钮

将光标置于体量模型面上，高亮显示模型面边界线，如图8.25所示。

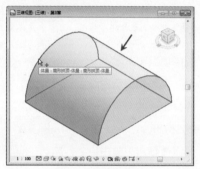

图8.25 拾取体量面

单击鼠标左键，选中模型面。单击"多重选择"面板中的"创建系统"按钮，如图8.26所示。

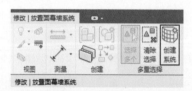

图8.26 单击按钮

在视图中查看体量模型，可见已在拾取的面上创建了幕墙系统，如图8.27所示。

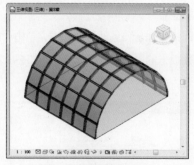

图8.27 创建幕墙系统

技巧

选择"建筑"选项卡，单击"构建"面板中的"幕墙系统"按钮，同样可以在指定的面上创建幕墙系统。

2. 创建面屋顶

如果想要在体量面上创建屋顶，可以启用"面屋顶"命令。

单击"面模型"面板中的"屋顶"按钮，如图8.28所示，激活命令。

图8.28 单击按钮

在"修改|放置面屋顶"选项卡中单击"选择多个"按钮，在体量模型上单击非垂直面。

单击"多重选择"面板中的"创建屋顶"按钮，可以创建面屋顶，效果如图8.29所示。

图8.29 创建面屋顶

技巧

选择"建筑"选项卡，单击"构建"面板上的"屋顶"按钮，在弹出的列表中选择"面屋顶"命令，同样可以在体量模型上创建面屋顶。

3. 创建面墙

单击"面模型"面板中的"墙"按钮，如图8.30所示，可以使用体量面或常规模型来创建墙。

进入"修改|放置墙"选项卡，在"绘制"面板中选择"拾取面"按钮。

图8.30 单击按钮

选项栏中的"标高"和"高度"参数默认显示为"<自动>",用户也可自定义参数。

选择"定位线"为"面层面：外部"，选择"连接状态"为"允许"，如图8.31所示。

图8.31 设置参数

在体量面上单击鼠标左键，可以在面上创建墙，效果如图8.32所示。

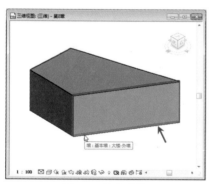

图8.32 创建面墙

4. 创建面楼板

在"面模型"面板上单击"楼板"按钮，如图8.33所示，可以将体量楼层转换为建筑模型的楼层。

图8.33 单击按钮

在"修改|放置面楼板"选项卡中单击"选择多个"按钮，拾取体量楼层，如图8.34所示。

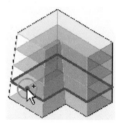

图8.34 拾取体量楼层

接着单击"多重选择"面板中的"创建楼板"按钮，可将体量楼层转换为建筑楼层，如图8.35所示。

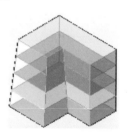

图8.35 转换楼层

8.2 场地建模

为了丰富建筑项目模型的表现效果，可以通过执行"场地建模"操作来绘制地形表面、放置场地构件与停车场构件等。

本节介绍场地建模的操作方法。

8.2.1 创建地形表面

创建地形表面有两种方法：一种是通过放置点，另外一种是在导入的实例上创建。本节介绍在导入的实例上创建地形表面的方法。

1. 链接 CAD 文件

选择"插入"选项卡，单击"链接"面板上的"链接CAD"按钮，如图8.36所示，激活命令。

图8.36 单击按钮

技巧

单击"导入"面板中的"导入 CAD"按钮，导入 CAD 文件，也可在此基础上，执行"创建地形表面"的操作。

启用命令后，弹出"链接CAD格式"对话框。在其中选择CAD文件❶，在对话框下方设置导入参数❷，如图8.37所示。

图8.37 选择文件

单击"打开"按钮，可将选中的CAD文件链接到项目中，效果如图8.38所示。

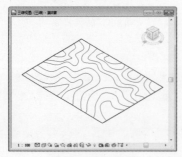

图8.38 链接文件

2. 创建表面

链接外部CAD文件后，就可以在此基础上创建地形表面。

选择"体量和场地"选项卡，单击"场地建模"面板中的"地形表面"按钮，如图8.39所示，激活命令。

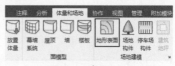

图8.39 单击按钮

进入"修改|编辑表面"选项卡，单击"工具"面板上的"通过导入创建"按钮，在弹出的列表中选择"选择导入实例"选项，如图8.40所示，指定创建方式。

图8.40 选择选项

将光标置于CAD文件之上，高亮显示文件边界线，如图8.41所示。

图8.41 选择文件

在CAD文件上单击鼠标左键，打开"从所选图层添加点"对话框。选择"等高线"图层，如图8.42所示。

图8.42 选择图层

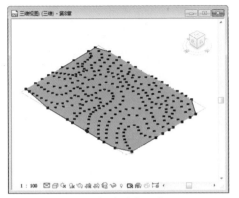

因为是在"等高线"图层上创建高程点,所以在"从所选图层添加点"对话框中选择"等高线"图层。

单击"确定"按钮,关闭对话框。软件在图层上放置高程点,效果如图8.43所示。

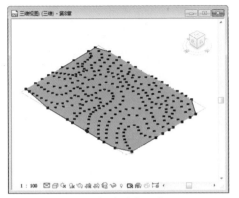

图8.43 放置高程点

提示

默认情况下,所有高程点的标高都为0。用户可以选择高程点,修改其标高值。

单击"表面"面板上的"完成表面"按钮,退出命令。创建表面的效果如图8.44所示。

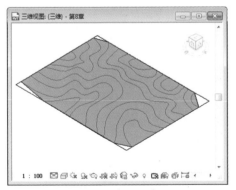

图8.44 创建地形表面

3. 编辑表面

创建完毕的表面显示为一个平面,各个高程点之间没有高度落差。

通过执行编辑表面的操作,修改高程点的标高,可以使地形表面呈现连绵起伏的样式。

选择地形表面,将光标置于表面之上。当

光标显示为十字箭头样式时,按住鼠标左键不放,拖曳鼠标,移动表面,使其与CAD文件分离,效果如图8.45所示。

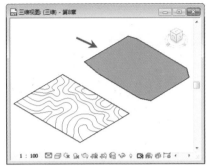

图8.45 移动表面

保持地形表面的选择状态不变,单击"编辑表面"按钮,如图8.46所示,进入编辑模式。

图8.46 单击按钮

在"工具"面板中单击"简化表面"按钮,如图8.47所示,激活命令。

图8.47 激活命令

随即弹出"简化表面"对话框,修改"表面精度"选项值,如图8.48所示。

图8.48 修改参数

技巧

"表面精度"选项值越大,地形表面上的高程点数目越少。

单击"确定"按钮，关闭对话框，简化地形表面的效果如图8.49所示。

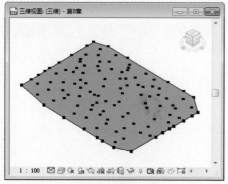

图8.49 简化表面

选择地形表面上的某些高程点，被选中的高程点显示为蓝色，如图8.50所示。

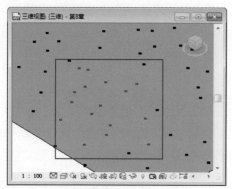

图8.50 选择高程点

修改选项栏中的"高程"选项值，如图8.51所示。默认情况下，该选项值为0。

图8.51 设置参数

观察视图中被选中的高程点的变化效果，因为输入的是正值，所以高程点向上移动，效果如图8.52所示。

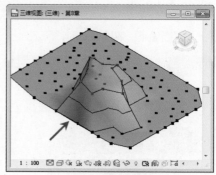

图8.52 修改高程

继续选择高程点，为其设置不同的"高程"值，起伏地势的效果如图8.53所示。

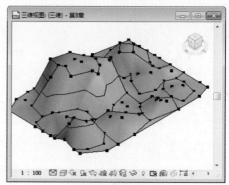

图8.53 修改结果

单击"完成表面"按钮，退出命令，在地形表面上创建的高低不平的地势效果如图8.54所示。

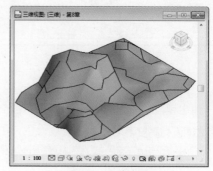

图8.54 地势效果

为了更加直观地查看修改高程的效果，可

以单击ViewCube上的"右"按钮，切换至右视图，查看不同高程的效果，如图8.55所示。

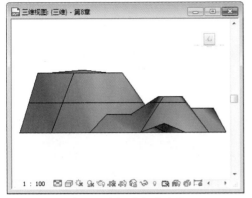

图8.55 右视图查看效果

练习8-2 添加场地构件 重点

素材文件：素材\第8章\练习8-2添加场地构件－素材.rvt
效果文件：素材\第8章\练习8-2添加场地构件.rvt
视频文件：视频\第8章\练习8-2添加场地构件.mp4

1. 载入场地构件

在放置场地构件之前，需要先将构件载入到项目中，才可在指定的位置放置构件。

01 打开"练习8-2添加场地构件－素材.rvt"文件。

02 选择"体量和场地"选项卡，单击"场地建模"面板上的"场地构件"按钮，如图8.56所示，激活命令。

图8.56 单击按钮

03 弹出如图8.57所示的提示对话框，询问用户"项目中未载入场地族。是否要现在载入"。

图8.57 提示对话框

04 单击"是"按钮，弹出"载入族"对话框，选择构件，如图8.58所示，单击"打开"按钮，将构件载入到项目中去。

图8.58 选择构件

2. 放置场地构件

激活"场地构件"命令后，在"属性"选项板中选择构件，在项目中指定位置，就可以添加场地构件。

01 在"属性"选项板中单击弹出类型列表，选择名称为"乔木"的构件，如图8.59所示。

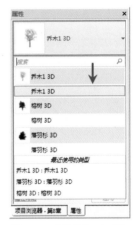

图8.59 "属性"选项板

> **提示**
>
> 激活"场地构件"命令后，一次只能放置一种类型的构件。如果需要更改构件类型，可以在"属性"选项板中进行。

02 将光标置于地形表面之上，可以预览放置乔木的效果，如图8.60所示。

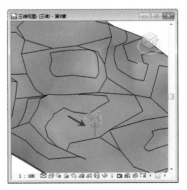

图8.60 指定位置

03 在合适的位置单击鼠标左键，可以在地形表面上放置乔木，效果如图 8.61 所示。

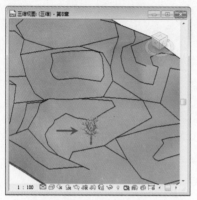

图8.61 放置乔木

04 切换至平面视图，在视图中查看乔木的放置结果，如图 8.62 所示。

图8.62 切换至平面视图

05 停留在平面视图中，在"属性"选项板中选择其他类型的构件，将其添加至地形表面中，效果如图 8.63 所示。

图8.63 放置构件后的地形效果

技巧

已经添加至地形表面中的构件，可以启用"移动""复制"等修改命令调整其位置，或者创建构件副本。

06 切换至三维视图，观察添加构件后地形表面的显示效果，如图 8.64 所示。

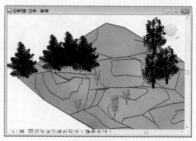

图8.64 三维视图显示效果

场地构件的类型多样，除了植物之外，还有其他的景观小品或公共设施。例如将垃圾桶、邮箱与消火栓构件添加至项目中后，显示效果如图8.65所示。

图8.65 其他类型构件的放置效果

8.2.2 添加停车场构件

停车位在主体的地形表面，所以在放置停车场构件时，需要打开地形表面所在的视图。

在"场地建模"面板中单击"停车场构件"按钮，如图8.66所示，激活命令。

图8.66 单击按钮

弹出如图8.67所示的提示对话框，询问用户"项目中未载入停车场族。是否要现在载入"。

图8.67 提示对话框

技巧

选择"插入"选项卡，在"从库中载入"面板中单击"载入族"按钮，也可载入停车场构件。

在弹出的"载入族"对话框中选择停车场构件，如图8.68所示。单击"打开"按钮，可将构件载入到项目中。

图8.68 选择构件

"属性"选项板中显示构件信息，在"约束"选项组中设置参数，如图8.69所示。

假如已载入多个停车场构件，单击弹出类型列表，在列表中可显示其他构件的信息。

图8.69 "属性"选项板

在合适的位置单击鼠标左键，指定放置点，放置停车场构件的效果如图8.70所示。

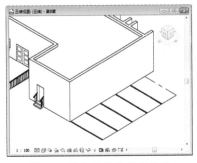

图8.70 停车场构件放置效果

技巧

连续单击鼠标左键，指定基点，可以放置多个停车场构件。或者选择构件，执行"复制""镜像"命令，也可创建构件副本。

练习8-3 绘制建筑地坪 （难点）

素材文件：素材\第8章\练习8-3绘制建筑地坪-素材.rvt
效果文件：素材\第8章\练习8-3绘制建筑地坪.rvt
视频文件：视频\第8章\练习8-3绘制建筑地坪.mp4

1. 绘制边界线

通过绘制边界线，用户可以自定义建筑地坪的样式。

01 打开"练习8-3绘制建筑地坪-素材.rvt"文件。

02 单击"场地建模"面板上的"建筑地坪"按钮，如图8.71所示，激活命令。

图8.71 单击按钮

03 进入选项卡，在"绘制"面板中单击"矩形"按钮，如图8.72所示，指定绘制边界线的方式。

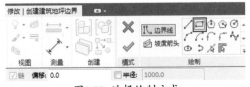

图8.72 选择绘制方式

04 在绘图区域中单击指定起点与对角点，绘制矩形边界线，效果如图8.73所示。

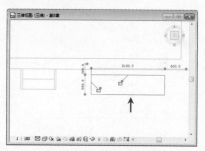

图8.73 绘制矩形边界线

05 在"绘制"面板中单击"起点 – 终点 – 半径弧"按钮①，转换绘制方式。在矩形边界线的两侧绘制圆弧②，效果如图8.74所示。

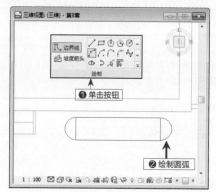

图8.74 绘制圆弧

06 选择垂直边界线，按 Delete 键删除线段，效果如图8.75所示。

图8.75 线段删除后的效果

提示

选择"矩形"方式，绘制矩形边界线。各段边界线相互独立，删除其中某段边界线，不会影响其他的边界线。

07 在"属性"选项板中选择"标高"，修改"自标高的高度偏移"选项值为 –450，如图8.76所示。

08 单击"完成编辑模式"按钮，结束操作，并在地形表面上创建建筑地坪。

图8.76 设置参数

2. 设置材质

因为建筑地坪的用途多样，所以应该为其设置材质。

01 选择建筑地坪，单击"属性"选项板中的"编辑类型"按钮，弹出"类型属性"对话框。

02 单击"结构"选项后的"编辑"按钮，如图8.77所示，弹出"编辑部件"对话框。

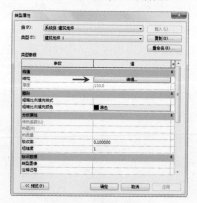

图8.77 单击按钮

03 在对话框中选择第 2 行"结构 [1]"，将光标定位于"材质"单元格内，单击右侧的矩形按钮，弹出"材质浏览器"对话框。

04 在材质列表中选择名称为"种植"的材质，如图8.78所示。单击"确定"按钮，关闭对话框。

05 依次单击"确定"按钮，相继关闭"编辑部件"对话框及"类型属性"对话框。

06 为建筑地坪设置材质的效果如图8.79所示。

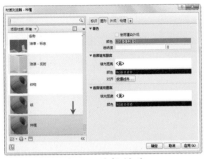

图8.78 选择材质

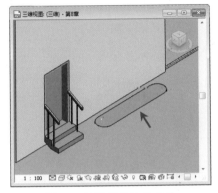

图8.79 设置材质后的效果

3. 绘制墙体

通过绘制墙体，可在建筑地坪的周围创建围合，方便在建筑地坪内种植花卉。

01 启用"墙"命令，在"绘制"面板中单击"拾取线"按钮，如图 8.80 所示，指定绘制墙体的方式。

图8.80 选择绘制方式

02 在选项栏中选择"定位线"为"墙中心线"，设置"偏移"值为 50，如图 8.81 所示。

定位线: 墙中心线 ▼ 偏移: 50.0

图8.81 设置参数

> **提示**
>
> 将"偏移"值设置为 50，表示墙体中心线距离建筑地坪边界线 50mm。

03 在"属性"选项板中选择"基本墙"，墙体的宽度为 150mm。在"约束"选项组下设置参数，如图 8.82 所示。

图8.82 设置参数

04 依次拾取建筑地坪边界线，在边界线的周围创建墙体，效果如图 8.83 所示。

图8.83 绘制墙体

05 按 Esc 键，退出创建墙体的命令。

06 切换至三维视图，查看创建墙体的效果，如图 8.84 所示。

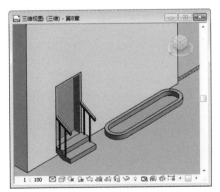

图8.84 三维效果

修改场地

在已有的地形表面执行修改操作，可以修改表面的样式，得到与原有样式不同的地形表面。

本节介绍修改方法。

8.3.1 拆分与合并表面 重点

选择地形表面，可以执行"拆分"或"合并"操作，结果是改变表面的显示效果。

1. 拆分表面

启用"拆分表面"命令，可以将地形表面拆分为两个表面。

用户可以独立编辑这两个表面，编辑结果不会相互影响，也可以删除其中一个表面。

单击"修改场地"面板上的"拆分表面"按钮，如图8.85所示，激活命令。

图8.85 单击按钮

选择地形表面，进入"修改|拆分表面"选项卡。在"绘制"面板上单击"矩形"按钮，在表面上单击指定起点与对角点，绘制矩形边界线的效果如图8.86所示。

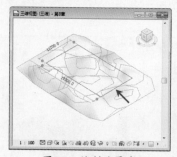

图8.86 绘制边界线

提示

也可以选择其他绘制方式，注意所绘制的边界线应该是一个闭合的环。

单击"完成编辑模式"按钮，退出命令。拆分表面的效果如图8.87所示，可以分别修改两个表面的材质或位置。

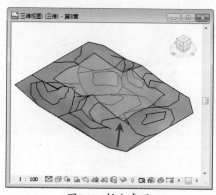

图8.87 拆分表面

2. 合并表面

启用"合并表面"命令，可以将两个表面合并在一起，形成一个表面。

单击"修改场地"面板上的"合并表面"按钮，激活命令。

软件提示"选择要合并的主表面"，将光标置于表面之上，高亮显示表面边界线，如图8.88所示。

图8.88 选择主表面

拾取主表面之后，单击选择要合并到主表面上的次表面，如图8.89所示。

执行上述操作后，可将两个表面合并为一个表面。

需要注意的是，执行合并操作的两个地形表面，必须与公共边重叠或者共享公共边。

激活"合并表面"工具，可连接使用"拆分表面"工具拆分的表面。

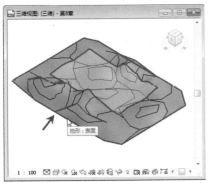

图8.89 选择次表面

8.3.2 创建子面域 （难点）

与"拆分表面"不同，执行"创建子面域"的操作后，可在地形表面内定义一个面积。

用户可以修改子面域的属性，例如重新设置它的材质，但是它仍然属于某个地形表面。

1. 绘制边界线

单击"修改场地"面板上的"子面域"按钮，如图8.90所示，激活命令。

图8.90 单击按钮

进入"修改|创建子面域边界"选项卡，单击

"绘制"面板上的"线"按钮，选择绘制方式。

在地形表面上单击指定起点与终点，绘制闭合的边界线，效果如图8.91所示。

图8.91 绘制边界线

单击"完成编辑模式"按钮，退出命令。创建子面域的效果如图8.92所示。

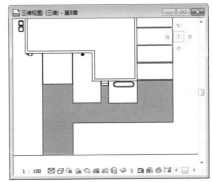

图8.92 子面域创建效果

2. 赋予材质

保持子面域的选择状态，将光标定位在"属性"选项板中，单击"材质"选项后的矩形按钮，如图8.93所示。

图8.93 单击按钮

弹出"材质浏览器"对话框，选择名称为"默认地平面"的材质，如图8.94所示。

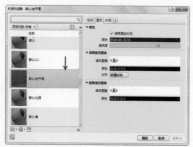

图8.94 选择材质

单击"确定"按钮，关闭对话框。在视图中查看为子面域赋予材质的效果，如图8.95所示。

图8.95 赋予材质后的效果

8.3.3 创建建筑红线 重点

创建建筑红线有两种方式：一种是通过绘制来创建，另外一种是通过输入距离和方向角表来创建。

1. 通过绘制来创建

单击"修改场地"面板上的"建筑红线"按钮，激活命令。

弹出"创建建筑红线"对话框，选择"通过绘制来创建"选项，如图8.96所示，选择创建方式。

图8.96 选择选项

进入选项卡，在"绘制"面板上单击"矩形"按钮，选择绘制方式。

在绘图区域中单击指定起点与对角点，绘制矩形建筑红线。

单击"完成编辑模式"按钮，退出命令，创建结果如图8.97所示。

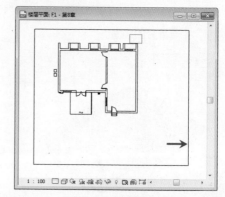

图8.97 绘制建筑红线

提示

通常情况下，在平面视图中绘制建筑红线。

2. 通过输入距离和方向角来创建

激活"建筑红线"命令后，在"创建建筑红线"对话框中选择"通过输入距离和方向角来创建"选项。

弹出"建筑红线"对话框。在对话框中输入距离、方向角参数，如图8.98所示。

单击"确定"按钮关闭对话框，可以创建一个闭合的建筑红线。

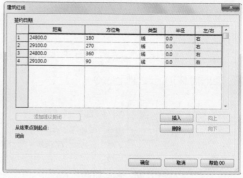

图8.98 "建筑红线"对话框

提示

在"建筑红线"对话框中单击"插入"按钮，可以插入新行。单击"删除"按钮，可删除选中的行。

8.3.4 平整区域

激活"平整区域"命令，可以修改地形表面。在操作的过程中，有两种修改方式可以选择，分别介绍如下。

1. 创建新地形表面

在"修改场地"面板中单击"平整区域"按钮，如图8.99所示，激活命令。

图8.99 单击按钮

弹出"编辑平整区域"对话框，选择"创建与现有地形表面完全相同的新地形表面"选项，如图8.100所示，选择修改方式。

图8.100 选择选项

进入编辑模式后，地形表面的显示效果如图8.101所示。激活"工具"面板上的工具，可以执行"放置点"或"简化表面"的操作。

图8.101 进入编辑模式

如果要修改点的高程，可以先选择点❶，再在选项栏中修改高程值❷。用户可以实时预览修改结果，效果如图8.102所示。

修改完毕后，单击"完成表面"按钮，退出命令。选择地形表面副本，将其移动至一旁，可与原始地形表面相对比，查看发生了哪些变化。

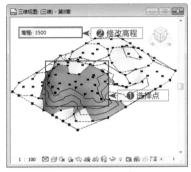

图8.102 修改点高程

2. 对内部表面区域进行平滑处理

在"编辑平整区域"对话框中选择"仅基于周界点新建地形表面"选项，进入编辑表面的模式，效果如图8.103所示。

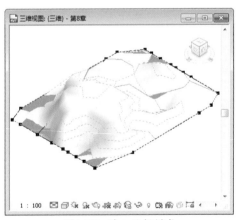

图8.103 进入编辑模式

在"工具"面板上单击"放置点"按钮❶，激活工具。在表面中单击鼠标左键，放置高程点❷，效果如图8.104所示。

单击"完成表面"按钮，退出命令。与原始地形表面相比，执行"平滑处理"操作后，地形表面原有的连绵起伏的样式被删除，显示效果更为平滑。

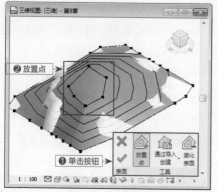

图8.104 放置点

8.3.5 标记等高线 重点

激活"标记等高线"命令,可以标记等高线的高程。

单击"修改场地"面板上的"标记等高线"按钮,如图8.105所示,激活命令。

图8.105 单击按钮

在绘图区域中单击指定线的起点❶,移动光标,指定线的终点❷,效果如图8.106所示。

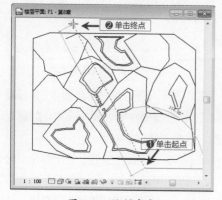

图8.106 绘制虚线

绘制与等高线相交的虚线后,可以创建等高线标签。

选择标签,单击"属性"选项板中的"编辑类型"按钮,如图8.107所示,打开"类型属性"对话框。

图8.107 单击按钮

在对话框中设置"文字字体""文字大小"参数,选择"粗体"选项,如图8.108所示,使标签文字以粗体显示。

图8.108 修改参数

单击"确定"按钮,关闭对话框,查看编辑等高线标签字体的效果,如图8.109所示。

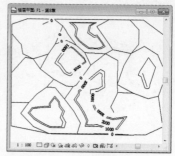

图8.109 标记等高线的效果

8.4 知识小结

本章介绍了体量建模、场地建模及修改场地的方法。

激活"内建体量"命令，可以创建各种类型的体量模型。假如想要载入外部的体量族，可以启用"放置体量"命令。除此之外，启用相关的命令，还可以创建各种面模型，如幕墙系统、面墙与面楼板。

创建地形表面有两种方法：可以选择在已有的实例上创建，也可以自行创建地形表面。

在放置场地构件与停车场构件之前，需要载入相关的构件族。

在地形表面上创建建筑地坪，可以分割地形表面，还可重新定义建筑地坪的属性参数。

启用"修改场地"系列命令，可以拆分/合并地形表面，还可创建子面域、绘制建筑红线等。

8.5 拓展训练

本节安排了两个拓展练习，以帮助读者巩固本章所学知识。

训练8-1 创建锯齿状体量模型

素材文件：无

效果文件：素材\第8章\训练8-1创建锯齿状体量模型.rvt

视频文件：视频\第8章\训练8-1创建锯齿状体量模型.mp4

操作步骤提示如下。

01 启动 Revit 2018 应用程序。

02 在欢迎界面中单击"项目"选项组下的"新建"按钮，新建项目文件。

03 选择"体量和场地"选项卡，单击"概念体量"面板中的"内建体量"按钮，激活命令。

04 在绘图区域中绘制闭合的模型轮廓线。

05 选择绘制完毕的轮廓线，单击"创建形状"按钮，在列表中选择"实心形状"选项。

06 单击"完成体量"按钮，退出命令。

07 切换至三维视图，查看建模效果。

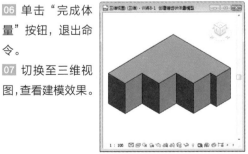

训练8-2 通过放置点创建地形表面

素材文件：素材\第7章\训练7-2创建台阶.rvt

效果文件：素材\第8章\训练8-2通过放置点创建地形表面.rvt

视频文件：视频\第8章\训练8-2通过放置点创建地形表面.mp4

操作步骤提示如下。

01 打开"训练7-2 创建台阶.rvt"文件。

02 在三维视图中单击 ViewCube 中的"上"按钮，切换视图方向。

03 选择"体量和场地"选项卡，单击"场地建模"面板上的"地形表面"按钮，激活命令。

04 单击"工具"面板上的"放置点"按钮，在绘图区域中单击鼠标左键，放置点。

05 连续单击鼠标左键，放置多个点，点之间显示连接线段。

06 单击"完成表面"按钮，退出命令，结束创建地形表面的操作。

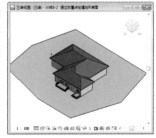

第 **9** 章

添加注释

Revit中的注释类型有尺寸标注、文字标注、标记
及图例。创建尺寸标注，可以标注图元的尺寸。
文字标注有两种样式，即三维样式与二维样式，
可以将三维样式的文字放置在模型上。每一种图
元都有与其相对应的标记，如门窗标记、墙体标
记等。创建标记，可以注明图元的名称、编号等
信息。创建填充图例，可以说明各填充区域所代
表的意义。本章将介绍添加各类注释的方法。

本章重点

绘制尺寸标注的方法 | 添加文字标注的方法
放置标记的方法 | 创建填充图例的方法

9.1 创建尺寸标注

尺寸标注的类型有对齐标注、线性标注、角度标注和半径标注等。
本节介绍创建常用的尺寸标注的方法。

9.1.1 创建角度标注 重点

激活"角度标注"命令，可以创建角度标注，测量选定的参照点之间的角度。

本节介绍创建及编辑角度标注的方法。

1. 创建角度标注

选择"注释"选项卡，单击"尺寸标注"面板上的"角度"按钮，如图9.1所示，激活命令。

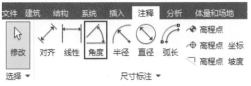

图9.1 单击按钮

技巧

默认情况下，"角度标注"没有与之对应的快捷键。用户可以按KS快捷键，打开"快捷键"对话框，在其中设置"角度标注"的快捷键。

进入"修改|放置尺寸标注"选项卡，"尺寸标注"面板中显示"角度"按钮处于激活状态。

在选项栏中选择参照线的样式为"参照墙面"，如图9.2所示。

图9.2 选择参照方式

将光标置于墙体之上，高亮显示内墙线，如图9.3所示。单击鼠标左键，拾取内墙线。

将光标置于另一内墙线之上，如图9.4所示，单击鼠标左键，拾取内墙线。

图9.3 选择内墙线1

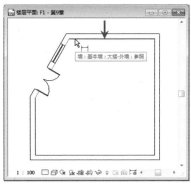

图9.4 选择内墙线2

此时已经可以预览角度标注的创建效果，如图9.5所示。向空白处移动光标，指定放置角度标注的位置。

图9.5 预览标注效果

在合适的位置单击鼠标左键，放置角度标注，效果如图9.6所示。

图9.6 创建角度标注效果

2. 编辑角度标注

首次创建的角度标注按照项目文件默认的样式显示。用户可以自定义参数，修改标注的样式。

选择角度标注，单击"属性"选项板中的"编辑类型"按钮，如图9.7所示，打开"类型属性"对话框。

图9.7 单击按钮

在对话框中单击"记号"选项，弹出样式列表，显示各种类型的记号。选择其中一种，例如选择"30度实心箭头"选项，如图9.8所示，更改角度标注的记号样式。

图9.8 选择记号

提示

建筑制图标准中关于角度标注记号样式的规定：角度标注的记号应该为实心箭头样式。

向下滑动对话框右侧的矩形滑块，显示"文字"选项组。

在"文字大小"选项中修改参数，调整尺寸标注的文字大小。

修改"文字偏移"值，如图9.9所示，可以调整文字距离尺寸线的间距。

图9.9 修改文字参数

单击"确定"按钮，关闭对话框。在视图中显示修改属性参数的效果，如图9.10所示。

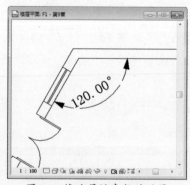

图9.10 修改属性参数的效果

技巧

在"类型属性"对话框中修改参数后，单击"应用"按钮，可在不关闭对话框的情况下，在视图中查看修改结果。

选择角度标注，标注文字的下方显示蓝色的实心夹点，如图9.11所示。

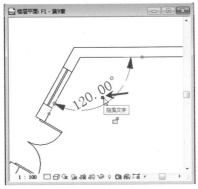

图9.11 激活夹点

将光标置于夹点之上，按住鼠标左键不放，移动夹点，如图9.12所示，可以调整标注文字的位置。

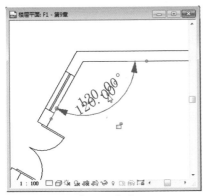

图9.12 移动

在合适的位置松开鼠标左键，结束调整文字位置的操作，效果如图9.13所示。

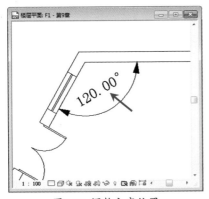

图9.13 调整文字位置

3. 更改参照方式

激活"角度标注"命令后，在选项栏中单击"参照"选项，打开样式列表。

列表中显示各种参照方式，如图9.14所示。默认选择"参照墙面"，即以墙线为参照线，创建角度标注。

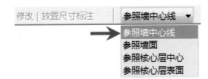

图9.14 选择参照方式

选择"参照墙中心线"选项，将光标置于墙体之上，高亮显示墙体中心线，如图9.15所示。

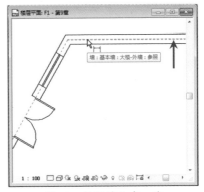

图9.15 拾取墙体中心线

提示

为了与墙线区别，墙体中心线显示为蓝色的虚线。

拾取墙体中心线创建角度标注，效果如图9.16所示。观察标注，发现尺寸界线位于墙体中心线之上，这是因为该标注的参照线是墙中心线。

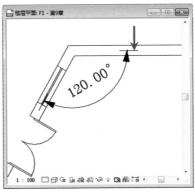

图9.16 创建角度标注效果

设置尺寸标注记号大小的方法

选择"管理"选项卡，单击"设置"面板上的"其他设置"按钮。弹出样式列表，选择"箭头"选项，弹出"类型属性"对话框。

对话框中的"类型"菜单中显示各种记号样式。

选择其中一种❶，在"类型参数"列表中修改参数❷，如图 9.17 所示。

单击"确定"按钮，关闭对话框，在视图中查看修改结果。

图9.17 设置参数

练习9-1 创建对齐标注 （难点）

素材文件：素材\第9章\练习9-1创建对齐标注－素材.rvt
效果文件：素材\第9章\练习9-1创建对齐标注.rvt
视频文件：视频\第9章\练习9-1创建对齐标注.mp4

01 打开"练习9-1创建对齐标注－素材.rvt"文件。

02 单击"尺寸标注"面板上的"对齐"按钮，激活命令，进入"修改 | 放置尺寸标注"选项卡。

03 在选项栏中选择"参照"方式为"参照墙面"，"拾取"方式为"单个参照点"，如图 9.18 所示。

图9.18 进入选项卡

按 DI 快捷键也可以激活"对齐标注"命令。

04 连续单击拾取墙线、窗洞边界线，向上移动光标，预览创建对齐标注的效果，如图 9.19 所示。

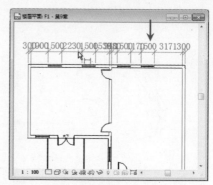

图9.19 预览创建效果

单击拾取外墙线后，向右移动光标，拾取内墙线。继续向右移动光标，拾取窗洞边界线。连续单击拾取参照线，创建对齐标注。

05 在空白位置单击鼠标左键，创建对齐标注，效果如图 9.20 所示。

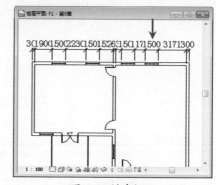

图9.20 创建标注

查看创建完毕的对齐标注，发现标注文字的字号过大，使标注无法识别。

06 保持尺寸标注的选择状态，单击"属性"选项板中的"编辑类型"按钮，弹出"类型属性"对话框。

07 在对话框中修改"文字大小"参数，如图 9.21 所示。单击"确定"按钮，返回视图。

观察修改文字大小后的效果，发现标注文字仍然存在重叠现象，使得某些标注文字不能正确显示。

08 选择标注，激活标注文字下方的夹点，按住鼠标左键不放，移动光标，调整文字的位置，效果如图 9.22 所示。

图9.21 修改参数

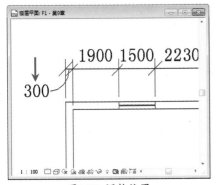

图9.22 调整位置

默认情况下，假如标注文字距离尺寸线超过一定的距离，软件就会绘制引线，连接数字与尺寸线。

09 选择标注，在"属性"选项板中选择"引线"选项，如图9.23所示。在移动文字的位置时，即绘制引线。取消选择选项，则不会绘制引线。

图9.23 选择选项

10 激活文字下方的夹点，调整文字的位置，方便对尺寸标注的识读，效果如图9.24所示。

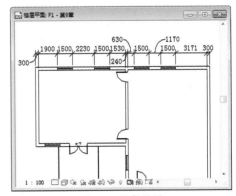

图9.24 调整结果

11 重复操作，继续创建并编辑尺寸标注，效果如图9.25所示。

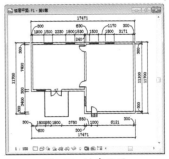

图9.25 创建效果

9.1.2 创建半径/直径标注

通过创建半径/直径尺寸标注，可以测量内部曲线或圆角的半径/直径。

本节介绍创建方法。

1. 创建半径标注

单击"尺寸标注"面板上的"半径"按钮，如图9.26所示，激活命令。

图9.26 单击按钮

进入"修改|放置尺寸标注"选项卡，在选项栏中选择"参照"方式为"参照墙面"。

将光标置于内墙线之上，高亮显示墙线，如图9.27所示。单击鼠标左键，拾取墙线。

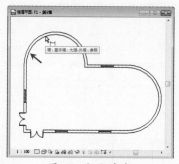

图9.27 拾取墙线

在拾取参照线时，按住 Tab 键，可以在墙面与墙中心线之间切换。

在合适的位置单击鼠标左键，创建半径标注的效果如图9.28所示。

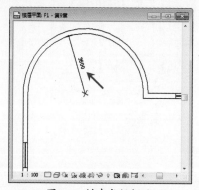

图9.28 创建半径标注

以默认的样式显示的半径标注，有时候会因为记号样式或文字大小等原因，不符合项目文件的使用要求。

此时可选择半径标注，打开"类型属性"对话框，修改"记号"样式及"文字大小"参数，如图9.29所示。

图9.29 设置参数

单击"确定"按钮，返回视图，查看修改结果，如图9.30所示。

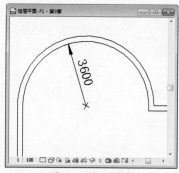

图9.30 修改样式

2. 创建直径标注

创建直径标注的方法与创建半径标注的方法相同。

但是直径标注的显示样式与半径标注不同。在直径标注中，尺寸线的两端都显示记号，并且在标注数字的前面显示直径符号，效果如图9.31所示。

图9.31 标注样式

9.1.3 创建弧长标注

激活"弧长标注"命令，可以创建一个尺寸标注，用于测量弯曲墙体或其他图元的长度。

单击"尺寸标注"面板上的"弧长"按钮，激活命令，进入选项卡。在选项栏中选择"参照方式"为"参照墙面"。

将光标置于需要测量长度的弧之上，此时弧高亮显示，如图9.32所示。

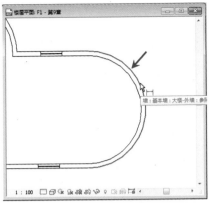

图9.32 拾取弧线

单击鼠标左键,选中弧线。移动光标,拾取与弧线相交的参照墙线,如图9.33所示。

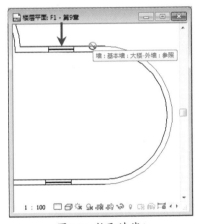

图9.33 拾取墙线1

继续拾取另一段与弧线相交的墙线,如图9.34所示。

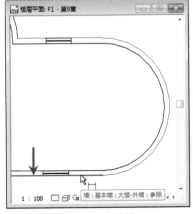

图9.34 拾取墙线2

移动光标,同时预览弧长标注的效果,如图9.35所示。

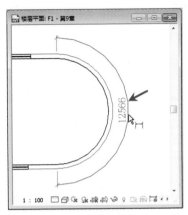

图9.35 预览弧长标注

在空白位置单击鼠标左键,结束创建弧长标注的操作。继续拾取弧线及与之相交的参照,标注弧长的效果如图9.36所示。

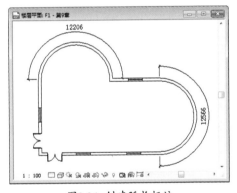

图9.36 创建弧长标注

练习9-2 创建高程点标注

素材文件: 素材\第7章\练习7-3为办公楼添加坡道.rvt
效果文件: 素材\第9章\练习9-2创建高程点标注.rvt
视频文件: 视频\第9章\练习9-2创建高程点标注.mp4

1. 创建高程点标注

激活"高程点标注"命令,可以标注选定点的高程。本节以办公楼立面图为例,通过创建高程点标注,可以了解指定构件的高程。

01 打开"练习7-3为办公楼添加坡道.rvt"文件。

02 切换至立面视图,滚动鼠标滚轮,放大视图,效果如图9.37所示。

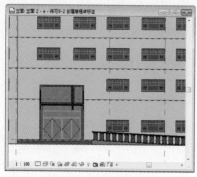

图9.37 立面视图效果

在项目浏览器中双击立面视图名称，可切换至立面视图。

03 单击"尺寸标注"面板上的"高程点"按钮，如图9.38所示，激活命令。

图9.38 单击按钮

04 进入选项卡，在选项栏中依次选择"引线"复选框与"水平段"复选框，如图9.39所示，为即将创建的高程点标注添加引线与水平段。

图9.39 选择选项

05 将光标置于立面视图中，指定测量点，此时可以预览该点的高程值，如图9.40所示。

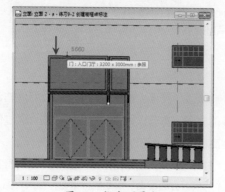

图9.40 指定测量点

06 在测量点上单击鼠标左键，移动光标，指定引线段的端点；接着向右移动光标，指定水平段的端点。绘制高程点标注的效果如图9.41所示。

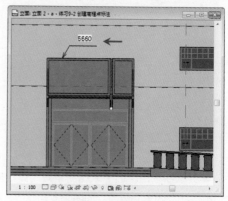

图9.41 创建高程点标注

2. 修改样式参数

高程点标注以项目文件默认的样式显示，如果不满意默认样式，可以通过修改参数来调整标注的显示样式。

01 选择高程点标注，单击"属性"选项板中的"编辑类型"按钮，如图9.42所示，打开"类型属性"对话框。

图9.42 单击按钮

选择或取消选择"属性"选项板中的"引线"和"引线水平段"选项，可以控制引线、水平段在高程点标注中的显示或隐藏。

02 在对话框中单击"引线箭头"选项，更改其样式，同时修改"引线线宽"和"引线箭头线宽"参数。

03 在"文字"选项组中选择"粗体"和"斜体"选项，更改字体的显示样式。接着修改"文字大小"选项值为3，如图9.43所示。

图9.43 修改参数

04 单击"确定"按钮，关闭对话框。返回视图，查看修改参数后高程点标注的显示效果，如图9.44 所示。

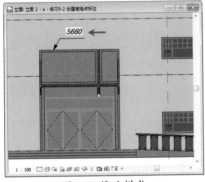

图9.44 修改样式

05 重复启用"高程点标注"命令，继续标注其他点的高程，效果如图 9.45 所示。

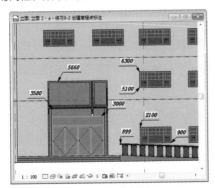

图9.45 标注效果

提示

修改高程点标注的样式后，再次创建的高程点标注会按照已设置的样式来显示。如果新建一个"高程点标注"类型，则可重新定义标注样式。

9.1.4 创建高程点坐标

在项目中创建高程点坐标标注，可以注明指定点的位置，如"北/南"或"东/西"的坐标。

在"尺寸标注"面板上单击"高程点坐标"按钮，激活命令。

进入选项卡，在选项栏中选择"引线"和"水平段"选项。将光标置于测量点之上，预览坐标标注，如图9.46所示。

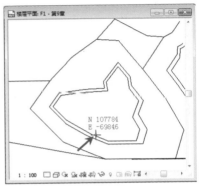

图9.46 预览坐标标注

移动光标，指定引线与水平段的端点，绘制坐标标注的效果如图9.47所示。

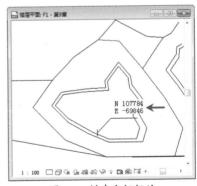

图9.47 创建坐标标注

选择坐标标注，单击"属性"选项板中的"编辑类型"按钮，弹出"类型属性"对话框。

在对话框中修改参数，可以更改坐标标注的显示样式。

知识链接

关于修改尺寸标注样式的方法，可以参考 9.1.1 节的内容。

9.1.5 创建高程点坡度

启用"高程点坡度"命令，可以在模型面上放置坡度标注。

单击"尺寸标注"面板中的"高程点坡度"按钮，如图9.48所示，激活命令。

图9.48 单击按钮

将光标置于坡道之上，指定测量点，此时可以预览坡度标注的效果，如图9.49所示。

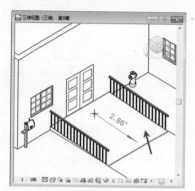

图9.49 预览坡度标注

在合适的位置单击鼠标左键，创建高程点坡度标注的结果如图9.50所示。

提示

启用"高程点坡度"命令，可以在平面视图、立面视图及剖面视图中创建坡度标注。

图9.50 创建坡度标注

在指定测量点时，假如所指定的点未设置坡度值，则在光标处显示"[无坡度]"，如图9.51所示。

图9.51 显示"[无坡度]"

为测量点设置坡度值后，重新执行"高程点坡度"命令，就可以为测量点创建坡度标注。

9.2 文字标注

通过添加文字标注，可以注明图元的信息。在Revit中可以创建两种样式的文字标注，利用Revit提供编辑工具，可以编辑已创建的文字标注。

本节介绍创建与编辑文字标注的方法。

9.2.1 放置文字注释

启用"文字"命令，可以在二维视图中添加注释文字。

选择"注释"选项卡，单击"文字"面

板上的"文字"按钮，如图9.52所示，激活命令。

图9.52 单击按钮

进入"修改|放置文字"选项卡，在"引线"面板中单击"无引线"按钮，如图9.53所示，表示不为注释文字添加任何引线。

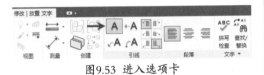

图9.53 进入选项卡

此时光标显示为"十"字样式，如图9.54所示。在合适的位置定位光标，指定输入文字标注的位置。

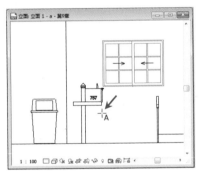

图9.54 定位光标

单击鼠标左键，进入如图9.55所示的选项卡。在"段落"面板中单击"列表：无"按钮，表示不为注释文字应用任何列表样式。

图9.55 单击按钮

在定位光标处显示在位文本框，输入注释文字，如图9.56所示。

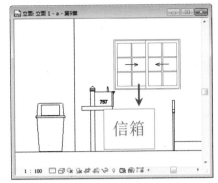

图9.56 输入文字

单击选项卡中的"关闭"按钮，结束输入文字的操作。按两次Esc键，退出命令。创建注释文字的效果如图9.57所示。

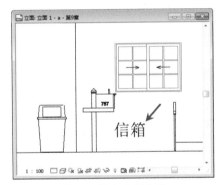

图9.57 添加注释文字

练习9-3 编辑文字注释

素材文件：素材\第9章\练习9-3编辑文字注释-素材.rvt
效果文件：素材\第9章\练习9-3编辑文字注释.rvt
视频文件：视频\第9章\练习9-3编辑文字注释.mp4

1. 添加引线

选择注释文字，可以在指定的方向添加引线。引线的类型有两种，一种是直引线，另一种是弧引线。

01 打开"练习9-3编辑文字注释-素材.rvt"文件。

02 选择注释文字，进入"修改|文字注释"选项卡。

03 单击"引线"面板上的"添加左直线引线"按

钮，如图9.58所示。

图9.58 单击按钮

04 查看注释文字，可见在文字的左侧添加了直引线，效果如图9.59所示。

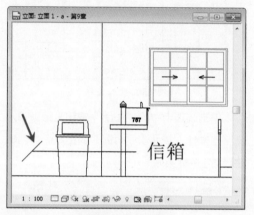

图9.59 添加引线

技巧

在"引线"面板中单击 A⁺，可添加右直引线；单击 ⁺A，可添加左弧引线；单击 A⁺，可添加右弧引线；单击 ⁺A，可删除最后一条引线。

2. 修改引线样式

选择已添加引线的注释文字，打开"类型属性"对话框。设置参数，可以修改引线的显示样式。

01 选择注释文字，单击"属性"选项板中的"编辑类型"按钮，如图9.60所示，打开"类型属性"对话框。

图9.60 单击按钮

技巧

选择"属性"选项板中的"弧引线"选项，可将"直引线"更改为"弧引线"。

02 在对话框中单击"引线箭头"选项，在弹出的列表中选择"15度实心箭头"选项❶，更改引线箭头的样式。

03 修改"文字大小"选项值为1.5，同时选择"粗体"和"斜体"选项❷，如图9.61所示，修改注释文字的大小与样式。

图9.61 修改参数

提示

选择"显示边框"选项，可以在文字的周围添加矩形边框。选择"下划线"选项，可以为文字添加下划线。

04 单击"确定"按钮，关闭对话框，修改引线箭头样式的效果如图9.62所示。

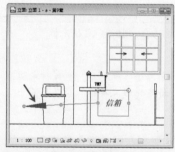

图9.62 添加引线

3. 调整引线箭头的大小与位置

修改引线箭头的样式后，发现箭头的尺寸过大，影响了注释效果。执行编辑操作，修改箭头尺寸即可。

01 选择"管理"选项卡，单击"设置"面板上的"其他设置"按钮。在弹出的列表中选择"箭头"选项，弹出"类型属性"对话框。

02 在对话框中的"类型"列表中选择"15度实心箭头"选项❶，修改"记号尺寸"选项值❷，如图 9.63 所示。

图9.63 "类型属性"对话框

03 单击"确定"按钮，返回视图，此时引线箭头的尺寸已符合使用要求，效果如图 9.64 所示。

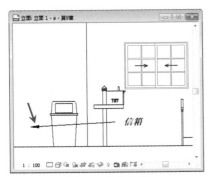

图9.64 修改结果

04 选择引线，激活箭头左侧的蓝色夹点❶。按住鼠标左键不放，拖曳鼠标❷，调整箭头的位置，如图 9.65 所示。

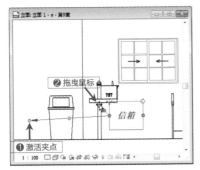

图9.65 激活夹点

05 在合适的位置松开左键，调整箭头位置的效果如图 9.66 所示。

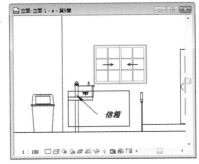

图9.66 调整箭头位置

4. 修改"引线/边界偏移量"

修改引线箭头的样式后，发现注释文字与引线相距甚远。通过修改参数，可以调整文字与引线的间距。

01 选择注释文字，打开"类型属性"对话框。修改"引线/边界偏移量"选项值，如图 9.67 所示。

图9.67 修改参数

02 单击"确定"按钮，返回视图，查看修改效果，如图 9.68 所示。

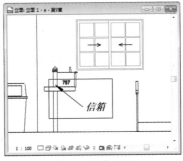

图9.68 调整间距

03 激活"文字"命令，继续放置注释文字，效果如图 9.69 所示。

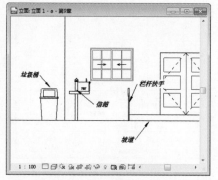

图9.69 放置注释文字的效果

9.2.2 查找/替换文字注释 重点

启用"查找/替换"工具，可以查找或替换指定范围内的注释文字。

选择"注释"选项卡，单击"文字"面板上的"查找/替换"按钮，如图9.70所示，激活命令。

图9.70 单击按钮

弹出"查找/替换"对话框，在"查找"文本框中输入注释文字❶，单击右侧的"查找全部"按钮❷，下方的列表中显示查找结果❸，如图9.71所示。

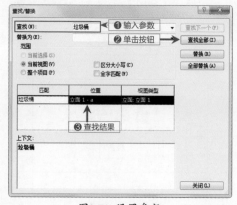

图9.71 设置参数

提示

选择"当前视图"选项，查找/替换范围限制在当前视图。选择"范围"选项组中的其他选项，可自定义查找条件。

在"替换为"选项中输入参数❶，如图9.72所示，单击"替换"按钮❷，执行"替换"操作。

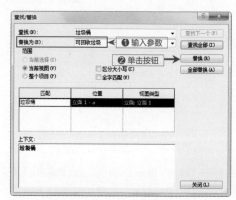

图9.72 输入文字

单击"关闭"按钮，返回视图，查看"查找/替换"的结果，如图9.73所示。

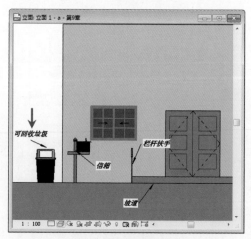

图9.73 替换注释文字

练习9-4 添加模型文字 难点

素材文件：素材\第9章\练习9-4 添加模型文字 – 素材 .rvt
效果文件：素材\第9章\练习9-4 添加模型文字 .rvt
视频文件：视频\第9章\练习9-4 添加模型文字 .mp4

1. 指定工作平面

模型文字要求放置在工作平面上。如果要在指定的模型面上放置模型文字，首先应将该模型面指定为当前的工作平面。

01 打开"练习 9-4 添加模型文字 - 素材 .rvt"文件。

02 选择"建筑"选项卡，单击"工作平面"面板上的"设置"按钮，如图 9.74 所示。

图9.74 单击按钮

03 弹出"工作平面"对话框，在"指定新的工作平面"选项组下选择"拾取一个平面"选项，如图 9.75 所示。

图9.75 选择选项

04 单击"确定"按钮，关闭对话框。将光标置于外墙面之上，高亮显示墙体边界线，如图9.76所示。

图9.76 拾取工作平面

05 在外墙面上单击鼠标左键，指定墙面为当前工作平面。

06 弹出"工作平面"对话框，"名称"选项中显示当前工作平面的名称，如图9.77所示。

图9.77 显示工作平面名称

2. 放置模型文字

用户可以自定义模型文字的内容，并将文字放置到指定的工作平面上。

01 单击"模型"面板中的"模型文字"按钮，如图 9.78 所示，激活命令。

图9.78 单击按钮

技巧

按 MTX 快捷键也可以激活"模型文字"命令。

02 弹出"编辑文字"对话框，输入文字内容，如图 9.79 所示。

图9.79 "编辑文字"对话框

在"编辑文字"对话框中按 Enter 键，可以换行输入文字。

03 单击"确定"按钮，关闭对话框。将光标置于墙面上，预览放置模型文字的效果，如图9.80所示。

图9.80 预览放置效果

04 在合适的位置单击鼠标左键，放置模型文字的效果如图 9.81 所示。

图9.81 放置模型文字

3. 编辑模型文字

模型文字以默认的参数显示，当文字的样式不符合项目的要求时，就需要修改样式参数。

01 选择模型文字，单击"属性"选项板中的"编辑类型"按钮，如图 9.82 所示，打开"类型属性"对话框。

图9.82 单击按钮

02 在对话框中修改"文字大小"选项值，如图 9.83 所示。

图9.83 修改参数

修改"文字大小"选项值后，单击对话框右下角的"应用"按钮，可以在视图中观察修改效果。假如效果不满意，可以继续在对话框中修改参数，直至满意为止。

03 单击"确定"按钮，关闭对话框。修改"属性"选项板中的"深度"选项值，如图 9.84 所示。

图9.84 修改"深度"值

默认情况下，模型文字的"深度"值为150。

04 切换至立面视图，选择模型文字，将光标置于文字之上，显示移动符号。

05 按住鼠标左键不放，拖曳鼠标，调整模型文字的位置，效果如图 9.85 所示。

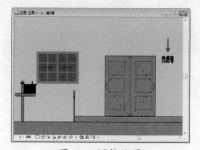
图9.85 调整位置

9.3 添加标记

为了方便用户理解项目中的各种图元，可以为图元添加标记。标记的类型有多种，如墙体标记、门窗标记等。

本节介绍添加标记的方法。

9.3.1 标记所有未标记的对象 重点

为项目中的图元创建标记时，为了防止遗漏某些图元，可以启用"标记所有未标记的对象"命令，保证为所有的图元都添加标记。

切换至"注释"选项卡，在"标记"面板上单击"全部标记"按钮，如图9.86所示。

图9.86 单击按钮

弹出"标记所有未标记的对象"对话框，"类别"列表中显示项目中所有的标记类型。

选择需要添加的标记❶，同时选择"引线"选项❷，为标记添加引线，如图9.87所示。

图9.87 选择标记

单击"确定"按钮，关闭对话框。软件自动为项目中的图元添加标记，效果如图9.88所示。

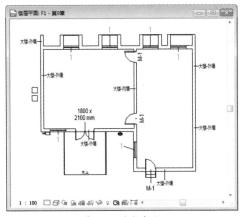

图9.88 添加标记

练习9-5 按类别添加标记 重点

素材文件：素材\第9章\练习9-5 按类别添加标记-素材.rvt
效果文件：素材\第9章\练习9-5 按类别添加标记.rvt
视频文件：视频\第9章\练习9-5 按类别添加标记.mp4

1. 载入标记族

在添加标记之前，需要先载入某种类型的标记族，如墙标记族、门窗标记族等。

01 打开"练习9-5 按类别添加标记-素材.rvt"文件。

02 选择"注释"选项卡，单击"标记"面板中的"按类别标记"按钮，如图9.89所示，激活命令。

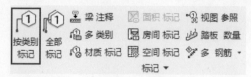

图9.89 单击按钮

技巧

按 TG 快捷键也可以激活"按类别标记"命令。

03 进入"修改 | 标记"选项卡，在选项栏中选择方向为"水平"，选择"引线"选项，设置引线样式为"附着端点"，如图 9.90 所示。

图9.90 选择选项

04 因为是要创建墙标记，所以将光标置于墙体之上，如图 9.91 所示。

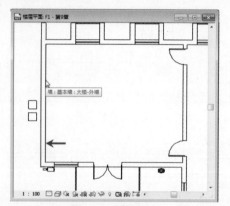

图9.91 选择墙体

05 在墙体上单击鼠标左键，弹出"未载入标记"对话框，提醒用户"没有为墙载入任何标记"，并询问"是否要立即载入一个标记"，如图 9.92 所示。

图9.92 单击按钮

06 单击"是"按钮，弹出"载入族"对话框。选择标记族，如图 9.93 所示。单击"打开"按钮，可将标记族载入到项目中。

图9.93 选择标记族

2. 修改标记

如果载入的标记不符合使用要求，可以重新载入符合要求的标记，也可以修改已载入的标记，使其变得可用。

01 载入标记后，重新在墙体上单击鼠标左键，添加标记的效果如图 9.94 所示。

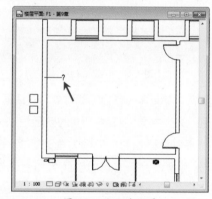

图9.94 显示为问号

提示

因为标记没有搜索到与墙体相关的信息，所以显示为问号。

02 选择标记，进入"修改 | 墙标记"选项卡。单击"编辑族"按钮，如图 9.95 所示，进入族编辑器。

图9.95 单击按钮

03 在族编辑器绘图区域中选择墙标记，如图 9.96 所示。

04 单击"属性"选项板中"标签"选项右侧的"编

辑"按钮，如图9.97所示，打开"编辑标签"
对话框。

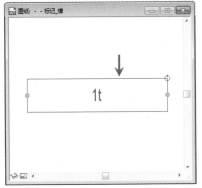

图9.96 选择标记

图9.97 单击按钮

05 在对话框中的"标签参数"列表中单击选择参
数❶，单击左侧的"从标签中删除参数"按
钮❷，如图9.98所示，删除选中的标签参数。

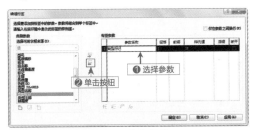

图9.98 删除参数

06 在"类别参数"列表中选择"类别名称"参

数❶，单击"将参数添加到标签"按钮❷，添加
参数至右侧的列表中，效果如图9.99所示。

07 单击"确定"按钮，关闭对话框，修改标签参
数的效果如图9.100所示。

图9.99 添加参数

图9.100 修改结果

3. 重新载入标记

修改标签参数后，还需要将标记从族编辑
器中载入到项目中。

01 单击"族编辑器"面板中的"载入到项目"按
钮，如图9.101所示。

图9.101 单击按钮

02 弹出"族已存在"对话框，选择"覆盖现有版
本及其参数值"选项，如图9.102所示。

图9.102 选择选项

03 此时项目中的墙标记自动更新，显示效果如图9.103 所示。

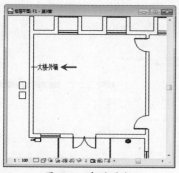

图9.103 自动更新

为什么添加的标记会显示为问号？

有时候在添加标记后，标记显示为一个问号，这是因为标记未搜索到图元的参数信息。

例如，在创建墙体标记时，标记的参数为"类型标记"，但是墙体的"类型标记"参数却为空白，如图9.104 所示，因此标记显示为问号。

解决方法有两个，一个是添加墙体的"类型标记"参数，另一个是修改标记参数的类型，就是本节介绍的操作方法。

图9.104 显示为空白

9.3.2 创建房间标记 （难点）

激活"房间标记"命令，可以标记选定的房间。在标记房间之前，用户需要先创建房间。

1. 创建房间标记

单击"标记"面板上的"房间标记"按

钮，如图9.105所示，激活命令。

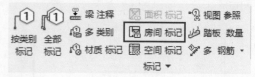

图9.105 单击按钮

技巧

按 RT 快捷键也可激活"房间标记"命令。

启用命令后，在绘图区域中高亮显示房间区域，如图9.106所示。

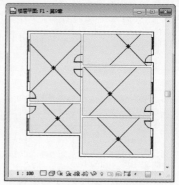

图9.106 高亮显示房间

提示

选择"建筑"选项卡，单击"房间和面积"面板中的"房间"按钮，可以创建以模型图元（如墙、楼板和天花板）和分隔线为界限的房间。

将光标置于某个房间内，此时可以预览房间标记的效果，如图9.107所示。

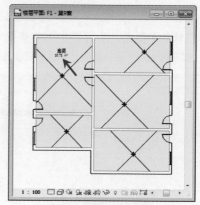

图9.107 预览创建效果

在房间内单击鼠标左键，可以创建房间标记。继续在其他房间内部单击鼠标左键，按Esc键退出命令，操作结果如图9.108所示。

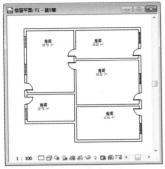

图9.108 创建房间标记

2. 编辑房间标记

选择房间标记，将光标置于房间名称上，单击鼠标左键，进入在位编辑模式。重新输入房间名称，如图9.109所示。

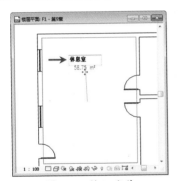

图9.109 输入名称

按Enter键，退出在位编辑模式，修改房间名称的效果如图9.110所示。

图9.110 修改名称

技巧

重新输入房间名称后，在空白处单击鼠标左键也可退出编辑模式。

选择房间标记，在"属性"选项板中可以更改标记的类型。选择"引线"选项，可以为标记添加引线。可以在"方向"选项中设置引线的方向。

单击"编辑类型"按钮，如图9.111所示，弹出"类型属性"对话框。

选择"房间名称"和"面积"选项，在添加房间标记时，可以同时显示名称与面积信息。

单击"引线箭头"选项，在列表中选择箭头样式，例如选择"实心三角形"选项，如图9.112所示。

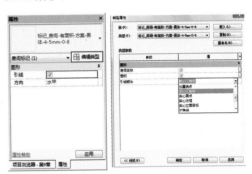

图9.111 单击按钮　　图9.112 选择箭头样式

单击"确定"按钮，关闭对话框。返回视图，查看为房间标记添加引线及引线箭头的效果，如图9.113所示。

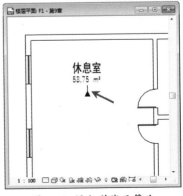

图9.113 添加引线及箭头

素材文件：素材\第6章\练习6-3为办公楼添加梯段.rvt
效果文件：素材\第9章\练习9-6标记踏板数量.rvt
视频文件：视频\第9章\练习9-6标记踏板数量.mp4

1. 隐藏栏杆

为了方便查看标记，可以隐藏楼梯栏杆。

01 打开"练习6-3为办公楼添加梯段.rvt"文件。

02 切换至剖面视图，选择栏杆，如图9.114所示。

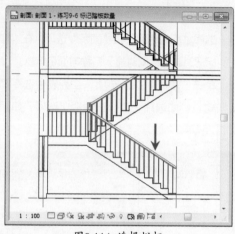

图9.114 选择栏杆

03 单击鼠标右键，在弹出的菜单中选择"在视图中隐藏"→"图元"命令，如图9.115所示。

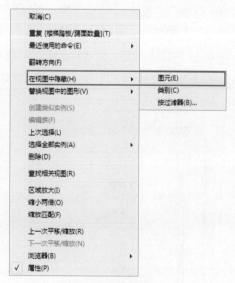

图9.115 选择选项

技巧

单击视图控制栏上的"显示隐藏的图元"按钮 💡，进入"显示隐藏的图元"模式。选择栏杆，在快捷菜单中选择"取消在视图中隐藏"→"图元"命令，可以恢复显示栏杆。

04 隐藏楼梯栏杆的效果如图9.116所示。

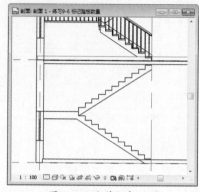

图9.116 隐藏栏杆效果

2. 标记踏板数量

创建踏板数量标记后，标记显示在踏板的上方。

01 在"标记"面板上单击"踏板数量"按钮，如图9.117所示，激活命令。

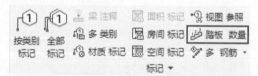

图9.117 单击按钮

02 将光标置于待标记的梯段上，如图9.118所示。

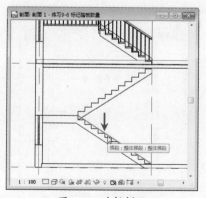

图9.118 选择梯段

03 在梯段上单击鼠标左键，创建踏板数量标记的效果如图 9.119 所示。

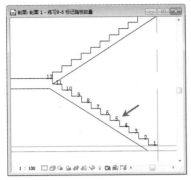

图9.119 标记踏板

04 单击另一梯段，添加标记的效果如图 9.120 所示。

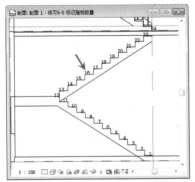

图9.120 添加标记

提示

为双跑楼梯添加踏板数量标记时，标记编号会自动连接，不需要手动设置。

3. 调整标记位置

查看创建完毕的标记，发现标记与踏板边界线相交，为了便于查看，可以调整标记的位置。

01 选择标记，在"属性"选项板中修改"相对于参照的偏移"选项值，如图 9.121 所示。

图9.121 修改参数

02 在视图中查看调整标记位置的效果，如图 9.122 所示。

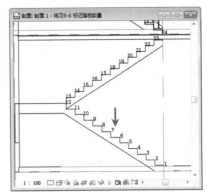

图9.122 调整位置

提示

标记的"参照"为"左"，设置"相对于参照的偏移"为正值，标记向右移动若干距离。

03 选择另一梯段上的踏板标记，该标记的"参照"方式为"右"，将"相对于参照的偏移"设置为负值，如图 9.123 所示。

图9.123 设置参数

04 移动标记位置的效果如图 9.124 所示，此时可以清晰地查看踏板数量标记。

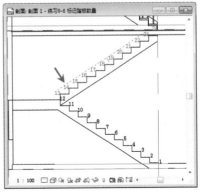

图9.124 调整效果

4. 标记的显示规则

踏板数量标记的显示规则有多种,如"全部""奇数""偶数"等。

选择标记,在"属性"选项板中单击"显示规则"选项,弹出的列表中显示规则名称,如图9.125所示。

图9.125 规则列表

在列表中选择"奇数"规则,标记更换显示样式,显示为奇数,效果如图9.126所示。

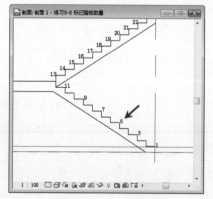

图9.126 显示为奇数

选择"偶数"规则,标记显示为偶数,效果如图9.127所示。

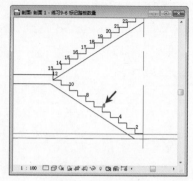

图9.127 显示为偶数

选择"起点和终点"规则,只在踏板的上方显示起点踏板的编号,以及终点踏板的编号,效果如图9.128所示。

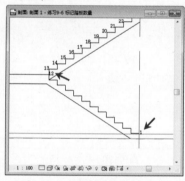

图9.128 显示起点与终点编号

默认情况下,踏板的起始编号为1。在选项栏中修改"起始编号"选项值,如图9.129所示,可以自定义起始编号。

修改 | 楼梯踏板/踢面数   起始编号: 1

图9.129 设置起始编号

9.4 知识小结

本章介绍了创建尺寸标注、文字注释及标记的方法。

Revit中的尺寸标注有多种类型,如对齐标注、半径/直径标注及弧长标注等,可满足标注不同类型图元的需要。在创建尺寸标注时,选择的参照线不同,尺寸界线的位置也不同。用户在查看尺寸标注时,要注意尺寸界线的位置。

文字注释有两种样式，分别是二维样式与三维样式。在创建二维样式的文字注释时，可以为文字添加引线与箭头，也可以在创建完毕后添加。

创建模型文字前，需要先定义工作平面，因为模型文字需要放置到指定的平面上。模型文字的默认深度值为150mm，有时候会显得过于笨重。用户可以修改深度值，使模型文字符合使用要求。

基本上每一类图元都有与其对应的标记，最常见的标记有墙体标记、门窗标记等。如果载入的标记族不符合使用要求，用户可以进入族编辑器修改族参数。参数修改完毕后，还需要再次将标记族载入项目。当用户再次添加标记时，标记的样式会自动更新。

9.5 拓展训练

本节安排了两个拓展练习，以帮助读者巩固本章所学知识。

训练9-1 在平面图中创建注释文字

素材文件：	素材\第8章\训练8-2 通过放置点创建地形表面.rvt
效果文件：	素材\第9章\训练9-1 在平面图中创建注释文字.rvt
视频文件：	视频\第9章\训练9-1 在平面图中创建注释文字.mp4

操作步骤提示如下。

01 打开"训练8-2 通过放置点创建地形表面.rvt"文件。

02 切换至平面视图，选择"注释"选项卡，单击"文字"面板上的"文字"按钮，激活命令。

03 在视图中单击鼠标左键，指定输入点。输入文字，在空白区域单击鼠标左键，退出命令。

04 选择注释文字，单击"属性"选项板中的"编辑类型"按钮，弹出"类型属性"对话框。

05 在对话框中修改参数，更改注释文字的显示样式。

06 按 Ctrl+S 快捷键，存储文件。

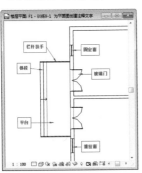

训练9-2 放置门窗标记

素材文件：	素材\第8章\训练8-2 通过放置点创建地形表面.rvt
效果文件：	素材\第9章\训练9-2 放置门窗标记.rvt
视频文件：	视频\第9章\训练9-2 放置门窗标记.mp4

操作步骤提示如下。

01 打开"训练8-2 通过放置点创建地形表面.rvt"文件。

02 选择"注释"选项卡，单击"标记"面板上的"按类别标记"按钮，激活命令。

03 将光标置于门图元之上，单击鼠标左键，放置门标记。

04 将光标置于窗图元之上，单击鼠标左键，放置窗标记。

05 按 Ctrl+S 快捷键，存储文件。

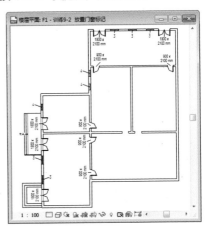

第 **10** 章

创建明细表

用户可以通过明细表了解指定构件的相关信息。明细表的类型有多种，如构件明细表、关键字明细表、材质提取明细表和注释块明细表等。明细表中显示的内容可以由用户自定义，在创建明细表的过程中，若检测不到构件的指定内容，则该项内容将在明细表中显示为空白。本章将介绍创建明细表的方法。

本章重点

创建墙明细表的方法 ┃ 创建门明细表的方法

创建其他类型明细表的方法 ┃ 编辑明细表的方法

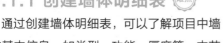

10.1 创建明细表

激活"明细表"命令后,可以根据需要创建某种类型的明细表。门窗明细表在建筑项目中非常重要,可以帮助用户了解门窗信息。

本节介绍创建门窗明细表的方法。

10.1.1 创建墙体明细表 （难点）

通过创建墙体明细表,可以了解项目中墙体的基本信息,如类型、功能、厚度等。本节介绍创建墙体明细表的方法。

选择"视图"选项卡,单击"创建"面板上的"明细表"按钮,弹出选项列表。

在列表中选择"明细表/数量"选项,如图10.1所示,激活命令。

图10.1 单击按钮

弹出"新建明细表"对话框,单击"过滤器列表",在列表中选择"建筑"选项❶。

"类别"列表中显示与"建筑"有关的类别。单击选择"墙"类别❷,右侧的"名称"文本框中显示明细表名称❸,如图10.2所示。

图10.2 "新建明细表"对话框

提示

在指定类别后,会自动在"名称"文本框中显示默认的明细表名称。

保持默认名称不变,单击"确定"按钮,进入"明细表属性"对话框。

默认停留在"字段"选项卡中,在"可用的字段"列表中选择字段,单击中间的"添加参数"按钮 ⯇ ,将字段添加到"明细表字段"列表中,如图10.3所示。

图10.3 添加字段

提示

在"字段"选项卡中所添加的字段,将会显示在明细表中。创建明细表后,也可以返回修改字段的类型。

选择"排序/成组"选项卡,单击"排序方式"选项,在列表中选择字段,例如选择"类型"字段,如图10.4所示,指定明细表的排序方式。

默认选择对话框左下角的"逐项列举每个实例"选项,这里保持选择。

图10.4 设置排序方式

切换至"外观"选项卡，在"网格线"选项中选择"细线"样式❶，选择"数据前的空行"选项❷，在数据行前添加空行。

在"文字"选项组中选择"显示标题"和"显示页眉"选项❸，如图10.5所示，其他选项保持默认值。

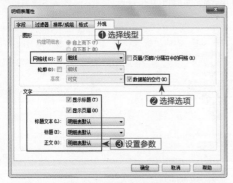

图10.5 设置外观样式

单击"确定"按钮，执行创建明细表的操作。创建完毕后，进入明细表视图，查看创建效果，如图10.6所示。

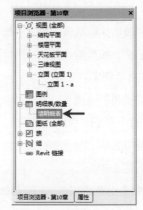

图10.6 明细表创建效果

因为在"排序/成组"选项卡中选择了"逐项列举每个实例"选项，所以在明细表中显示各实例的信息。

在项目浏览器中单击展开"明细表/数量"列表，其中显示新建的墙体明细表名称，如图10.7所示。

双击视图名称，可以进入明细表视图。

图10.7 显示明细表名称

练习10-1 创建门明细表 重点

素材文件：素材 \ 第 7 章 \ 练习 7-3 为办公楼添加坡道 .rvt
效果文件：素材 \ 第 10 章 \ 练习 10-1 创建门明细表 .rvt
视频文件：视频 \ 第 10 章 \ 练习 10-1 创建门明细表 .mp4

01 打开"练习 7-3 为办公楼添加坡道 .rvt"文件。

02 在"创建"面板上单击"明细表"按钮，在列表中选择"明细表 / 数量"选项。

03 弹出"新建明细表"对话框，在"类别"列表中选择"门"❶，修改"名称"为"办公楼 - 门明细表"❷，如图 10.8 所示。

04 在"新建明细表"对话框中单击"确定"按钮，进入"明细表属性"对话框。

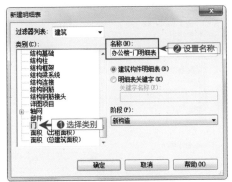

图10.8 设置明细表名称

05 在"可用的字段"列表中选择字段，例如"类型""宽度""高度""底高度"等字段；单击"添加参数"按钮，将字段添加到"明细表字段"列表中，效果如图10.9所示。

图10.9 添加字段

技巧

在"明细表字段"列表中，选择字段，单击列表下方的"上移参数"或"下移参数"按钮，可以调整字段的位置。

06 选择"排序/成组"选项卡，在"排序方式"列表中选择"类型"选项❶，取消选择"逐项列举每个实例"选项❷，如图10.10所示。

图10.10 设置排序方式

提示

取消选择"逐项列举每个实例"选项，则在明细表中合并显示参数相同的门。

07 选择"外观"选项卡，在"轮廓"列表中选择"中粗线"选项❶，取消选择"数据前的空行"选项❷。在"文字"选项组中，设置"标题"和"正文"的字体❸，如10.11所示。

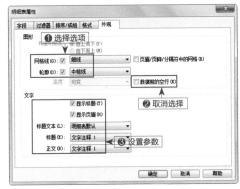

图10.11 设置外观

08 单击"确定"按钮，创建门明细表，效果如图10.12所示。

类型	宽度	高度	底高度	框架类型	合计
A	B	C	D	E	F
900 x 2100 mm	900	2100	0		10
1800 x 2100 mm	1800	2100	0		2
2000 x 2100mm	2000	2100	0		35
3200 x 3000mm	4000	3000			1

图10.12 门明细表

提示

因为没有搜索到门的"框架类型"信息，所以在明细表中，"框架类型"列显示为空白。

练习10-2 创建材质提取明细表

素材文件：素材\第10章\练习10-1创建门明细表.rvt

效果文件：素材\第10章\练习10-2创建材质提取明细表.rvt

视频文件：视频\第10章\练习10-2创建材质提取明细表.mp4

1. 创建明细表

创建材质提取明细表的方法与创建构件明

细表的方法相似，本节介绍操作过程。

01 打开"练习 10-1 创建门明细表 .rvt"文件。

02 在"创建"面板上单击"明细表"按钮，在弹出的列表中选择"材质提取"选项，如图 10.13 所示，激活命令。

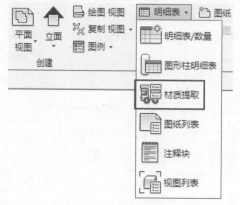

图10.13 选择选项

03 弹出"新建材质提取"对话框，在"类别"列表中选择"墙"❶，修改"名称"文本框中的参数❷，如图 10.14 所示。

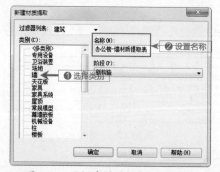

图10.14 "新建材质提取"对话框

 提示

默认情况下，在"名称"文本框中将明细表名称设置为"墙材质提取"。

04 单击"确定"按钮，弹出"材质提取属性"对话框。

05 定位在"字段"选项卡中，在"可用的字段"列表中选择字段，例如"类型""功能"等。单击中间的"添加参数"按钮，添加字段至"明细表字段"列表中，如图 10.15 所示。

图10.15 选择字段

06 切换至"排序 / 成组"选项卡，单击"排序方式"选项，在列表中选择"类型"❶。取消选择"逐项列举每个实例"选项❷，如图 10.16 所示。

图10.16 设置排序方式

07 选择"格式"选项卡，在"字段"列表中选择字段，修改"对齐"样式为"中心线"，如图 10.17 所示。

08 依次选择其他字段，将其"对齐"方式设置为"中心线"。

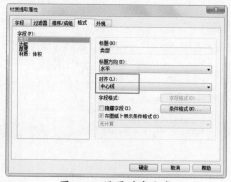

图10.17 设置对齐方式

提示

默认情况下，字段在明细表中的对齐方式为"左"。

09 选择"外观"选项卡，设置"轮廓"的线型为"宽线"❶，取消选择"数据前的空行"选项❷。设置"正文"字体为"文字注释 1"❸，如图 10.18 所示。

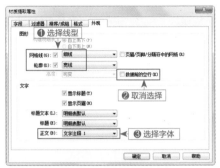

图10.18 设置外观

10 单击"确定"按钮，执行创建明细表的操作。在明细表视图中，查看墙材质提取表的创建结果，如图 10.19 所示。

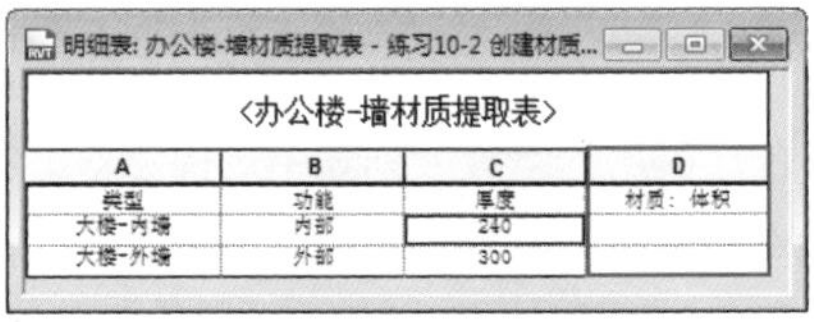

图10.19 墙材质提取表

2. 计算墙体体积

查看墙材质提取表，发现"材质：体积"列显示为空白，因为在生成明细表的过程中，没有自动计算墙体的体积。

01 在"属性"选项板中单击"格式"选项后的"编辑"按钮，如图 10.20 所示，打开"材质提取属性"对话框。

图10.20 单击按钮

02 自动定位到"格式"选项卡中，在"字段"列表中选择"材质：体积"字段❶。

03 在"在图纸上显示条件格式"选项下单击鼠标左键，在弹出的列表中选择"计算总数"❷，如图 10.21 所示。

图10.21 选择计算方式

提示

假如选择计算模式为"无计算"，则表示不计算墙体的体积，所以"材质：体积"列显示为空白。

04 单击"确定"按钮关闭对话框，在明细表中查看墙体体积的计算结果，如图 10.22 所示。

图10.22 计算体积

10.1.2 创建图纸列表 重点

创建图纸列表，可以列举图纸的相关信息，例如制图员、设计者等。另外，还可以将图纸列表作为施工图集的目录。

激活"明细表"命令，在列表中选择"图纸列表"选项，如图 10.23所示，执行创建操作。

图10.23 选择选项

在"图纸列表属性"对话框中选择可用的字段，添加至"明细表字段"列表中，如图10.24所示。

图10.24 添加字段

提示

激活"图纸列表"命令后，直接弹出"图纸列表属性"对话框。

在"排序/成组"选项卡、"格式"选项卡及"外观"选项卡中设置明细表的属性参数。

单击"确定"按钮，关闭对话框，创建图纸列表的效果图10.25所示。

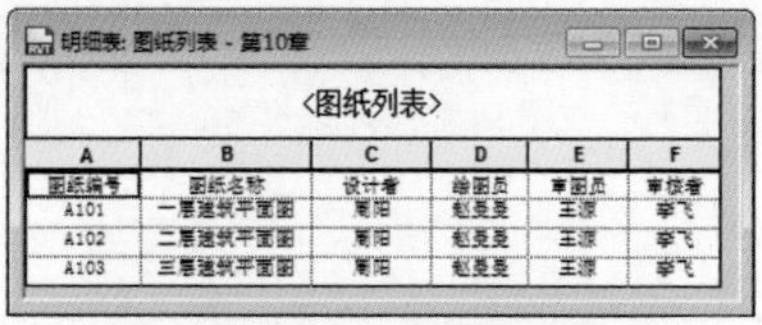

图10.25 图纸列表创建效果

10.1.3 创建注释块明细表 重点

假如想要了解项目中注释符号的信息，可以创建注释块明细表。

单击"创建"面板上的"明细表"按钮，在弹出的列表中选择"注释块"选项，如图10.26所示，激活命令。

图10.26 选择选项

弹出"新建注释块"对话框，在"族"列表中选择注释符号❶，并在"注释块名称"文本框中设置明细表的名称❷，如图10.27所示。

图10.27 "新建注释块"对话框

提示

在"族"列表中，显示当前项目所包含的注释块类型。选择其中一种，为其创建明细表。

在"新建注释块"对话框中单击"确定"按钮，进入"注释块属性"对话框。

在"可用的字段"列表中选择字段，将其添加至右侧的"明细表字段"列表中，效果如图10.28所示。

切换至"排序/成组"选项卡、"格式"选项卡及"外观"选项卡，设置选项参数，确定明细表的显示样式。

图10.28 添加字段

在"注释块属性"对话框中单击"确定"按钮，关闭对话框。

生成明细表后，自动切换至明细表视图。在视图中查看注释块列表的效果，如图10.29所示。

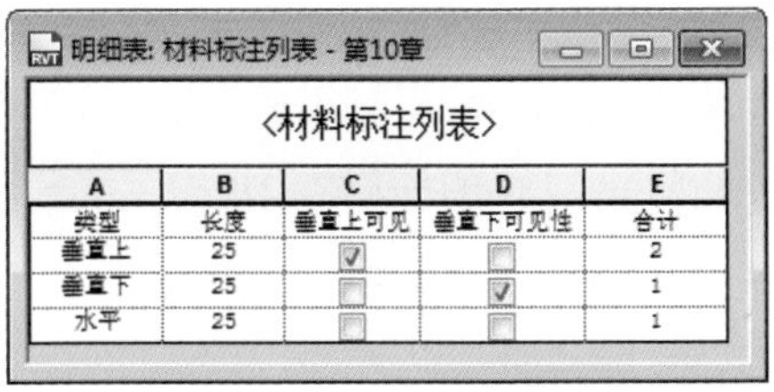

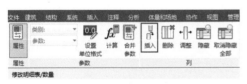

图10.29 创建注释块明细表

提示

假如想要了解项目中所有注释符号的信息，需要逐一为不同类型的符号创建明细表。

10.2 编辑明细表

在创建明细表之前，可以通过设置属性参数控制明细表的显示样式。创建明细表后，也可以通过执行编辑操作来更改明细表的显示效果。

本节介绍编辑明细表的方法。

10.2.1 编辑明细表的列/行 重点

明细表由行与列组成，修改行与列，可以影响明细表的显示样式。

1. 编辑列

在明细表视图中，激活“列”面板上的命令，可以添加或删除明细表中的列。

单击“列”面板上的“插入”按钮，如图10.30所示，可以打开“选择字段”对话框。可通过添加字段的方式，在明细表中插入列。

图10.30 单击按钮

技巧

明细表与常规的表格不同，执行“插入列”操作后，只有在“添加字段”的前提下，才可将新列插入表中。

或者选择列，单击鼠标右键，在弹出的菜单中选择“插入列”命令，如图10.31所示，也可打开“选择字段”对话框。

在墙明细表中添加一个名称为“合计”的字段，新增列的效果如图10.32所示。

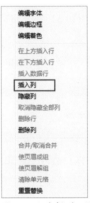

图10.31 选择选项

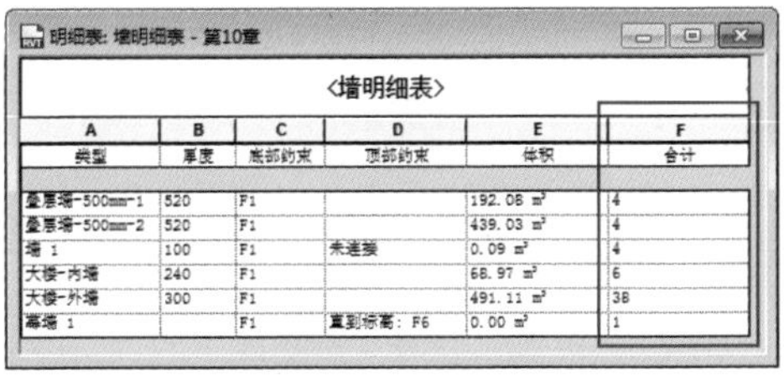

图10.32 插入列

提示

明细表中列的位置需要在“选择字段”对话框中调整。字段的位置即列的位置。

单击“列”面板上的“删除”按钮，可以直接删除列，不需要通过“添加字段”对话框。

选择“合计”列，单击“列”面板上的“调整”按钮，弹出“调整柱尺寸”对话框。

修改"尺寸"参数，如图10.33所示。

图10.33 修改参数

单击"确定"按钮，关闭对话框。在视图中查看修改"合计"列宽度的效果，如图10.34所示。

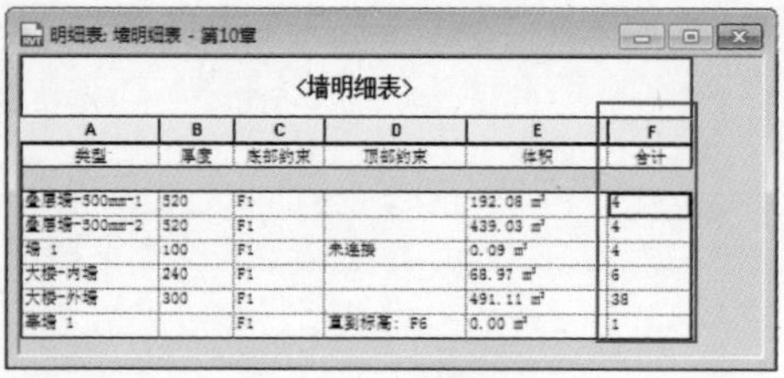

图10.34 调整列宽

默认情况下，列的宽度为25.4mm。

选择列，单击"列"面板中的"隐藏"按钮，可隐藏选中的列。

隐藏列后，激活"取消隐藏全部"按钮。单击该按钮，可以恢复所有已隐藏的列。

2. 编辑表行

单击"行"面板上的"插入"按钮，弹出选项列表，如图10.35所示。选择列表中的"在选定位置上方"选项，可在选定行的上方插入新行。

选择"在选定位置下方"选项，可在选定行的下方插入新行。

单击"删除"按钮，删除选中的行。激活"调整"按钮，调整行高。

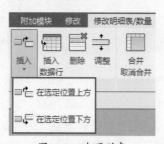

图10.35 选项列表

10.2.2 编辑明细表的标题和页眉 （难点）

明细表的标题与页眉以默认的样式显示，执行编辑操作，可使其呈现其他效果。

1. 合并 / 取消合并

将光标定位于标题栏中，标题栏处于可编辑状态，如图10.36所示。

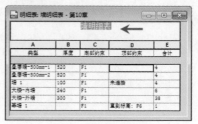

图10.36 定位光标

单击"标题和页眉"面板中的"合并/取消合并"按钮，如图10.37所示，启用工具。

图10.37 单击按钮

"合并 / 取消合并"工具，适用于标题栏。

标题栏处于合并状态，激活"合并/取消合并"工具后，分解为多个单元格，效果如图10.38所示。

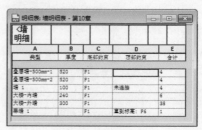

图10.38 取消合并

选择标题栏中的所有单元格，单击"合并 / 取消合并"按钮，可以合并所有单元格。

2. 成组 / 解组

选择两个相邻的单元格，例如选择"底部约束"单元格与"顶部约束"单元格，如图10.39所示。

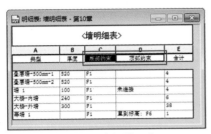

图10.39 选择单元格

激活"标题与页眉"面板中的"成组"按钮，如图10.40所示。单击按钮，启用工具。

图10.40 激活按钮

技巧

要选择列标题，应确保光标显示为箭头，而不是文字光标。

成组后的列标题上方显示一个新的标题行，如图10.41所示。

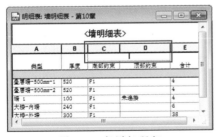

图10.41 新增标题行

将光标定位于新标题行中，可以在其中输入文字，效果如图10.42所示。

提示

将光标定位在新标题行中（例如"约束参数"），激活"标题和页眉"面板上的"解组"按钮。单击按钮，删除成组时新增的列标题。

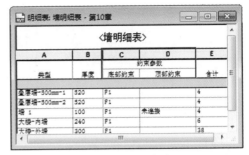

图10.42 输入文字

10.2.3 编辑明细表的外观

编辑明细表的外观参数，可以修改明细表的单元格背景、字体样式等。

1. 设置单元格背景

将光标置于标题栏单元格中，单击"外观"面板上的"着色"按钮，如图10.43所示，启用工具。

图10.43 单击按钮

弹出"颜色"对话框，在其中选择一种颜色，例如选择"蓝色"，如图10.44所示。

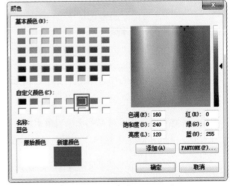

图10.44 "颜色"对话框

单击"确定"按钮，返回明细表视图。查看明细表，此时单元格的背景已被修改为蓝色，效果如图10.45所示。

图10.45 添加单元格背景

技巧

选择已添加背景颜色的单元格，重新打开"颜色"对话框。在其中选择"白色"，可以撤销已设置的背景颜色。

2. 修改字体属性

将光标定位在标题栏的单元格中，单击"外观"面板中的"字体"按钮，打开"编辑字体"对话框。

单击"字体"选项，在弹出的列表中选择字体样式❶。

修改"字体大小"参数。在"字体样式"列表中选择"粗体"和"斜体"❷，如图10.46所示。

图10.46 "编辑字体"对话框

提示

单击"字体颜色"下方的颜色色块，弹出"颜色"对话框。在对话框中选择颜色，可以修改文字的颜色。

单击"确定"按钮，关闭对话框。查看修改字体属性后的单元格，效果如图10.47所示。

其他单元格因为没有执行"修改字体属性"的操作，所以仍然显示为默认样式。

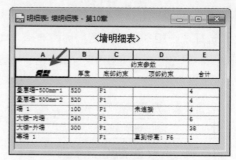

图10.47 修改字体属性

3. 其他编辑工具

单击"外观"面板中的"边界"按钮，弹出如图10.48所示的"编辑边框"对话框。

在"线样式"列表中选择样式，单击单元格边框按钮，应用所选线样式。

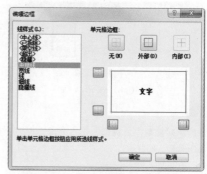

图10.48 "编辑边框"对话框

单击"列"面板上的"重置"按钮，删除与选定单元格关联的所有格式。

单击"对齐水平"按钮与"对齐垂直"按钮，弹出的列表中显示对齐方向，如图10.49所示。

在列表中选择对齐方式，可以修改选定单元格内文字的对齐方式。

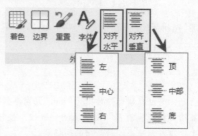

图10.49 弹出对齐方向列表

练习10-3 编辑门明细表

素材文件：素材\第 10 章\练习 10-1 创建门明细表 .rvt
效果文件：素材\第 10 章\练习 10-3 编辑门明细表 .rvt
视频文件：视频\第 10 章\练习 10-3 编辑门明细表 .mp4

1. 删除列

创建完毕明细表后，有时候会显示空白的列。因为没有搜索到与之相关的信息，所以显示为空白。

执行编辑操作，可将空白的列删除。

01 打开"练习 10-1 创建门明细表 .rvt"文件。

02 切换至明细表视图，将光标置于 E 列上，单击鼠标左键，选择列，如图 10.50 所示。

图10.50 选择列

03 单击鼠标右键，弹出快捷菜单，选择"删除列"命令，如图 10.51 所示。

04 返回视图，可见"框架类型"列已被删除，效果如图 10.52 所示。

图10.51 选择命令

图10.52 删除列的效果

技巧

在"属性"选项板中单击"字段"选项后的"编辑"按钮，弹出"明细表属性"对话框。移除"明细表字段"列表中的"框架类型"字段，也可删除明细表中的"框架类型"列。

2. 使页眉成组

可以将显示门尺寸参数的几个列合并成组，并为其设置一个新的标题名称。

01 同时选择"宽度""高度""底高度"列标题，如图 10.53 所示。

图10.53 选择列标题

02 单击"标题和页眉"面板上的"成组"按钮，将选中的列标题合并成组，并新增一个标题行。

03 将光标定位在新标题行中，输入文字，效果如图 10.54 所示。

图10.54 输入文字

提示

将光标定位于"宽度"列标题中，按住 Shift 键不放，在"底高度"列标题中单击鼠标左键，可以选择 3 个连续的列标题。

3. 修改字体属性

默认情况下，明细表中的字体样式为"宋体"，字体大小为2.5mm。修改字体属性参数使其呈现不同的效果。

01 将光标定位在列标题中，单击"外观"面板上的"字体"按钮，弹出"编辑字体"对话框。

02 "字体"列表中选择"黑体"样式，修改"字体大小"为 10mm ❶。在"字体样式"选项组下选择"粗体"和"斜体"选项❷，如图 10.55 所示。

图10.55 设置参数

03 单击"确定"按钮，返回视图。查看修改列题字体样式的效果，如图 10.56 所示。

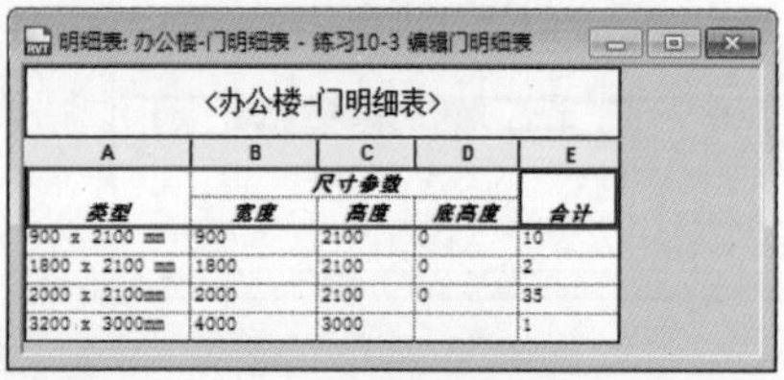

图10.56 修改结果

提示

可以一次性选择全部的列标题，统一在"编辑字体"对话框中修改样式参数。也可以逐个修改列标题的文字属性。

04 将光标定位在"＜办公楼－门明细表＞"单元格中，启用"字体"工具。

05 在"编辑字体"对话框中选择"字体"为"幼圆"，修改"字体大小"为4mm ❶。选择"字体样式"选项组下的"粗体""斜体"选项❷，如图 10.57 所示，修改字体的样式。

图10.57 "编辑字体"对话框

提示

不同的字体样式，其"字体大小"的值不同。例如"黑体"样式与"幼圆"样式的字体，即使"字体大小"值相同，字体的显示大小也是不同的。

06 单击"确定"按钮，关闭对话框。在视图中查看修改字体属性的效果，如图 10.58 所示。

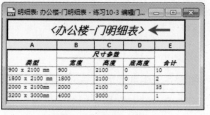

图10.58 修改结果

4. 修改对齐方式

默认情况下，明细表中文字的对齐方式为"左对齐"。修改对齐方式，改变文字的排列效果。

01 将光标定位在 A 列列标题中，单击"外观"面板上的"对齐垂直"按钮。

02 在弹出的列表中选择"中部"选项，如图 10.59 所示，选择列标题的对齐方式。

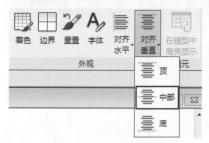

图10.59 选择对齐方式

提示

选择"对齐垂直"列表中的对齐方式，更改文字在垂直方向上的对齐方式。

03 查看 A 列列标题文字的对齐效果，此时其居中显示，如图 10.60 所示。

04 将光标定位在 E 列列标题中，将其"对齐垂直"方式设置为"中部"，更改对齐方式。

图10.60 修改对齐方式

10.3 知识小结

本章介绍了创建与编辑明细表的方法。

用户可以在Revit中创建各种类型的明细表，以满足实际工作需求。在建筑项目中，需要创建的明细表类型有构件明细表、材质明细表、图纸明细表等。用户应根据项目的实际情况，决定所创建的明细表的类型。

在创建明细表前，通过设置属性参数，可以使明细表按照指定的样式显示。对明细表执行编辑操作，同样可以修改明细表的显示样式。

10.4 拓展训练

本节安排了两个拓展练习，以帮助读者巩固本章所学知识。

训练10-1 创建窗明细表

素材文件：素材\第9章\训练9-2 放置门窗标记.rvt
效果文件：素材\第10章\训练10-1 创建窗明细表.rvt
视频文件：视频\第10章\训练10-1 创建窗明细表.mp4

操作步骤提示如下。

01 打开"训练9-2 放置门窗标记.rvt"文件。

02 选择"视图"选项卡，单击"创建"面板上的"明细表"按钮，在弹出的列表中选择"明细表/数量"选项。

03 弹出"新建明细表"对话框，在"类别"列表中选择"窗"选项。

04 单击"确定"按钮，打开"明细表属性"对话框。

05 在对话框中设置"字段""排序""格式""外观"等属性参数。

06 单击"确定"按钮，创建明细表。

07 按 Ctrl+S 快捷键，存储文件。

训练10-2 修改明细表显示样式

素材文件：素材\第10章\训练10-1 创建窗明细表.rvt
效果文件：素材\第10章\训练10-2 修改明细表显示样式.rvt
视频文件：视频\第10章\训练10-2 修改明细表显示样式.mp4

操作步骤提示如下。

01 打开"训练10-1 创建窗明细表.rvt"文件。

02 切换至明细表视图，在"属性"选项板中单击"格式"选项右侧的"编辑"按钮，弹出"明细表属性"对话框。

03 在"字段"列表中选择字段，单击"对齐"选项，在列表中选择"中心线"选项，指定字段的对齐方式。

04 将光标定位在标题栏中，单击"外观"面板上的"字体"按钮，弹出"编辑字体"对话框。

05 选择"字体"为"黑体"，修改"大小"为5mm，选择"斜体"选项。

06 单击"确定"按钮，关闭对话框，结束修改操作。

07 按 Ctrl+S 快捷键，存储文件。

第 **11** 章

族

Revit中的图元由各种族构成，Revit 2018提供
了少量的系统族，方便用户调用。在系统族不能
满足使用需求的情况下，就需要载入外部族。启
用族样板，进入族编辑器，在其中可以创建族与
编辑族。本章将介绍族的相关操作。

本章重点

族的基础知识 ┃ 建模工具的使用方法

创建注释族的方法 ┃ 创建模型族的方法

11.1 族简介

Revit中的族有两种类型，一种是系统族，由软件提供；另一种是外部族，需要用户自行创建。

2018版本以前的Revit应用程序会提供大量的系统族，但是2018版本的Revit中仅提供少部分的系统族。用户需要了解自定义族的知识，方便创建或编辑族。

11.1.1 系统族 （难点）

Revit应用程序安装完之后，系统族族库也被安装到计算机中。

启动软件后，激活相关的命令，就可以调用系统族。

例如激活"楼板"命令后，"属性"选项板中显示楼板类型，如图11.1所示。

"楼板1"是软件提供的系统族类型，用户只可调用，不可删除。

为了满足用户创建各种不同类型楼板的需求，系统族可以复制或重命名。

以系统族为基础，例如以"楼板1"为基础，执行"复制"操作，可以创建"楼板1"的副本。

执行"重命名"操作，又可更改副本名称。

有的命令包含多种不同类型的系统族。例如激活"屋顶"命令，在"属性"选项板中单击弹出类型列表，列表中显示各种类型的屋顶族，如图11.2所示。

有些命令没有默认的系统族类型，需要用户先载入族，才可使用命令创建图元。

例如激活"门"命令，会弹出如图11.3所示的提示对话框。询问用户"项目中未载入门族。是否要现在载入"。

只有载入门族，才可继续执行命令，放置门构件。

图11.3 提示对话框

11.1.2 外部族 （重点）

在上一小节中说到，激活"门"命令后会弹出提示对话框。

在对话框中单击"是"按钮，弹出"载入族"对话框。

在对话框中选择族❶，如图11.4所示，单击"打开"按钮❷，就可以将族载入到项目中。

图11.4 "载入族"对话框

载入族后，在"属性"选项板中单击弹出类型列表。列表中显示"双扇平开木门2"的不同类型，如图11.5所示。

图11.1 显示楼板类型

图11.2 显示屋顶类型

用户可以从网络上下载外部族，也可以在族编辑器中自定义族。

图11.5 显示族类型

11.1.3 族样板 _{重点}

Revit提供了各种族样板，用户选用某类族样板后，便可在此基础上自定义族模型。

单击选中"文件"选项卡，向下弹出选项列表。选择"新建"→"族"命令，如图11.6所示，执行"新建族"的操作。

图11.6 选择选项

弹出"新族-选择样板文件"对话框，默认显示英文格式的族样板，如图11.7所示。

图11.7 打开对话框

单击对话框右上角的"向上一级"按钮，进入上一级文件夹。文件夹中显示各种语言版本的族样板文件，单击选择"Chinese"文件夹，如图11.8所示。

图11.8 选择文件夹

在"Chinese"文件夹上双击鼠标左键，打开文件夹。其中显示中文名称的族样板，如图11.9所示。

图11.9 显示族样板

选择族样板，单击"打开"按钮，可以进入族编辑器，执行创建族的操作。

11.1.4 族编辑器

创建族、编辑族或查看族模型，都在族编辑器中进行。

选择族样板后，进入族编辑器。对于不同类型的族样板，族编辑器的显示样式会有不同。

例如选择"常规模型"族样板，进入族编辑器后，绘图区域的显示效果如图11.10所示。

图11.10 进入族编辑器

"属性"选项板的左上角显示族样板的类型。绘图区域中显示相交的参照平面，为用户在创建族的过程中提供参照。

族编辑中显示8个选项卡，选择选项卡，显示命令面板。

例如选择"创建"选项卡，其中显示"形状""模型"等命令面板。

"形状"面板是族编辑器中非常重要的命令面板，如图11.11所示。通过面板上的命令可以创建各种族模型。

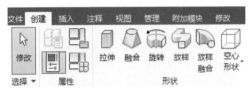

图11.11 "形状"面板

11.2 建模工具

选择"创建"选项卡，"形状"面板上显示多种建模工具按钮，如"拉伸""融合""旋转"等。

启用面板上的命令，执行建模操作，可创建各种样式的模型。

11.2.1 拉伸建模 (难点)

激活"拉伸"命令，在二维形状的基础上执行"拉伸"操作，可生成三维模型。

切换至"创建"选项卡，单击"形状"面板上的"拉伸"按钮，如图11.12所示，激活命令。

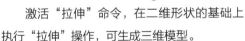

图11.12 激活命令

进入"修改|创建拉伸"选项卡，单击"绘制"面板中的"线"按钮，指定绘制轮廓线的方式。

在选项栏中，默认"深度"值为250，选择"链"复选框，如图11.13所示，可以绘制首尾相接的轮廓线。

图11.13 设置参数

在绘图区域中绘制轮廓线，效果如图11.14所示。在绘制的过程中，可以借助"修改"面板中的命令，例如"镜像""复制"等，辅助绘图。

图11.14 绘制轮廓线

单击"完成编辑模式"按钮，退出绘制。然后切换至三维视图，查看生成模型的效果，如图11.15所示。

图11.15 三维效果

练习11-1 融合建模 （难点）

素材文件：无
效果文件：素材 \ 第 11 章 \ 练习 11-1 融合建模 .rfa
视频文件：视频 \ 第 11 章 \ 练习 11-1 融合建模 .mp4

1. 调用族样板

Revit提供了多种族样板，用户可根据所创建的族类型来选用。本节选用"公制常规模型.rft"族样板。

01 新建空白文件。选择"文件"选项卡，在弹出的列表中选择"新建"→"族"选项，打开"新族－选择样板文件"对话框。

02 在对话框中选择名称为"公制常规模型"的族样板，如图 11.16 所示。

03 单击"打开"按钮，打开样板文件，并进入族编辑器。

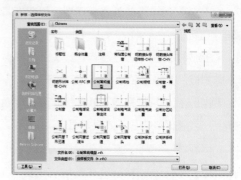

图11.16 选择样板文件

2. 绘制轮廓线

选择"融合建模"方式来创建模型，需要依次编辑底部边界线与顶部边界线。

01 选择"创建"选项卡，在"形状"面板上单击"融合"按钮，激活命令。

02 在"修改 | 创建融合底部边界"选项卡中选择"绘制"方式为"圆形"，如图 11.17 所示

图11.17 选择绘制方式

03 以参照平面的交点为圆心，绘制半径为900mm 的圆形，效果如图 11.18 所示。

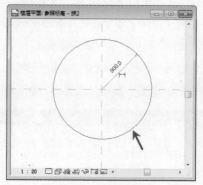

图11.18 绘制圆形

04 在面板上单击"编辑顶部"按钮，进入绘制顶部边界线模式。

05 在"绘制"面板中单击"内接多边形"按钮，并设置"边"数为6，如图11.19所示。

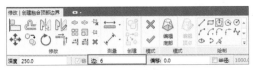

图11.19 设置参数

提示

在"边"选项中输入参数，可以自定义多边形的边数。

06 以参照平面的交点为圆心，绘制如图11.20所示的多边形。

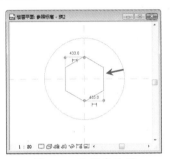

图11.20 绘制多边形

07 单击"完成编辑模式"按钮，退出命令，融合建模的效果如图11.21所示。

图11.21 创建效果

3. 修改"深度"值

模型的默认"深度"值为250mm，用户可在创建之前设置"深度"值，也可在创建完成后修改"深度"值。

01 切换至三维视图，查看"融合"建模的效果，如图11.22所示。

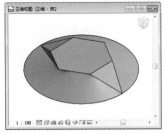

图11.22 三维效果

02 选择模型，在"属性"选项板中修改"第二端点"选项值，如图11.23所示。

图11.23 修改参数

提示

修改"第二端点"选项值，表示模型的顶面向上移动若干距离。

03 在视图中查看修改参数后模型的显示效果，如图11.24所示。

图11.24 修改结果

练习11-2 旋转建模 重点

素材文件：无	
效果文件：素材 \ 第 11 章 \ 练习 11-2 旋转建模 .rfa	
视频文件：视频 \ 第 11 章 \ 练习 11-2 旋转建模 .mp4	

1. 绘制边界线

激活"旋转"建模命令，可以在闭合边界线的基础上执行旋转操作，生成三维模型。

01 新建空白文件。选择"文件"选项卡，在弹出的列表中选择"新建"→"族"选项，打开"新族－选择样板文件"对话框，在对话框中选择名称为"公制常规模型"的族样板。

02 单击"打开"按钮，打开样板文件，并进入族编辑器。

03 在"形状"面板上单击"旋转"按钮，如图11.25所示，激活命令。

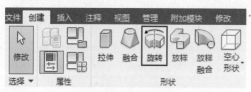

图11.25 单击按钮

04 进入"修改 | 创建旋转"选项卡，在"绘制"面板中单击"起点－终点－半径弧"按钮，如图11.26所示，指定绘制方式。

图11.26 选择绘制方式

05 在垂直参照平面上单击圆弧的起点与终点，向左移动光标，指定圆弧的半径，绘制圆弧边界线的效果如图11.27所示。

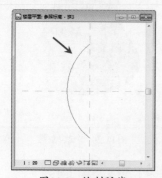

图11.27 绘制弧线

06 在"绘制"面板上单击"线"按钮，更改绘制方式。绘制水平线段与圆弧的端点相接，效果如

图11.28所示。

07 选用"起点－终点－半径弧"绘制方式，绘制圆弧，闭合边界线，效果如图11.29所示。

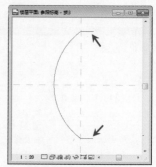

图11.28 绘制直线

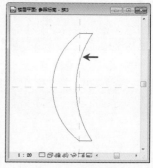

图11.29 绘制圆弧

2. 绘制旋转轴线

在"旋转"建模过程中，需要用户自定义旋转轴线的位置。软件会围绕旋转轴线执行放样建模操作。

01 在"绘制"面板上单击"轴线"按钮，选择"线"绘制方式❶。在边界线的右侧绘制垂直轴线❷，效果如图11.30所示。

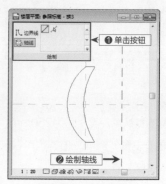

图11.30 绘制轴线

在不同的位置上创建旋转轴线，可以得到样式不同的模型。

02 单击"完成编辑模式"按钮，退出命令，旋转建模的效果如图 11.31 所示。

图11.31 旋转建模的效果

03 切换至三维视图，在其中查看模型的效果，如图 11.32 所示。

图11.32 三维效果

3. 自定义旋转角度

默认情况下，模型的"起始角度"为0°、"结束角度"为360°。修改角度值，可以使模型呈现不同的效果。

01 选择模型，在"属性"选项板中修改"结束角度"值，如图 11.33 所示。

图11.33 修改参数

02 在视图中查看模型的显示样式，如图 11.34 所示。

图11.34 修改角度的效果

03 恢复"结束角度"的默认值，可以使模型显示原始状态。

修改"起始角度"或"结束角度"为负值，同样可以改变模型的显示样式。

11.2.2 放样建模 难点

激活"放样"建模命令，通过指定放样路径及轮廓线样式，可以沿着路径执行放样操作，生成三维模型。

在"形状"面板上单击"放样"按钮，激活命令。进入"修改|放样"选项卡，单击"放样"面板上的"绘制路径"按钮，如图11.35所示。

图11.35 单击按钮

进入绘制路径的模式，在"绘制"面板上单击"样条曲线"按钮，如图11.36所示，指定绘制路径的方式。

图11.36 选择绘制方式

在绘图区域中指定点，创建样条曲线，效果如图11.37所示。

图11.37 绘制路径

单击"完成编辑模式"按钮，返回"修改|放样"选项卡。单击"放样"面板上的"编辑轮廓"按钮，如图11.38所示，进入"绘制轮廓"的模式。

图11.38 单击按钮

技巧

在开始绘制轮廓之前，先切换至三维视图。切换视图后，不会退出命令，仍然停留在创建状态中。

在"绘制"面板中单击"圆形"按钮，如图11.39所示，指定绘制轮廓线的方式。

图11.39 选择绘制方式

以参照平面的交点为圆心，绘制圆形轮廓线，如图11.40所示。

单击"完成编辑模式"按钮，返回"修改|放样"选项卡。

再次单击"完成编辑模式"按钮，退出命令，建模效果如图11.41所示。

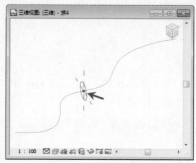

图11.40 绘制轮廓

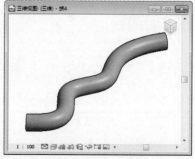

图11.41 放样建模效果

提示

绘制完轮廓线后，单击"完成编辑模式"按钮，只是退出绘制轮廓线的模式。只有在"修改|放样"选项卡中单击"完成编辑模式"按钮，才会退出"放样"建模命令。

练习11-3 放样融合建模

素材文件：无

效果文件：素材\第11章\练习11-3放样融合建模.rfa

视频文件：视频\第11章\练习11-3放样融合建模.mp4

1. 绘制路径

在执行"放样融合"建模之前，需要先绘制路径。

01 新建空白文件。选择"文件"选项卡，在弹出的列表中选择"新建"→"族"选项，打开"新族 – 选择样板文件"对话框，在对话框中选择名称为"公制常规模型"的族样板。

02 单击"打开"按钮，打开样板文件，并进入族编辑器。

03 单击"形状"面板上的"放样融合"按钮，如图11.42所示，激活命令。

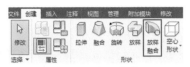

图11.42 激活命令

图11.46 单击按钮

04 进入"修改|放样融合"选项卡,在"放样融合"面板上单击"绘制路径"按钮,如图11.43所示,进入绘制路径的模式。

图11.43 单击按钮

05 单击"绘制"面板上的"线"按钮,如图11.44所示,指定绘制路径的方式。

图11.44 选择绘制方式

06 在绘图区域中单击鼠标左键,指定起点与终点,绘制路径,与垂直参照平面重合,如图11.45所示。

图11.45 绘制路径

技巧

路径不是一定要与垂直参照平面重合,也可以在绘图区域的其他位置绘制路径。

2. 绘制轮廓

选用"放样融合"命令来创建模型,需要创建两个轮廓线。软件将其命名为轮廓1与轮廓2。

01 绘制完路径后,单击"完成编辑模式"按钮,返回"修改|放样融合"选项卡。

02 单击"选择轮廓1"按钮❶,接着单击"编辑轮廓"按钮❷,如图11.46所示,进入绘制轮廓1的模式。

技巧

开始绘制轮廓1之前,先单击快速访问工具栏上的"默认三维视图"按钮,切换至三维视图。

03 在选项卡中单击"绘制"面板中的"外接多边形"按钮,指定绘制方式,设置"边"数为7,如图11.47所示。

图11.47 设置参数

04 以参照平面的交点为圆心,绘制多边形,效果如图11.48所示。

图11.48 绘制轮廓1

05 单击"完成编辑模式"按钮,返回"修改|放样融合"选项卡。

06 单击"选择轮廓2"按钮,接着单击"编辑轮廓"按钮,进入绘制轮廓2的模式。

07 在"绘制"面板中单击"椭圆"按钮,以参照平面的交点为椭圆的中心,绘制椭圆轮廓线,效果如图11.49所示。

图11.49 绘制轮廓2

08 单击"完成编辑模式"按钮，返回"修改|放样融合"选项卡。

09 在选项卡中单击"完成编辑模式"按钮，退出命令。放样融合建模的效果如图11.50所示。

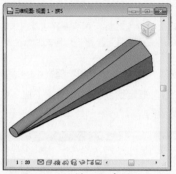

图11.50 放样融合建模效果

绘制路径为什么要切换至三维视图？

在执行"放样"建模或"放样融合"建模时，绘制完成路径后，在绘制轮廓时，软件会要求用户先切换至三维视图。

假如没有切换视图，会弹出如图11.51所示的对话框，提醒用户转换视图。

在三维视图中，草图与屏幕呈一定的角度，方便用户绘制轮廓线。而且可以实时预览绘制轮廓线的效果。

也可以在立面视图中绘制轮廓线。在立面视图中，草图与屏幕平行，方便确定轮廓线的尺寸。

图11.51 "转到视图"对话框

11.2.3 空心模型简介

Revit中的建模工具分为两种类型，一种是实心建模工具，另一种是空心建模工具。

使用实心建模工具可以创建实心模型，使用空心建模工具可以创建空心模型。

本节介绍创建空心模型的方法。

1. 创建空心模型

在"形状"面板上单击"空心形状"按钮，向下弹出样式列表。

在列表中显示空心建模命令，选择其中的一种，可以激活命令。

列表中选择"空心拉伸"选项，如图11.52所示，激活命令。

图11.52 选择选项

进入"修改|创建空心拉伸"选项卡，单击"绘制"面板上的"矩形"按钮，如图11.53所示，指定绘制方式。

图11.53 选择绘制方式

与创建实心模型相同，空心模型默认的"深度"值也是250mm。

在绘图区域中指定起点与对角点，绘制矩形边界线。单击"完成编辑模式"按钮，退出命令，效果如图11.54所示。

图11.54 绘制边界线

切换至三维视图，查看空心模型的三维效果，如图11.55所示。

图11.55 三维效果

2. 修改模型样式

实心模型与空心模型是可以相互转换的。选择空心模型，在"属性"选项板中单击"实心/空心"选项，在弹出的列表中选择"实心"，如图11.56所示。

图11.56 样式列表

在视图中查看转换效果，此时空心模型已被转换为实心模型，如图11.57所示。

选择实心模型，发现"属性"选项板中的参数选项比较多，但是这不影响更改模型样式的操作。

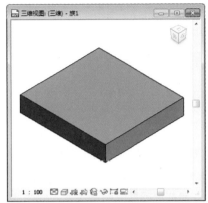

图11.57 转换为实心模型的效果

单击"标识数据"选项组下的"实心/空心"选项，在列表中选择"空心"选项，如图11.58所示，可以将实心模型转换为空心模型。

图11.58 选择选项

11.3 创建族

在族编辑器中可以创建各种类型的族，如注释族、模型族等。
本节介绍创建族的方法。

11.3.1 创建标记族

在Revit中可以添加各种类型的标记，如门窗标记、墙体标记等。

这些标记需要在族编辑器中创建，并且要选择指定的注释样板。

根据注释类型的不同，注释样板又可分为多种样式，如"公制常规标记.rft""公制窗标记.rft""公制视图标题.rft"等。

启用注释样板后，在族编辑器中执行创建族的操作。

创建完后，将标记族保存到计算机中。在创建项目时，可以随时调用。

练习11-4 创建房间标记族 （难点）

素材文件：无

效果文件：素材\第11章\练习11-4创建房间标记族.rfa

视频文件：视频\第11章\练习11-4创建房间标记族.mp4

为房间对象添加标记，可以注明该房间的信息，如房间名称、房间面积等。

在添加房间标记前，需要先创建房间标记族。

1. 调用族样板

创建房间标记，需要启用"公制房间标记.rft"族样板。

01 新建空白文件。选择"文件"选项卡，向下弹出列表。在列表中选择"新建"→"族"选项，打开"新族 - 选择样板文件"对话框。

02 在对话框中双击打开"注释"文件夹，选择名称为"公制房间标记.rft"族样板❶。

03 单击"打开"按钮❷，启用族样板，并进入族编辑器，如图11.59所示。

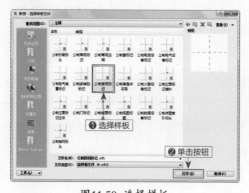

图11.59 选择样板

提示

在"新族 - 选择样板文件"对话框中，除了显示常规模型样板之外，还显示名称为"标题栏""概念体量""注释"的文件夹。

04 编辑器界面左侧的"属性"选项板中，显示样板类型❶。绘图区域中显示相交的参照平面❷，如图11.60所示。

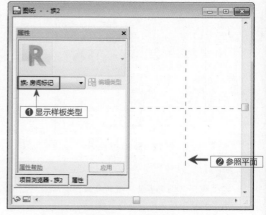

图11.60 族编辑器

2. 新建标签类型

创建标签，就可以自定义标签的内容，设置标记的显示文字。

默认的标签类型为"3mm"，用户可在此基础上执行"复制"操作，新建标签类型。

01 在"创建"选项卡中，单击"文字"面板上的"标签"按钮，如图11.61所示，激活命令。

图11.61 单击按钮

02 "属性"选项板中显示标签名称为"3mm"，单击"编辑类型"按钮，如图11.62所示，打开"类型属性"对话框。

03 单击对话框右侧的"复制"按钮，打开"名称"对话框。设置标签名称，如图11.63所示。

图11.62 单击按钮

图11.63 设置名称

04 单击"确定"按钮，返回"类型属性"对话框。

05 单击"颜色"选项中的色块按钮，弹出"颜色"对话框。选择"洋红色"，如图 11.64 所示，指定标签的颜色。

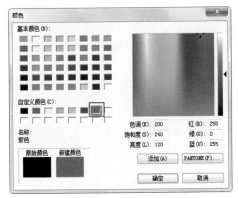

图11.64 选择颜色

06 单击"确定"按钮，关闭对话框。在"颜色"选项中显示修改颜色的结果❶。

07 选择"显示边框"选项❷，为标签添加边框。

08 单击"文字字体"选项，在列表中选择"仿宋"字体。修改"文字大小"为"5mm"，依次选择"粗体"和"斜体"选项❸，如图 11.65 所示，指定文字的显示样式。

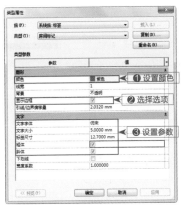

图11.65 设置参数

3. 创建标签

新建标签类型后，就可以创建标签，设置房间标记中所显示的内容。

01 在"格式"选项卡中默认选择"居中对齐"和"正中"按钮，如图 11.66 所示。保持默认的对齐方式不变。

图11.66 设置对齐方式

02 将光标置于参照平面的交点。

03 在交点处单击鼠标左键，如图 11.67 所示，打开"编辑标签"对话框。

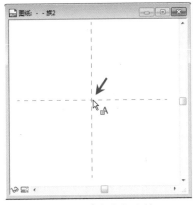

图11.67 单击鼠标左键

04 在"类别参数"列表中选择"名称"参数❶，单击中间的"将参数添加到标签"按钮❷，将参数添加至右侧的列表中❸，如图 11.68 所示。

图11.68 添加参数

技巧

在"标签参数"列表中选择参数,单击中间的"从标签中删除参数"按钮，可删除标签中的参数。

05 单击"确定"按钮,关闭对话框。在视图中查看添加参数的效果,如图 11.69 所示。

图11.69 添加参数的效果

06 激活"标签"命令,弹出"编辑标签"对话框。在"类别参数"列表中选择"面积"参数❶,单击"将参数添加到标签"按钮❷,将参数添加到右侧的列表中❸,如图 11.70 所示。

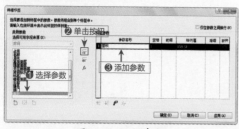
图11.70 添加参数

07 单击"确定"按钮,关闭对话框。添加"面积"参数至标签的效果如图 11.71 所示。

技巧

在标签中添加"名称"参数与"面积"参数,就可以在放置房间标记时,同时注明房间名称与房间面积。

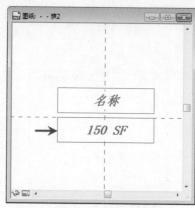
图11.71 添加效果

4. 载入到项目

在族编辑器中激活"载入到项目"命令,可以将标记族载入到指定的项目中。

01 单击"族编辑器"面板中的"载入到项目"按钮,如图 11.72 所示,即可标记族载入到项目中。

图11.72 单击按钮

02 在项目文件中,进入放置房间标记的状态,并且高亮显示房间对象。

03 将光标置于房间对象之上,预览房间名称及房间面积,如图 11.73 所示。

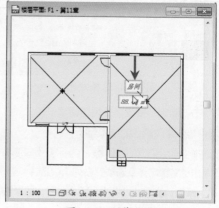
图11.73 预览效果

作。在弹出的"另存为"对话框中设置"文件名",如图11.76所示。单击"保存"按钮,可存储文件。

04 在合适的位置单击鼠标左键,放置房间标记的效果如图 11.74 所示。

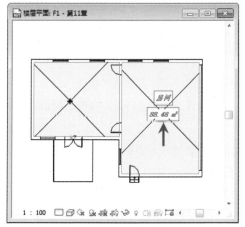

图11.74 添加房间标记

05 移动光标,在另一房间对象上指定位置,放置标记的效果如图 11.75 所示。

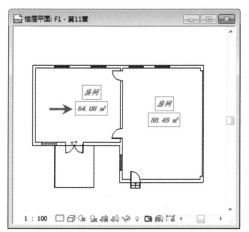

图11.75 放置标记

5. 保存文件

按Ctrl+S快捷键,执行保存文件的操

图11.76 设置名称

11.3.2 创建模型族

以建筑项目为例,属于模型族的有墙体、门窗及梯段等。

与创建注释族类似,在创建模型族时,也需要调用相应的族样板。

模型族样板类型多样,包括"公制窗.rft""公制门.rft""公制柱.rft"等。

启用相应的族样板,进入族编辑器,在其中创建模型族。

创建完后,激活"载入到项目"命令,可以将模型族载入打开的项目中。

执行"保存"操作,存储模型族,方便随时调用。

练习11-5 创建圆形柱 难点

素材文件:	无
效果文件:	素材\第11章\练习11-5 创建圆形柱 .rfa
视频文件:	视频\第11章\练习11-5 创建圆形柱 .mp4

在Revit中创建建筑柱或结构柱之前,需要先载入柱族。

柱族是模型族的一种,在族编辑器中创建。

1. 调用族样板

Revit提供了创建柱子模型的族样板,即"公制柱.rft"族样板。

01 启动 Revit 应用程序，在欢迎界面中单击"族"列表下的"新建"按钮，如图 11.77 所示，执行"新建族"操作。

图11.77 单击按钮

> **提示**
>
> 在欢迎界面中单击"文件"选项卡，在弹出的列表中选择"新建"→"族"选项，也可执行"新建族"操作。

02 弹出"新族 – 选择样板文件"对话框，选择"公制柱 .rft"样板❶。

03 单击"打开"按钮❷，进入族编辑器，如图 11.78 所示。

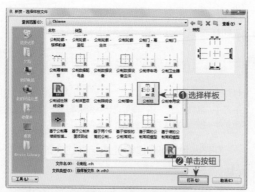

图11.78 选择样板

04 "属性"选项板中显示族样板的类型❶，绘图区域中显示垂直方向与水平方向上的参照平面，并显示尺寸标注❷，如图 11.79 所示。

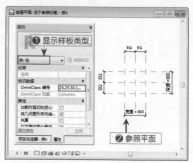

图11.79 进入族编辑器

2. 创建族

创建圆柱，需要激活"拉伸"命令。通过绘制闭合轮廓线和执行拉伸操作，可以创建柱模型。

01 选择"创建"选项卡，单击"形状"面板上的"拉伸"按钮，如图 11.80 所示，激活命令。

图11.80 单击按钮

02 进入"修改 | 创建拉伸"选项卡，单击"绘制"面板中的"圆形"按钮，如图 11.81 所示，选择绘制方式。

图11.81 选择绘制方式

03 以参照平面的交点为圆心，绘制半径为 300mm 的圆形，如图 11.82 所示。

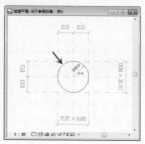

图11.82 绘制圆形

04 单击"完成编辑模式"按钮，退出命令，绘制圆形轮廓线的效果如图 11.83 所示。

图11.83 绘制效果

05 切换至三维视图，查看圆柱的三维效果，如图 11.84 所示。

图11.84 三维效果

3. 编辑族

激活圆柱的拉伸夹点，可以调整其高度。或者修改拉伸的顶部与底部附着点，使圆柱的高度作为可变参数。

01 选择圆柱，"属性"选项板中显示"拉伸终点"和"拉伸起点"的参数，如图 11.85 所示。修改参数，变更其高度。

02 选择项目浏览器，单击展开"立面（立面1）"列表。选择"前"视图，如图 11.86 所示。双击鼠标左键，切换至前视图。

图11.85 "属性"
选项板

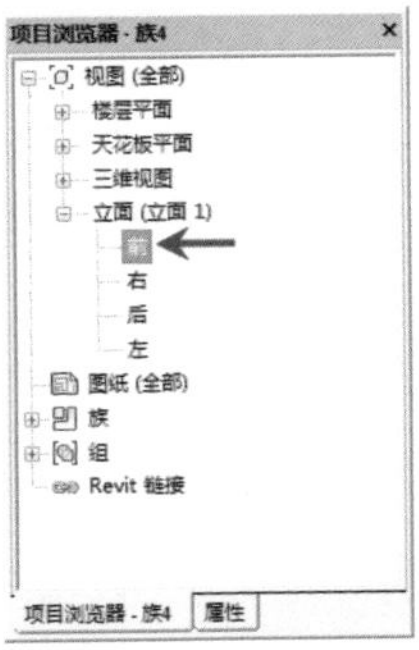

图11.86 选择视图

提示
启用"公制柱 .rft"样板后，默认进入"低于参照标高"平面视图。

03 在立面图中选择圆柱，将光标置于顶部夹点上，激活夹点，如图 11.87 所示。

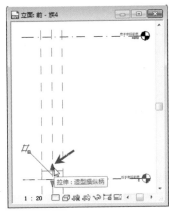

图11.87 激活夹点

04 在夹点上按住鼠标左键不放，向上拖曳鼠标。在"高于参照标高"线上松开鼠标左键，显示锁定标记，如图 11.88 所示。

05 单击锁定标记，锁定拉伸顶面与"高于参照标高"标高平面位置。此时锁定标记也显示为锁定的状态，如图 11.89 所示。

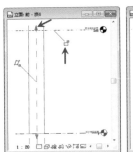

图11.88 移动夹点

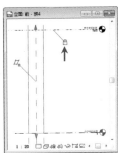

图11.89 锁定效果

提示
锁定拉伸顶面与"高于参照标高"标高平面位置，可以使圆柱的拉伸高度随着项目的需要而变化。

4. 保存族

单击快速访问工具栏上的"保存"按钮，打开"另存为"对话框。

在"文件名"文本框中设置族名称❶，单击"保存"按钮❷，如图11.90所示，保存文件。

图11.90 重命名文件并保存

5. 载入到项目

圆柱创建完后，可以将其载入打开的项目中。在视图中指定基点，即可放置圆柱。

01 在族编辑器中单击"载入到项目"按钮，如图11.91所示，激活命令。

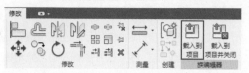

图11.91 单击"载入到项目"按钮

> **技巧**
>
> 在族编辑器中，选择任意一个选项卡都可调用"载入到项目"命令。

02 载入族后，可自动切换至项目文件。"属性"选项板中显示圆柱的信息，如图11.92所示。

图11.92 显示柱名称

03 将光标置于墙体之上，拾取放置点，同时可预览圆柱，如图11.93所示。

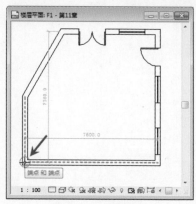

图11.93 拾取基点

04 在合适的位置单击鼠标左键，放置圆柱的效果如图11.94所示。

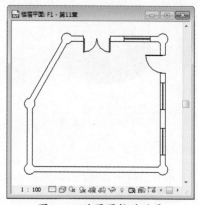

图11.94 放置圆柱的效果

05 切换至三维视图，查看圆柱的三维效果，如图11.95所示。

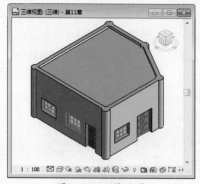

图11.95 三维效果

放置于外墙体上的圆柱，会自动继承外墙体的材质属性。选择圆柱，在"属性"选项板中可以修改标高参数，控制圆柱的高度。

11.4 知识小结

本章介绍了关于族的基本知识、建模工具的使用方法及创建族的操作步骤。

Revit中的族有两种类型，一种是系统族，另一种是外部族。调用族样板，在族编辑器中可以执行创建族的操作。在族编辑器中可以创建两种类型的族模型，一种是实心模型，另一种是空心模型。启用建模工具，如"拉伸""放样"等，可以创建各种样式的族模型。

本章介绍了创建注释族与模型族的方法。在标注房间对象时，需要放置房间标记。

建筑柱是建筑项目中重要的构件之一，本章介绍了创建圆柱的方法。首先调用"公制柱.rft"样板，接着在族编辑器中绘制轮廓线，执行拉伸操作，可以创建柱模型。将族载入项目，即可执行放置柱的操作。

11.5 拓展训练

本节安排了两个拓展练习，以帮助读者巩固本章所学知识。

训练11-1 创建楼板标记族

素材文件：无
效果文件：素材\第11章\训练11-1创建楼板标记族.rfa
视频文件：视频\第11章\训练11-1创建楼板标记族.mp4

操作步骤提示如下。

01 启动 Revit 2018 应用程序。

02 在欢迎界面中单击"族"选项组下的"新建"按钮，弹出"新族 – 选择样板文件"对话框。

03 在对话框中选择"公制常规标记.rft"样板文件。

04 单击"打开"按钮，进入族编辑器。

05 选择"创建"选项卡，单击"属性"面板上的"族类别和族参数"按钮。

06 弹出"族类别和族参数"对话框，在"族类别"列表中选择"楼板标记"选项。单击"确定"按钮，关闭对话框。

07 单击"文字"面板上的"标签"按钮，在参照平面的交点处单击鼠标左键，弹出"编辑标签"对话框。

08 在对话框中选择"类型名称"参数，并将其添加至标签。

09 单击"确定"按钮，返回视图。单击"载入到项目"按钮，执行"载入族"操作。

10 在项目文件中的楼板上单击鼠标左键，放置楼板标记。

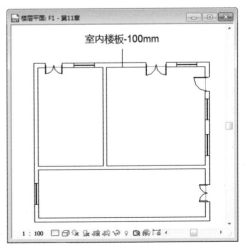

训练11-2 创建坡度符号

素材文件：无
效果文件：素材\第11章\训练11-2创建坡度符号.rfa
视频文件：视频\第11章\训练11-2创建坡度符号.mp4

操作步骤提示如下。

01 启动 Revit 2018 应用程序。

02 在欢迎界面中单击"族"选项组下的"新建"按钮，弹出"新族－选择样板文件"对话框。

03 在对话框中选择"公制常规注释.rft"样板文件。

04 单击"打开"按钮，进入族编辑器。

05 选择"创建"选项卡，单击"属性"面板上的"族类别和族参数"按钮。

06 弹出"族类别和族参数"对话框，在"族类别"列表中选择"常规注释"选项。单击"确定"按钮，返回视图。

07 单击"详图"面板上的"线"按钮，在绘图区域中绘制水平线段。

08 单击"填充区域"按钮，在选项卡中选择"子类别"为"<不可见线>"。

09 在水平线段的左侧绘制箭头轮廓线，单击"完成编辑模式"按钮，退出命令，可以创建实心箭头。

10 单击"文字"面板上的"标签"按钮，在水平线段上单击鼠标左键，弹出"编辑标签"对话框。

11 在对话框中单击左下角的"添加参数"按钮，弹出"参数属性"对话框。

12 设置"名称"为"坡度值"、"参数类型"为"坡度"、"参数分组方式"为"文字"。单击"确定"按钮，关闭对话框。

13 在"类别参数"列表中选择"坡度值"参数，将其添加至标签中。

14 单击"确定"按钮，关闭对话框，结束创建标签的操作。

15 单击"载入到项目"按钮，将坡度符号载入至已打开的项目中。

16 将光标置于待标注的图元上，例如置于楼板上，可以放置坡度符号，用来标注楼板的坡度。

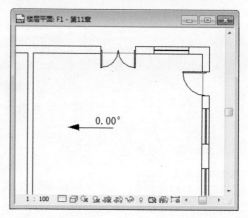

创建教学楼项目

本章以教学楼为例，介绍创建建筑项目的方法。本例教学楼项目一共有6层，在1层设置5个出入口。门的种类有双扇门与单扇门，窗的样式为推拉窗。外墙为墙砖饰面，内墙为墙漆饰面。利用前面章节所介绍的知识创建标高与轴网、设置墙体参数、创建墙体、创建门窗和台阶等构件。在创建模型的过程中，需要根据项目的实际情况灵活地设置属性参数。

12.1 创建标高与轴网

新建项目文件，创建标高与轴网，然后在此基础上创建项目模型。本节介绍创建标高与轴网的方法。

12.1.1 创建标高

素材文件：无	
效果文件：素材\第 12 章\12.1 创建标高与轴网 .rvt	
视频文件：视频\第 12 章\12.1.1 创建标高 .mp4	

在创建标高之前，需要先创建立面视图，以便于在视图中执行"创建标高"的操作。

1. 创建项目文件

启动Revit应用程序后，默认进入欢迎界面。用户在其中执行"创建项目"的操作。

01 单击"文件"选项卡，选择"新建"→"项目"命令，弹出"新建项目"对话框，如图 12.1 所示。

图12.1 "新建项目"对话框

02 保持参数不变，单击"确定"按钮，弹出"未定义度量制"对话框。

03 在对话框中单击"公制"选项，如图 12.2 所示，指定项目文件的单位。

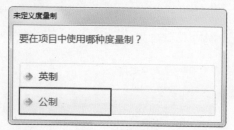

图12.2 选择单位

提示

在"选项"对话框中取消显示欢迎界面，就可以在启动软件后，直接进入项目文件的工作界面。

2. 创建立面视图

在立面视图中，"标高"命令会被激活。启用命令，就可以在视图中创建标高。

01 选择"视图"选项卡，单击"创建"面板上的"立面"按钮，如图 12.3 所示，激活命令。

图12.3 单击按钮

02 在视图中单击鼠标左键，放置立面，如图 12.4 所示。

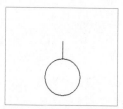

图12.4 放置立面效果

03 选择项目浏览器，单击展开"立面（立面 1）"列表。双击立面视图名称，即"立面 1-a"，转换至立面视图。

04 在"属性"选项板中选择"裁剪区域可见"选项，在立面视图中显示裁剪轮廓线，如图 12.5 所示。

05 在轮廓线中，显示项目文件默认创建的"标高 1"。

图12.5 显示裁剪轮廓线

3. 创建标高

默认情况下，创建一个标高，软件会自动

创建与之相关的平面视图。

01 选择"建筑"选项卡，单击"基准"面板上的"标高"按钮，如图 12.6 所示，激活命令。

图12.6 单击按钮

02 将光标置于"标高 1"之上，显示临时尺寸标注。单击鼠标左键，指定起点。移动光标，指定终点，结束创建标高的操作。

03 单击继续指定起点与终点，绘制项目标高的效果如图 12.7 所示。

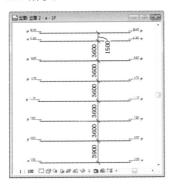

图12.7 创建标高的效果

知识链接

关于创建标高的详细介绍，可以参考本书第 2 章 2.1 节的内容。

12.1.2 创建轴网 重点

素材文件：无
效果文件：素材 \ 第 12 章 \12.1 创建标高与轴网 .rvt
视频文件：视频 \ 第 12 章 \12.1.2 创建轴网 .mp4

创建完标高后，转换至平面视图，在其中创建轴网。

在水平方向与垂直方向上创建教学楼的轴网。水平方向上的轴网可以表示教学楼的进深尺寸，垂直方向上的轴网用来表示教学楼的开间尺寸。

01 选择"建筑"选项卡，单击"基准"面板上的"轴网"按钮，如图 12.8 所示，激活命令。

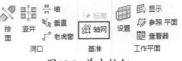

图12.8 单击按钮

02 在绘图区域中单击指定起点与终点，绘制水平方向与垂直方向上的轴网，效果如图 12.9 所示。

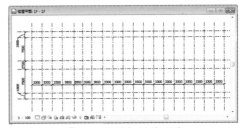

图12.9 绘制轴网的效果

提示

因为篇幅有限，在本节中不演示绘制过程。请读者按照图 12.9 所提供的尺寸，自行绘制轴网。

03 选择轴线，单击"属性"选项板上的"编辑属性"按钮，打开"类型属性"对话框。

04 在对话框中单击"符号"选项，在弹出的列表中选择符号样式❶。

05 依次选择"平面视图轴号端点 1（默认）"选项与"平面视图轴号端点 2（默认）"选项❷，如图 12.10 所示。

图12.10 "类型属性"对话框

提示

用户需要先将轴号载入到项目中，否则"符号"列表显示为空。

06 单击"确定"按钮，关闭对话框，可以在轴线的两端显示轴号。

07 选择水平轴线的轴号，单击鼠标左键，进入在位编辑模式。修改轴号为大写字母，效果如图12.11所示。

> **提示**
>
> 可以先绘制一条水平轴线，修改轴号为大写字母A。继续绘制水平轴线，软件会按顺序命名轴线，如 B 轴、C 轴等。

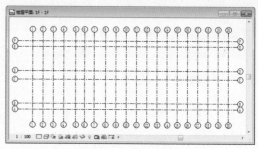

图12.11 修改轴号

12.2 创建墙体

在创建教学楼的墙体之前，应该先设置墙体参数。否则所创建的墙体就会按照默认的参数显示。

教学楼的外墙为墙砖饰面，内墙为墙漆饰面，需要分别设置外墙体与内墙体的参数。

12.2.1 设置墙体参数 （难点）

素材文件：无	
效果文件：无	
视频文件：视频 \ 第 12 章 \12.2.1 设置墙体参数 .mp4	

启用"墙"命令，先分别创建外墙体类型与内墙体类型，再分别设置墙体参数。

1. 新建外墙体类型

项目文件默认提供类型名称为"墙1"的"基本墙"。在"墙1"的基础上，执行"复制"操作，新建墙体类型。

01 选择"建筑"选项卡，单击"构建"面板上的"墙"按钮，如图12.12所示，激活命令。

图12.12 单击按钮

02 在"属性"选项板中单击"编辑类型"按钮，

弹出"类型属性"对话框。

03 在对话框中单击"复制"按钮，新建名称为"教学楼－外墙"的墙体类型❶。

04 单击"结构"选项后的"编辑"按钮❷，如图 12.13 所示，弹出"编辑部件"对话框。

图12.13 "类型属性"对话框

05 在"编辑部件"对话框中单击"插入"按钮，在"层"列表中插入 3 个新层。

06 将第 1 行的"功能"属性设置为"面层2[5]"，单击"材质"单元格中的矩形按钮，弹出"材质浏览器"对话框。

07 在对话框中的材质列表选择"默认墙"材质，

执行"复制"及"重命名"操作，新建一个名称为"教学楼－外墙"的材质。

08 选择新建材质，单击对话框左下角的"打开／关闭资源浏览器"按钮，弹出"资源浏览器"对话框。

09 在对话框中单击展开"Autodesk 物理资源"列表，选择"砖石"选项①。在右侧的列表中选择名称为"均匀立砌－紫红色"的材质，单击右侧的矩形按钮②，如图 12.14 所示，替换材质。

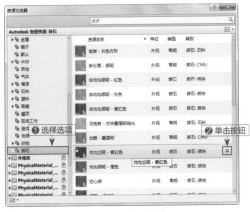

图12.14 选择材质

10 单击右上角的"关闭"按钮，返回"材质浏览器"对话框。

11 选择"图形"选项卡，单击"着色"选项组下的"颜色"按钮，弹出"颜色"对话框。

12 在对话框中选择颜色，如图 12.15 所示。单击"确定"按钮，关闭对话框。

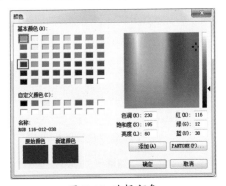

图12.15 选择颜色

13 "材质浏览器"对话框中显示新建的"教学楼－外墙"材质①，设置"颜色"的效果②，如图12.16 所示。

图12.16 创建效果

2. 继续设置外墙体的材质参数

01 在"编辑部件"对话框中选择第 2 行，设置功能属性为"衬底 [2]"。单击"材质"单元格中的矩形按钮，弹出"材质浏览器"对话框。

02 在材质列表中选择"默认墙"材质，执行"复制"及"重命名"操作，新建名称为"教学楼－衬底"的材质。

03 选择新建材质类型，单击"打开／关闭资源浏览器"按钮，弹出"资源浏览器"对话框。

04 在"AutoCAD 物理资源"列表中选择"灰泥"选项①，在右侧的列表中选择名称为"湿灰浆－灰色"的材质②，单击右侧的矩形按钮，如图12.17 所示，替换材质。

图12.17 选择材质

05 在"编辑部件"对话框中选择第 6 行，修改功能属性为"面层 2[5]"，单击"材质"单元格右侧的矩形按钮，弹出"材质浏览器"对话框。

06 在材质列表中选择"默认墙"材质，复制一个名称为"教学楼－面层 2"的材质。

07 选择材质，单击"打开／关闭资源浏览器"按

271

钮，弹出"资源浏览器"对话框。

08 在"Autodesk 物理资源"列表中选择"灰泥"选项❶，在右侧的列表中选择名称为"精细－白色"的材质❷，如图 12.18 所示，单击右侧的矩形按钮，替换材质。

图12.18 选择材质

09 返回"编辑部件"对话框，在"厚度"列表中修改参数值，如图 12.19 所示。

10 单击"确定"按钮，返回"类型属性"对话框，结束设置外墙体参数的操作。

图12.19 修改参数

3. 新建内墙体类型

新建内墙体的操作方法与新建外墙体的操作方法相同。

在"类型属性"对话框中单击"复制"按钮，在"名称"对话框中设置参数，可以新建内墙体。

在"编辑部件"对话框中插入两个新层，指定新层的"材质"为"教学楼-面层2"。在"厚度"列表中修改参数，如图12.20所示，指

定内墙体的厚度。

单击"确定"按钮，返回"类型属性"对话框，结束操作。

图12.20 设置参数

12.2.2 创建墙体

素材文件: 无	
效果文件: 素材 \ 第 12 章 \12.2 创建墙体 .rvt	
视频文件: 视频 \ 第 12 章 \12.2.2 创建墙体 .mp4	

在"属性"选项板中选择墙体类型，在绘图区域中指定起点与终点，就可以创建教学楼的内墙体与外墙体。

1. 创建外墙体

创建完墙体参数后，就可以创建墙体。通常情况下，先创建外墙体，再创建内墙体。

在"绘制"面板中单击"线"按钮，如图12.21所示，指定绘制墙体的方式。

图12.21 选择绘制方式

在"属性"选项板中选择"教学楼-外墙"❶，设置"定位线"为"墙中心线"、"底部约束"为1F、"顶部约束"为"直到标

高：2F"，"底部偏移"和"顶部偏移"选项值均为0②，如图12.22所示。

单击1轴与A轴的交点为起点，移动光标，依次指定下一点、终点，绘制外墙体。

图12.22 设置参数

2. 创建内墙体

创建完外墙体后，就可以继续创建内墙体。

在"属性"选项板中选择"教学楼-内墙"①，在"约束"选项组中进行参数设置②，如图12.23所示。

在"绘制"面板中单击"线"按钮，指定绘制方式。在绘图区域中指定起点、下一点与终点，绘制内墙体。

外墙体与内墙体的绘制结果请参考本书配套资源第12章"12.2创建墙体.rvt"文件。

图12.23 修改参数

知识链接

关于创建墙体的详细介绍，可以参考本书第3章3.1节的内容。

12.3 添加门窗

教学楼的每个楼层都需要添加门窗。教学楼在一层设置了5个出入口，所以要在外墙体上依次放置门构件。

放置窗构件的方法与放置门构件的方法相同，本节介绍操作方法。

12.3.1 添加门 （重点）

素材文件：无
效果文件：素材\第12章\12.3 添加门窗.rvt
视频文件：视频\第12章\12.3.1 添加门.mp4

因为人流量较大，所以在教学楼的1层设置了多个出入口。

在本例的教学楼项目中，为出入口设置双扇平开玻璃门，为教室设置单扇平开木门。

01 在"构建"面板上单击"门"按钮，如图12.24所示，激活命令。

图12.24 单击按钮

02 在"属性"选项板中选择"双扇平开镶玻璃门3-带亮窗"①，如图12.25所示。单击"编辑类型"按钮②，弹出"类型属性"对话框。

图12.25 选择门类型

03 在对话框中修改"尺寸标注"选项组中的参数，如图 12.26 所示。

图12.26 设置参数

04 单击"确定"按钮，返回视图。在外墙体上单击鼠标左键，指定基点，放置双扇门的效果如图 12.27 所示。

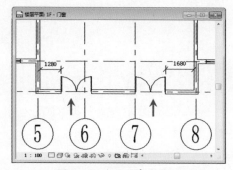

图12.27 放置双扇平开门

05 在"属性"选项板中选择尺寸为 1500×2600mm 的"双扇平开镶玻璃门3-带亮窗"，如图 12.28 所示。

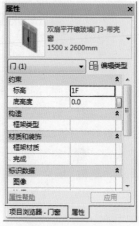

图12.28 选择门类型

06 在外墙体上指定基点，放置门图元的效果如图 12.29 所示。

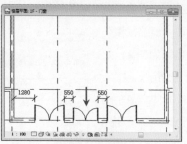

图12.29 放置门

07 在"属性"选项板中选择"单扇平开木门1"，如图 12.30 所示。

图12.30 选择门类型

08 在内墙体上指定基点，放置单扇平开门的效果如图 12.31 所示。

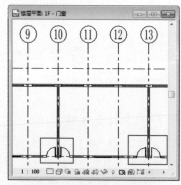

图12.31 放置单扇平开门

添加门的结果请参考本书配套资源第12章"12.3 添加门窗.rvt"文件。

12.3.2 添加窗

素材文件：无

效果文件：素材\第 12 章\12.3 添加门窗 .rvt

视频文件：视频\第 12 章\12.3.2 添加窗 .mp4

在教学楼的外侧，窗的类型为带贴面的推

拉窗。在教学楼的内部，教室的窗户类型为普通的推拉窗。

01 在"构建"面板上单击"窗"按钮，激活命令。

02 在"属性"选项板中选择"推拉窗3-带贴面"类型，单击"编辑类型"按钮，弹出"类型属性"对话框。

03 在对话框中，修改"尺寸标注"选项组参数，如图 12.32 所示，指定窗户的参数。

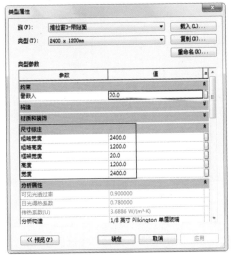

图12.32 "类型属性"对话框

04 单击"确定"按钮，关闭对话框。在"属性"选项板中设置"底高度"为900，如图 12.33 所示。

图12.33 设置参数

05 在外墙体上单击鼠标左键，指定基点，放置带贴面的推拉窗，效果如图 12.34 所示。

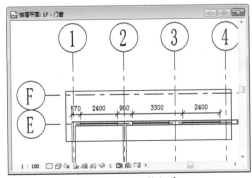

图12.34 放置推拉窗

06 在"属性"选项板中选择"推拉窗6" ❶，设置"底高度"为600 ❷，如图 12.35 所示。

图12.35 选择窗类型

07 在内墙体上单击鼠标左键，指定基点，放置普通推拉窗的效果如图 12.36 所示。

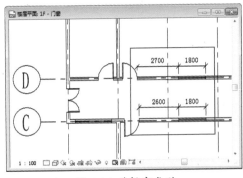

图12.36 选择窗类型

添加窗的结果请参考本书配套资源第12章"12.3 添加门窗.rvt"文件。

知识链接

关于创建门窗的详细介绍，可以参考本书第4章4.1节与4.2节的内容。

12.3.3 复制其他楼层

素材文件:	无
效果文件:	素材\第12章\12.3.添加门窗.rvt
视频文件:	视频\第12章\12.3.3复制其他楼层.mp4

教学楼一共有6层，可以在一层的基础上执行复制、修改操作，得到其他楼层的模型。

1F的层高为3900mm，2F~6F的层高为3600mm。

先创建1F副本，修改其层高为3600mm。再在此基础上，复制其他楼层。

01 在1F平面视图中，选择墙体、门窗图元。单击"剪贴板"面板上的"复制到剪贴板"按钮，如图12.37所示，激活"粘贴"命令。

图12.37 单击按钮

02 单击"粘贴"按钮，在弹出的列表中选择"与选定的标高对齐"选项，如图12.38所示。

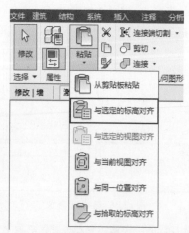

图12.38 选择选项

03 弹出"选择标高"对话框，选择2F，如图12.39所示。

04 单击"确定"按钮，剪贴板中的图元被粘贴至2F视图中。

05 在2F视图中选择外墙体，在"属性"选项板中修改"顶部约束"为"直到标高：3F"、"顶部偏移"选项值为0，如图12.40所示。在2F视图中选择内墙体，将"顶部约束"设置为"直到标高：3F"，"顶部偏移"设置为0。

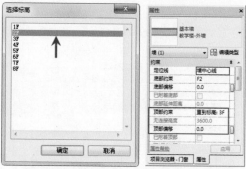

图12.39 选择标高　　　图12.40 修改参数

在2F视图中，选择外墙体上的门图元，按Delete键，删除图元。

06 在2F视图中选择图元，单击"剪贴板"面板上的"复制到剪贴板"按钮，复制图元。

07 单击"粘贴"按钮，选择"与选定的标高对齐"选项。在"选择标高"对话框中选择标高，如图12.41所示。

08 单击"确定"按钮，可将剪贴板中的图元粘贴至各楼层。

图12.41 选择标高

复制其他楼层的效果请参考本书配套资源第12章"12.3 添加门窗.rvt"文件。

12.4 创建楼板与天花板

楼板与天花板依附墙体而创建。用户可以新建教学楼楼板类型与天花板类型，也可以选择默认类型，在此基础上创建教学楼的楼板与天花板。

12.4.1 创建楼板

素材文件：无
效果文件：素材 \ 第 12 章 \12.4 创建楼板与天花板 .rvt
视频文件：视频 \ 第 12 章 \12.4.1 创建楼板 .mp4

项目文件提供的"楼板1"类型，"厚度"是300mm。启用"楼板"命令，新建楼板类型，设置新类型的"厚度"为150mm，材质默认不变。

01 单击"构建"面板上的"楼板"按钮，如图12.42 所示，启用命令。

图12.42 单击按钮

02 单击"属性"选项板中的"编辑类型"按钮，弹出"类型属性"对话框。

03 单击"复制"按钮，创建名称为"教学楼－楼板"的新类型❶。

04 单击"结构"选项后的"编辑"按钮❷，如图 12.43 所示，弹出"编辑部件"对话框。

图12.43 "类型属性"对话框

05 选择第 2 行，将光标定位在"厚度"单元格中，修改参数，如图 12.44 所示。

图12.44 设置参数

06 参数设置完后，返回视图，结束创建楼板类型的操作。

07 在"绘制"面板中单击"拾取墙"按钮，指定创建方式。选择选项栏中的"延伸到墙中（至核心层）"选项，如图 12.45 所示。

图12.45 选择绘制方式

08 在"属性"选项板中选择"标高"为 1F，设置"自标高的高度偏移"选项值为 0，如图 12.46 所示。

09 拾取墙体，创建闭合的楼板边界线。单击"完成编辑模式"按钮，退出命令，介绍创建楼板的操作。

图12.46 设置参数

创建楼板的效果请参考本书配套资源第12章"12.4 创建楼板与天花板.rvt"文件。

12.4.2 创建天花板

素材文件:	无
效果文件:	素材 \ 第 12 章 \12.4 创建楼板与天花板 .rvt
视频文件:	视频 \ 第 12 章 \12.4.2 创建天花板 .mp4

创建天花板的方式与创建楼板的方式大致相同。首先创建"教学楼-天花板"类型，再绘制闭合的边界线，最后创建天花板模型。

01 单击"构建"面板上的"天花板"按钮，如图 12.47 所示，启用命令。

图12.47 单击按钮

02 在"属性"选项板中选择"复合天花板"类型，单击"编辑类型"按钮，弹出"类型属性"对话框。

03 在对话框中单击"复制"按钮，新建"名称"为"教学楼-天花板"的新类型❶。

04 单击"结构"选项后的"编辑"按钮❷，如图 12.48 所示，弹出"编辑部件"对话框。

图12.48 设置参数

05 在对话框中单击"插入"按钮，插入一个新层。使新层位于"层"列表中的第 4 行，设置"功能"属性为"面层 2[5]"。

06 选择第 4 行，单击"材质"单元格中的矩形按钮，弹出"材质浏览器"对话框。

07 在材质列表中选择名称为"默认"的材质，执行"复制"及"重命名"操作，新建一个名称为"教学楼-石膏板"的材质。

08 选择材质，单击左下角的"打开 / 关闭资源浏览器"按钮，弹出"资源浏览器"对话框。

09 单击展开"AutoCAD 物理资源"列表，选择"木材"选项。在右侧的列表中选择"石膏板-漆成白色"材质，单击右侧的矩形按钮，如图 12.49 所示，替换资源。

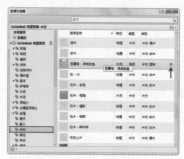

图12.49 选择材质

10 返回"编辑部件"对话框，在"厚度"列表中修改参数，如图 12.50 所示。

图12.50 修改参数

11 参数设置完后，返回视图。在"天花板"面板中单击"绘制天花板"按钮，如图 12.51 所示。

图12.51 单击按钮

12 在"绘制"面板中单击"拾取墙"按钮，指定绘制方式。其他参数设置如图 12.52 所示。

图12.52 指定绘制方式

13 在"属性"选项板中设置"标高"和"自标高的高度偏移"参数，如图 12.53 所示。

14 拾取墙体，创建闭合的天花板边界线。单击"完成编辑模式"按钮，结束创建操作。

15 切换至其他视图，重复启用"天花板"命令，创建天花板模型。

　　创建天花板的效果请参考本书配套资源第 12 章"12.4 创建楼板与天花板.rvt"文件。

图12.53　设置参数

12.5 创建构件

教学楼项目还包括一些附属构件，如台阶、散水及屋顶。本节介绍创建方法。

12.5.1 创建台阶 难点

素材文件：无
效果文件：素材\第 12 章\12.5 创建构件.rvt
视频文件：视频\第 12 章\12.5.1 创建台阶.mp4

　　在第 7 章中介绍过创建台阶的方法，是在楼板的基础上，执行放样操作后，生成台阶。

　　在本节中，介绍在楼板的基础上，绘制与之相接的梯段，创建出入口台阶的方法。

1. 创建楼板

　　创建楼板有两种方式，一种是通过拾取墙体生成边界线，另外一种是自行绘制边界线。

01 切换至立面视图，启用"标高"命令，设置间距为 600mm，在 1F 下新建标高，并修改名称为"地坪"，如图 12.54 所示。

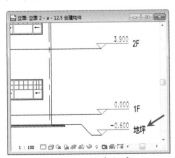

图12.54　创建标高

提示

在 1F 下创建标高，软件会自动将标高值显示为负值。选择标高，单击名称，进入在位编辑模式，此时可以重新定义标高名称。

02 切换至 1F 视图，选择外墙体，在"属性"选项板中修改"底部约束"为"地坪"。

03 启用"楼板"命令，在"属性"选项板中选择"楼板 1"，单击"编辑类型"按钮，弹出"类型属性"对话框。

04 在对话框中单击"结构"选项后的"编辑"按钮，弹出"编辑部件"对话框。

05 选择第 2 行，修改"厚度"值为 600，如图 12.55 所示。其他参数保持不变。

图12.55　修改参数

06 参数设置完，返回视图。在"属性"选项板中设置"标高"和"自标高的高度偏移"参数，如图12.56所示。

图12.56 设置参数

07 在"绘制"面板中单击"矩形"按钮，如图12.57所示，指定绘制方式。

图12.57 选择绘制方式

08 在绘图区域中单击指定起点与对角点，创建矩形楼板，效果如图12.58所示。

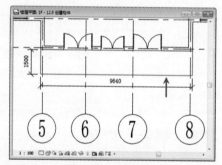

图12.58 绘制楼板

2. 创建梯段

设置"底部标高"和"顶部标高"选项值，会自动计算连接两个标高所需的踢面数。指定起点与终点，可以创建适用的梯段。

01 在"楼梯坡道"面板上单击"楼梯"按钮，如图12.59所示，启用命令。

图12.59 单击按钮

02 在"属性"选项板中设置"底部标高"为"地坪"、"顶部标高"为1F，其他参数保持默认值，如图12.60所示。

图12.60 设置参数

03 在绘图区域中单击指定梯段的起点与终点，绘制梯段的效果如图12.61所示。

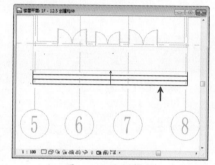

图12.61 绘制梯段

技巧

默认情况下，梯段的宽度为1000mm。选择梯段，激活右侧边界线上的三角形夹点。移动光标，调整梯段的宽度，使其与楼板的宽度相适应。

04 单击"完成编辑模式"按钮，退出命令，创建梯段的效果如图12.62所示。

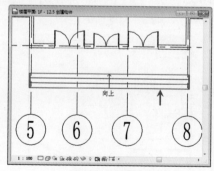

图12.62 绘制效果

3. 绘制栏杆扶手

在创建梯段的同时，可以自动创建栏杆与扶手。但是楼板上缺少栏杆扶手，所以需要单独为其创建栏杆扶手。

`01` 在"楼梯坡道"面板上单击"栏杆扶手"按钮，在弹出的列表中选择"绘制路径"选项，如图12.63所示，指定绘制方式。

图12.63 选择选项

`02` 在"绘制"面板中单击"线"按钮，如图12.64所示，指定绘制方式。

图12.64 指定绘制方式

`03` 在绘图区域中单击指定起点与终点，绘制垂直轮廓线，如图12.65所示。

图12.65 绘制轮廓线

> **技巧**
>
> 在梯段扶手上单击鼠标左键，指定轮廓线的起点，可以绘制与梯段扶手相接的扶手轮廓线。

`04` 单击"完成编辑模式"按钮，退出命令，绘制栏杆扶手的效果如图12.66所示。

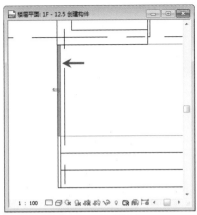

图12.66 绘制栏杆

`05` 重复上述操作，在楼板的另一侧绘制栏杆扶手。

`06` 转换至三维视图，查看楼板、梯段与栏杆扶手的创建效果，如图12.67所示。

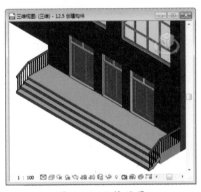

图12.67 三维效果

创建出入口台阶的效果请参考本书配套资源第12章"12.5 创建构件.rvt"文件。

12.5.2 创建散水 （难点）

素材文件：无
效果文件：素材 \ 第 12 章 \12.5 创建构件 .rvt
视频文件：视频 \ 第 12 章 \12.5.2 创建散水 .mp4

转换至1F视图，在其中创建散水模型。在创建散水之前，需要先载入"散水轮廓线"，然后在墙体的基础上，生成散水模型。

`01` 切换至三维视图，单击"构建"面板上的"墙"按钮。在弹出的列表中选择"墙：饰条"选项，如图12.68所示，启用命令。

图12.68 选择选项

技巧

在三维视图中，"墙：饰条"命令才可调用。

02 单击"属性"选项板中的"编辑类型"按钮，弹出"类型属性"对话框。

03 单击"轮廓"选项，在列表中选择"散水：散水"轮廓线，如图 12.69 所示。

图12.69 选择轮廓

提示

事先将散水轮廓线载入列项目中，就可以在"轮廓"列表中选择轮廓线。

04 在"放置"面板上单击"水平"按钮，如图 12.70 所示，指定放置散水的方式。

图12.70 指定放置方式

05 将光标置于墙体之上，此时可以预览散水的创建效果，如图 12.71 所示。

图12.71 预览创建效果

06 单击鼠标左键，可以沿墙体创建散水。单击另一墙体，可继续创建散水。两段散水会自动连接，效果如图 12.72 所示。

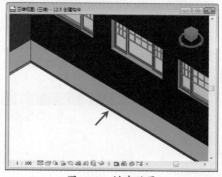

图12.72 创建效果

技巧

如果两段散水没有连接也没有关系。选择其中一段散水，单击"墙饰条"面板上的"修改转角"按钮，在散水上单击高亮显示的面，可以创建转角。

创建散水的效果请参考本书配套资源第12章"12.5 创建构件.rvt"文件。

12.5.3 创建屋顶 重点

素材文件：无	
效果文件：素材 \ 第 12 章 \12.5 创建构件 .rvt	
视频文件：视频 \ 第 12 章 \12.5.3 创建屋顶 .mp4	

在Revit中可以创建各种类型的屋顶，如迹线屋顶、拉伸屋顶及面屋顶等。

教学楼项目的屋顶类型为迹线屋顶，本节介绍创建方法。

01 切换至 7F 视图，单击"构建"面板上的"屋顶"按钮，在弹出的列表中选择"迹线屋顶"选项，如图 12.73 所示，启用命令。

图12.73 选择选项

02 在"绘制"面板中单击"拾取墙"按钮，如图 12.74 所示，指定绘制方式。其他参数保持默认值。

图12.74 选择绘制方式

03 在"属性"选项板中显示"底部标高"为 7F，"自标高的底部偏移"值为 100，如图 12.75 所示。

04 在绘图区域中拾取墙体，生成闭合的轮廓线。单击"完成编辑模式"按钮，结束创建操作。

图12.75 设置参数

创建屋顶的效果请参考本书配套资源第12章"12.5 创建构件.rvt"文件。

12.6 知识小结

本章介绍了创建教学楼项目的方法。

本书的前面的章节详细介绍了创建各种类型图元的方法，如标高、轴网、墙体、门窗等。读者在练习创建项目模型时，可以随时翻阅前面的知识介绍。在放置构件时，不要忘记先将族载入到项目中。

因为篇幅有限，所以不能将每一个步骤的操作结果都进行展示。请读者在阅读操作步骤时，在电脑中打开教学楼项目模型，对照查看。

教学楼项目的最终创建效果如图12.76所示。

图12.76 教学楼项目

创建医院
大楼项目

本章以医院项目为例，介绍创建医院大楼模型的方法。医院大楼的层数为5层，适合初学者学习建模方法。在医院的1层设置了多个出入口。为了连接室内与室外，需要在出入口处设置台阶、坡道。为安全起见，应该在台阶与坡道的两侧设置栏杆扶手。

本章重点

创建标高与轴网的方法

设置墙体参数与创建墙体的方法

创建各类建筑构件的方法

13.1 创建标高与轴网

创建医院大楼的标高，需要在立面视图中进行。但是在创建轴网时，需要返回楼层平面视图。

13.1.1 创建标高 （难点）

素材文件：无
效果文件：素材 \ 第 13 章 \13.1 创建标高与轴网 .rvt
视频文件：视频 \ 第 13 章 \13.1.1 创建标高 .mp4

在执行"创建标高"的操作之前，先创建一个立面视图。

在立面视图中激活"标高"命令，开始创建标高。

1. 创建立面视图

01 新建空白文件。选择"视图"选项卡，在"创建"面板上单击"立面"按钮，如图 13.1 所示，激活命令。

图13.1 单击按钮

02 在视图中单击鼠标左键，放置立面，即可在项目中创建一个立面视图。

03 选择项目浏览器，单击展开"立面（立面 1）"列表，其中显示"立面 1-a"，如图 13.2 所示。这是新建立面视图的默认名称。

图 13.2 显示立面视图名称

04 双击视图名称，切换至立面视图，开始创建标高。

2. 创建标高

01 在"属性"选项板中选择"裁剪区域可见"选项，

如图 13.3 所示，可以在立面视图中显示区域轮廓线。

图13.3 选择选项

02 在"基准"面板上单击"标高"按钮，如图 13.4 所示，启用命令。

图13.4 单击按钮

> **技巧**
>
> 按 LL 快捷键也可激活"标高"命令。

03 在绘图区域中单击指定起点与终点，创建标高的效果如图 13.5 所示。

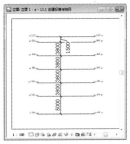

图13.5 创建标高的效果

> **知识链接**
>
> 关于创建标高的操作方法，可以参考本书第 2 章 2.1 节的内容。

创建标高的结果请参考本书配套资源第 13 章 "13.1 创建标高与轴网 .rvt"文件。

13.1.2 创建轴网

素材文件：无
效果文件：素材＼第 13 章＼13.1 创建标高与轴网 .rvt
视频文件：视频＼第 13 章＼13.1.2 创建轴网 .mp4

结束创建标高的操作后，在项目浏览器中双击平面视图名称，返回平面视图，在其中创建轴网。

01 在"基准"面板上单击"轴网"按钮，如图 13.6 所示，激活命令。

图13.6 单击按钮

技巧

按 GR 快捷键也可激活"轴网"命令。

02 在视图中单击鼠标左键，指定起点；向上移动光标，指定终点，绘制垂直轴线。

03 继续单击鼠标左键，指定轴线的起点；向右移动光标，单击鼠标左键，指定终点，绘制水平轴线。

04 载入轴网标头后，选择轴线，单击"属性"选项板中的"编辑类型"按钮，弹出"类型属性"对话框。

05 在对话框中单击"符号"选项，在列表中选择轴网标头。

06 单击"确定"按钮，返回视图，可以观察到轴线已被添加标头。

07 选择水平轴线，修改轴网标头为大写字母。

08 创建的轴网的最终效果如图 13.7 所示。

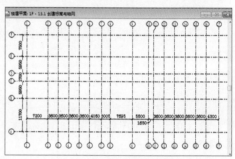

图13.7 轴网的效果

创建轴网的结果请参考本书配套资源第 13 章"13.1 创建标高与轴网 .rvt"文件。

13.2 创建墙体

医院外墙的装饰材料为浅蓝色的墙漆，内墙为白色的墙漆。在创建墙体之前，先设置墙体的结构、材质及宽度参数。

13.2.1 设置墙体参数

素材文件：无
效果文件：素材＼第 13 章＼13.2 创建墙体 .rvt
视频文件：视频＼第 13 章＼13.2.1 创建墙体参数 .mp4

在设置医院墙体参数前，需要激活"墙体"命令。打开相应的对话框，在其中设置参数。

1. 新建墙体类型

01 单击"构建"面板上的"墙"按钮，如图 13.8 所示，激活命令。

图13.8 单击按钮

02 单击"属性"选项板上的"编辑类型"按钮，弹出"类型属性"对话框。

03 单击"复制"按钮，在"名称"对话框中设置名称，如图 13.9 所示。

图13.9 设置名称

04 单击"确定"按钮，返回"类型属性"对话框。

05 单击"结构"选项右侧的"编辑"按钮，弹出"编辑部件"对话框。

06 在对话框中单击"层"列表左下角的"插入"按钮❶，在列表中插入 3 个新层❷。

07 依次修改层的功能属性，并单击"向上"按钮与"向下"按钮，调整层在列表中的位置，如图13.10 所示。

图13.10 插入新层

2. 设置"面层 2[5]"层材质参数

"面层 2[5]"结构层的材质参数将影响项目模型外墙体的显示效果。下面设置材质的类型与颜色。

01 选择第 1 行，单击"材质"单元格右侧的矩形按钮，弹出"材质浏览器"对话框。

02 在材质列表中选择"默认墙"材质，单击鼠标右键，选择"复制"选项，创建材质副本。

03 修改材质副本的名称❶，单击材质列表下方的"打开 / 关闭资源浏览器"按钮❷，如图13.11 所示，弹出"资源浏览器"对话框。

图13.11 新建材质

04 单击展开"Autodesk 物理资源"列表，选择"墙漆"选项❶；在右侧的列表中选择材质，单击右侧的矩形按钮❷，如图 13.12 所示。用选中的材质替换编辑器中的材质。

图13.12 新建材质

05 单击右上角的"关闭"按钮，返回"材质浏览器"对话框。

06 选择"图形"选项卡，单击"着色"选项组下的"颜色"按钮，弹出"颜色"对话框。

07 在对话框中设置参数，如图 13.13 所示，更改材质颜色。

08 单击"确定"按钮，关闭对话框。

09 在"材质浏览器"对话框中单击"确定"按钮，结束设置"面层 2[5]"结构层材质参数的操作。

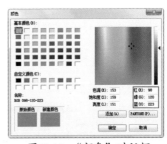

图13.13 "颜色"对话框

3. 设置其他结构层材质参数

墙体还包含其他结构层，如"衬底 [2]""结构[1]"等。下面介绍设置这些层材质参数的操作步骤。

01 在"编辑部件"对话框中选择第 2 行,单击"材质"单元格右侧的矩形按钮,弹出"材质浏览器"对话框。

02 在材质列表中选择"默认墙"材质,执行"复制"及"重命名"操作。创建材质副本并修改材质名称。

03 单击材质列表下方的"打开/关闭资源浏览器"按钮,弹出"资源浏览器"对话框。

04 在"Autodesk 物理资源"列表中选择"灰泥"选项❶,在右侧的列表中选择材质;单击材质名称右侧的矩形按钮❷,如图 13.14 所示,执行替换材质的操作。

图13.14 选择材质

05 单击右上角的"关闭"按钮,返回"材质浏览器"对话框。

06 在材质列表中选择"默认墙"材质,执行"复制""重命名"操作,创建一个名称为"外墙 - 面层 2"的材质❶。

07 单击列表下方的"打开/关闭资源浏览器"按钮❷,如图 13.15 所示,打开"资源浏览器"对话框。

图13.15 新建材质

08 在"Autodesk 物理资源"列表中选择"灰泥"选项❶,在右侧的材质列表中选择名称为"精细 - 白色"的材质,单击名称右侧的矩形按钮❷,如图 13.16 所示。替换编辑器中的材质。

图13.16 "资源浏览器"对话框

09 单击右上角的"关闭"按钮,关闭对话框。

10 在"材质浏览器"对话框中单击"确定"按钮,返回"编辑部件"对话框。

11 修改"厚度"列表中的选项参数,如图 13.17 所示,指定各结构层的厚度。

12 单击"确定"按钮,返回"类型属性"对话框,结束设置"医院 - 外墙"材质参数的操作。

图13.17 设置参数

提示

参考本节的内容,新建名称为"医院 - 内墙"的墙体类型,并执行设置参数的操作。

外墙体与内墙体的参数设置结果请参考本书配套资源第 13 章"13.2 创建墙体.rvt"文件。

13.2.2 创建墙体

素材文件：无
效果文件：素材\第 13 章\13.2 创建墙体 .rvt
视频文件：视频\第 13 章\13.2.2 创建墙体 .mp4

墙体参数设置完后，可以绘制墙体。一般情况下，先绘制外墙体，再绘制内墙体。

01 在"属性"选项板中选择"医院 – 外墙"类型，单击"绘制"面板中的"线"按钮，如图 13.18 所示，指定绘制方式。

图13.18 选择绘制方式

02 在"属性"选项板中设置"定位线""底部约束"等参数，如图 13.19 所示。

图13.19 设置参数

03 在轴线交点单击鼠标左键，指定起点；移动光标，单击指定下一点、终点，创建墙体。

04 创建完外墙体后，在"属性"选项板中选择"医院 – 内墙"类型，创建内墙体。

05 创建结束后，按 Esc 键，退出命令。

创建外墙体与内墙体的结果请参考本书配套资源第 13 章"13.2 创建墙体 .rvt"文件。

13.3 放置门窗构件

在医院的 1 层有多个出入口，方便人们进出医院。在每个诊室或者功能区域都设置了窗户，方便采光或通风。

在放置门窗之前，需要先将门窗族载入到项目中。

13.3.1 放置门

素材文件：无
效果文件：素材 \ 第 13 章 \13.3 放置门窗构件 .rvt
视频文件：视频 \ 第 13 章 \13.3.1 放置门 .mp4

医院项目中有几种类型的门，如入口门厅、双扇平开门及单扇平开门等。

1. 放置入口门厅

在医院的主要入口设置入口门厅。门厅包括雨棚、双扇门等构件。

01 单击"构建"面板上的"门"按钮，如图 13.20 所示，激活命令。

图13.20 单击按钮

02 在"属性"选项板中选择"入口门厅"，如图 13.21 所示。

图13.21 选择门类型

提示

选择门类型后，单击"编辑类型"按钮，弹出"类型属性"对话框。在其中可以修改门的材质、尺寸等参数。

03 在外墙体上单击鼠标左键，放置入口门厅的效果如图 13.22 所示。

04 移动光标，继续在外墙体的其他位置放置入口门厅。

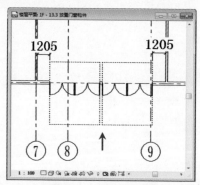

图13.22 放置入口门厅

2. 放置双扇平开门

因为入口门厅需要占用较大的面积，所以在一些次要出入口设置双扇平开门。

01 在"属性"选项板中单击弹出类型列表，选择"双扇平开木门2"，如图 13.23 所示。

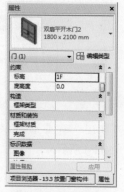

图13.23 选择双扇门

02 在墙体上单击鼠标左键，放置双扇平开门，如图 13.24 所示。

03 移动光标，在内墙体上单击指定基点，放置双扇平开门。

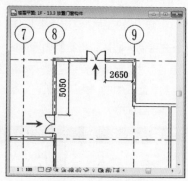

图13.24 放置双扇门

3. 放置单扇平开门

在诊室或者一些面积较小的房间，放置单扇平开门就可以满足使用需求。

01 在"属性"选项板的类型列表中选择"单扇平开木门1"，如图 13.25 所示。

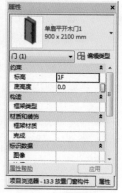

图13.25 选择单扇门

02 在内墙体上单击鼠标左键，放置单扇平开门的效果如图 13.26 所示。

03 按住鼠标滚轮不放，拖曳鼠标，移动视图；在合适的位置单击指定基点，继续放置单扇门。

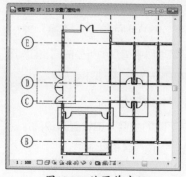

图13.26 放置单扇门

选择单扇门，启用"镜像－拾取轴"工具。拾取轴线为镜像轴，可在轴线的一侧创建单扇门副本。

放置门的最终结果请参考本书配套资源第13章"13.3 放置门窗构件 .rvt"文件。

13.3.2 放置窗 重点

素材文件：无
效果文件：素材\第 13 章\13.3 放置门窗构件 .rvt
视频文件：视频\第 13 章\13.3.2 放置 .mp4

医院项目中，窗户的类型为"带贴面的推拉窗"。载入窗到项目中后，可以在"类型属性"对话框中修改窗户的材质或尺寸参数。

01 单击"构建"面板上的"窗"按钮，如图 13.27 所示，激活命令。

图13.27 单击按钮

02 在"属性"选项板中选择"推拉窗3-带贴面"类型，设置"底高度"为 900，如图 13.28 所示。

图13.28 选择推拉窗

提示

项目单位为毫米（mm）。将"底高度"设置为 900，表示窗户底边距墙底边的间距为 900mm。

03 在墙体上单击鼠标左键，指定基点，放置推拉窗的效果如图 13.29 所示。

04 移动光标，在墙体上单击指定基点，继续放置窗户。

05 放置完后，按 Esc 键，退出命令。

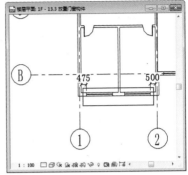

图13.29 放置推拉窗

放置窗的最终结果请参考本书配套资源第13章"13.3 放置门窗构件 .rvt"文件。

13.3.3 复制其他楼层的图元 难点

素材文件：无
效果文件：素材\第 13 章\13.3 放置门窗构件 .rvt
视频文件：视频\第 13 章\13.3.3 复制其他楼层的图元 .mp4

一层的墙体与门窗创建完后，就可以执行"复制"和"粘贴"操作，生成其他楼层的墙体与门窗。

01 在 1F 视图中选择墙体与门窗图元，单击"剪贴板"面板上的"复制到剪贴板"按钮，激活"粘贴"工具。

02 单击"粘贴"按钮，在弹出的列表中选择"与选定的标高对齐"选项，如图 13.30 所示。

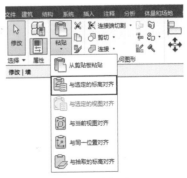

图13.30 选择选项

03 弹出"选择标高"对话框，在列表中选择 2F 标高，如图 13.31 所示。

04 单击"确定"按钮，将剪贴板中的墙体与门窗粘贴至 2F 视图中。

05 在 2F 视图中选择外墙体，修改"顶部偏移"选项值为 0，如图 13.32 所示。

图13.31 选择标高

图13.32 修改参数

将"顶部偏移"的选项值设置为 0，使外墙体的高度被控制在 2F 标高与 3F 标高之间。

06 在 2F 视图中选择墙体与门窗图元，单击"复制到剪贴板"按钮，复制图元。

07 单击"粘贴"按钮，选择"与选定的标高对齐"选项；在"选择标高"对话框中选择标高，如图 13.33 所示。

图13.33 选择标高

08 单击"确定"按钮，可将图元粘贴至指定的视图。

将门窗图元粘贴至其他楼层后，用户需要到楼层平面视图中查看操作效果。

在 2F 以上的楼层中，外墙体中不允许出现门图元。

所以在 2F 视图中，先删除外墙体上的门图元。再在此基础上执行"复制"及"粘贴"操作，将墙体与门窗图元粘贴至其他楼层。

复制其他楼层图元的最终结果请参考本书配套资源第 13 章"13.3 放置门窗构件 .rvt"文件。

13.4 创建楼板与天花板

创建楼板与天花板边界线的方法有两种，一种是通过拾取墙体生成，另外一种是自行绘制。在绘制医院的楼板与天花板边界线时，选择"通过拾取墙体生成"方式。

13.4.1 创建楼板

素材文件: 无	
效果文件: 素材 \ 第 13 章 \13.4 创建楼板与天花板 .rvt	
视频文件: 视频 \ 第 13 章 \13.4.1 创建楼板 .mp4	

默认情况下，项目文件自带的"楼板 1"类型的厚度为 300mm。在创建医院楼板时，将其厚度修改为 150mm。

01 在"构建"面板上单击"楼板"按钮，如图 13.34 所示，激活命令。

图13.34 单击按钮

02 在"属性"选项板中单击"编辑类型"按钮，弹出"类型属性"对话框。

03 单击"复制"按钮，新建一个名称为"医院 – 楼板"的新类型。

04 单击"结构"选项右侧的"编辑"按钮，弹出"编辑部件"对话框。

05 选择第 2 行，修改"厚度"值为 150，如图 13.35 所示。

图13.35 修改参数

06 参数设置完后，返回视图继续创建楼板。

07 在"绘制"面板中单击"拾取墙"按钮，指定绘制方式。在选项栏中选择"延伸到墙中（至核心层）"选项，如图 13.36 所示。

图13.36 选择绘制方式

08 在"属性"选项板中设置"自标高的高度偏移"选项值为 0，如图 13.37 所示。

09 单击拾取外墙体，生成闭合的楼板边界线。单击"完成编辑模式"按钮，退出命令，创建楼板。

10 请参考"13.3.3 复制其他楼层的图元"一节的内容，执行"复制"和"粘贴"操作，创建其他楼层的楼板。

图 13.37 设置参数

> **提示**
>
> 将"自标高的高度偏移"的选项值设置为 0，则楼板的底边与 1F 标高线重合。

创建楼板的最终结果请参考本书配套资源第 13 章"13.4 创建楼板与天花板 .rvt"文件。

13.4.2 创建天花板

素材文件：无
效果文件：素材 \ 第 13 章 \13.4 创建楼板与天花板 .rvt
视频文件：视频 \ 第 13 章 \13.4.2 创建天花板 .mp4

项目文件提供了"天花板"视图，切换至该视图后，可在其中查看、编辑天花板。

1. 创建 1F 天花板

在 1F 中创建天花板后，执行"复制"及"粘贴"操作，可以将天花板复制至其他楼层。

01 单击"构建"面板上的"天花板"按钮，如图 13.38 所示，激活命令。

图13.38 单击按钮

02 在"属性"选项板中选择"复合天花板"类型，单击"编辑类型"按钮，弹出"类型属性"对话框。

03 在对话框中单击"复制"按钮，新建一个名称为"医院－天花板"的天花板类型。

04 单击"结构"选项中的"编辑"按钮，弹出"编辑部件"对话框。

05 单击"插入"按钮❶，在"层"列表中插入一个新层❷。在"功能"单元格中设置层的功能属性为"面层 2[5]"，如图 13.39 所示。

图13.39 插入新层

06 单击"材质"单元格中的矩形按钮，弹出"材质浏览器"对话框。

07 在材质列表中选择"默认"材质，执行"复制"及"重命名"操作，创建一个名称为"天花板－石膏板"的材质。

08 单击材质列表下方的"打开／关闭资源浏览器"按钮，弹出"资源浏览器"对话框。

09 在"Autodesk 物理资源"列表中选择"木材"选项❶，在右侧的列表中选择"石膏板－漆成白色"材质；单击材质名称后的矩形按钮❷，如图 13.40 所示。

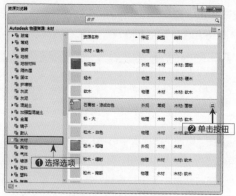

图13.40 选择材质

10 单击右上角的"关闭"按钮，返回"材质浏览器"对话框。

11 在对话框中不修改任何参数，单击"确定"按钮，返回"编辑部件"对话框。

12 修改"厚度"列表中的选项值，如图 13.41 所示。单击"确定"按钮，返回"类型属性"对话框。单击"确定"按钮，关闭对话框。

图13.41 修改参数

13 在"绘制"面板上单击"拾取墙"按钮，指定

创建方式。选择"延伸到墙中（至核心层）"选项，如图 13.42 所示，保持"偏移"值为 0 不变。

图13.42 指定绘制方式

14 在"属性"选项板中设置"自标高的高度偏移"选项值为4500，如图 13.43 所示。

15 单击外墙体，生成闭合的天花板边界线。单击"完成编辑模式"按钮，退出命令。

图13.43 设置参数

2. 创建其他楼层天花板

创建完 1F 的天花板后，为了方便编辑天花板，可以先切换至天花板视图。在其中执行"复制"及"粘贴"操作，创建其他楼层的天花板。

01 选择项目浏览器，单击展开"天花板平面"列表，选择视图名称，如图 13.44 所示。双击鼠标左键，切换至 1F 天花板视图。

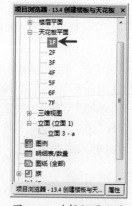

图13.44 选择视图名称

02 在视图中选择天花板，单击"剪贴板"面板中的"复制到剪贴板上"按钮，创建天花板副本。

03 单击"粘贴"按钮，选择"与选定的标高对齐"选项，打开"选择标高"对话框。

04 在对话框中选择 2F 标高，单击"确定"按钮，将天花板粘贴至 2F 视图。

05 转换至 2F 天花板视图,选择天花板,修改"自标高的高度偏移"选项值为 3300,如图 13.45 所示。

06 执行"复制"及"粘贴"操作,在 2F 视图的基础上,将天花板粘贴至其他楼层。

> **提示**
>
> 因为 1F 的层高与其他楼层不同,所以需要先在 2F 中修改天花板的高度,才可将天花板粘贴至其他楼层。

创建天花板的最终结果请参考本书配套资源第 13 章"13.4 创建楼板与天花板 .rvt"文件。

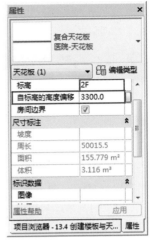

图13.45 修改参数

13.5 创建构件

医院项目包括各种类型的附属构件,如室外台阶、坡道、散水和屋顶。本节介绍创建附属构件的方法。

13.5.1 创建室外台阶

素材文件:无

效果文件:素材 \ 第 13 章 \13.5 创建构件 .rvt

视频文件:视频 \ 第 13 章 \13.5.1 创建室外台阶 .mp4

创建室外台阶前,需要先绘制楼板,作为台阶的平台。然后创建踏步模型,与平台一起组成室外台阶构件。

1. 创建楼板

在创建楼板之前,先在立面视图中创建一个名称为"地坪"的标高。"地坪"标高距 1F 标高的距离为 450mm,因此创建厚度为 450mm 的楼板,作为连接室内外的平台。

01 切换至立面视图,启用"标高"命令,在距 1F 标高 450mm 的位置创建一个名称为"地坪"的标高,如图 13.46 所示。

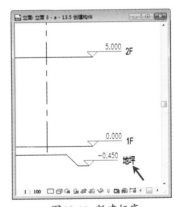

图13.46 新建标高

02 启用"楼板"命令,在"属性"选项板中选择"楼板 1"类型。单击"编辑类型"按钮,弹出"类型属性"对话框。

03 在对话框中单击"结构"选项中的"编辑"按钮,弹出"编辑部件"对话框。在"厚度"列表中修改参数,如图 13.47 所示。

04 参数设置完后,返回视图中创建楼板。在"绘制"面板上单击"矩形"按钮,指定绘制方式。

图13.47 修改参数

图13.50 单击按钮

05 在"属性"选项板中设置"自标高的高度偏移"选项值为0，如图13.48所示。

图13.48 设置参数

06 在绘图区域中单击指定起点与对角点，创建楼板的效果如图13.49所示。

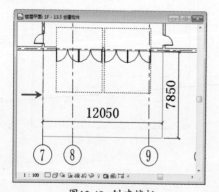

图13.49 创建楼板

2. 创建踏步

为了方便为台阶创建栏杆扶手，下面选用"楼梯"命令来创建踏步。

01 在"楼梯坡道"面板上单击"楼梯"按钮，如图13.50所示，激活命令。

02 在"绘制"面板上单击"梯段"按钮，指定创建类型。在选项栏中设置"定位线"为"梯段: 左"，修改"实际梯段宽度"为12050，如图13.51所示。其他选项保持默认值。

图13.51 设置参数

提示

因为楼板的宽度为12050mm，为了使踏步与楼板相适应，所以将"实际梯段宽度"也设置为12050mm。

03 在"属性"选项板中设置"底部标高"为"地坪"、"顶部标高"为1F，其他选项保持默认值不变，如图13.52所示。

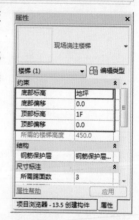

图13.52 设置参数

04 在楼板的左侧单击鼠标左键，指定梯段的起点，移动光标，单击指定终点，创建梯段的效果如图13.53所示。

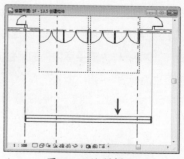

图13.53 绘制梯段

创建室外台阶的最终结果请参考本书配套资源第 13 章 "13.5 创建构件 .rvt" 文件。

13.5.2 创建室外坡道

素材文件: 无

效果文件: 素材 \ 第 13 章 \13.5 创建构件 .rvt

视频文件: 视频 \ 第 13 章 \13.5.2 创建室外坡道 .mp4

医院的正门设置了弧形坡道, 与室外台阶平台相接。在绘制弧形坡道时, 需要综合运用 "坡道" "旋转" "移动" 命令。

1. 创建坡道

在创建坡道时, 设置 "底部标高" "顶部标高" 等参数, 会自动计算坡道的长度, 用户可自定义坡道的宽度。

01 单击 "楼梯坡道" 面板上的 "坡道" 按钮, 激活命令。

02 在 "属性" 选项板中的 "尺寸标注" 选项组中, 设置坡道 "宽度" 为 3300, 其他参数设置如图 13.54 所示。

图13.54 设置参数

03 在 "属性" 选项板中单击 "编辑类型" 按钮, 弹出 "类型属性" 对话框。

04 在对话框中单击 "造型" 选项, 在列表中选择 "实体" 样式❶。修改 "坡道最大坡度" 值为 16❷, 如图 13.55 所示。

05 在 "绘制" 面板中单击 "圆心 – 端点弧" 按钮, 如图 13.56 所示, 指定绘制方式。

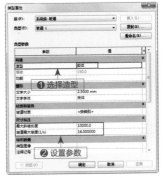

图13.55 设置参数

图13.56 指定绘制方式

06 在楼板的左侧单击指定弧中心, 移动光标, 单击指定起点; 向左移动光标, 单击指定终点。创建坡道的效果如图 13.57 所示。

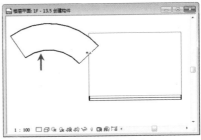

图13.57 创建坡道

2. 旋转坡道方向

在创建弧形坡道的过程中, 因为没有准确地确定其位置, 所以需要在创建完后, 启用 "旋转" 命令, 调整其方向。

01 选择坡道, 在 "修改" 面板中单击 "旋转" 按钮, 如图 13.58 所示, 激活命令。

图13.58 单击按钮

技巧

选择坡道, 按 RO 快捷键也可激活 "旋转" 命令。

02 将光标置于旋转中心控制点之上，按住鼠标左键不放，拖曳鼠标，将控制点移动至坡道的右下角，如图13.59所示。

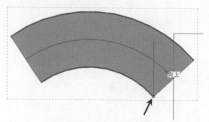

图13.59 移动旋转中心

03 向上移动光标，单击旋转起始线；向左移动光标，输入旋转角度，如图13.60所示。

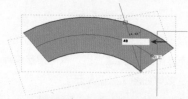

图13.60 指定旋转角度

04 按Enter键，按照所设定的角度旋转坡道，效果如图13.61所示。

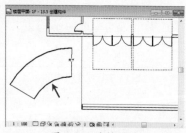

图13.61 旋转效果

05 此时在工作界面的右下角弹出如图13.62所示的"警告"对话框。直接单击右上角的"关闭"按钮，关闭对话框即可。

图13.62 "警告"对话框

3. 调整坡道位置

旋转坡道后，因为坡道与台阶平台相距甚远，所以需要启用"移动"命令，调整其位置，使其与平台相接。

01 选择坡道，单击"修改"面板上的"移动"按钮，如图13.63所示，激活命令。

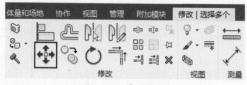

图13.63 单击按钮

技巧

选择坡道，按MV快捷键也可激活"移动"命令。

02 在坡道上单击指定起点，向右移动光标，在楼板上单击指定终点。

03 按Esc键，退出选择坡道的状态，调整其位置的效果如图13.64所示。

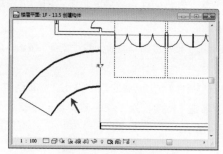

图13.64 移动效果

4. 创建坡道副本

在室外台阶平台的两侧都设置了弧形坡道。在创建完左侧的坡道后，可以激活"镜像"命令，在平台的另一侧创建坡道副本。

01 单击"模型"面板上的"模型线"按钮，激活命令。拾取平台水平边界线的中点，绘制垂直线，如图13.65所示。

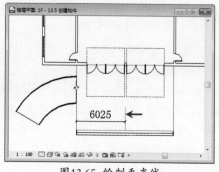

图13.65 绘制垂直线

02 选择坡道，单击"修改"面板上的"镜像－拾取轴"按钮，如图 13.66 所示，激活命令。

图13.66 单击按钮

03 单击垂直线为镜像轴，在平台的右侧创建坡道副本的效果如图 13.67 所示。

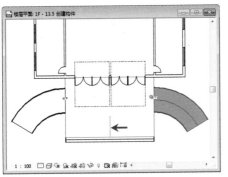

图13.67 创建坡道副本

创建室外坡道的最终结果请参考本书配套资源第 13 章"13.5 创建构件 .rvt"文件。

13.5.3 创建栏杆扶手

素材文件：无	
效果文件：素材 \ 第 13 章 \13.5 创建构件 .rvt	
视频文件：视频 \ 第 13 章 \13.5.3 创建栏杆扶手 .mp4	

在坡道、台阶上创建栏杆扶手，可以增加安全系数，方便人们出行。

在创建梯段与坡道的同时，软件会自动创建栏杆扶手。所以只需要在平台上创建栏杆扶手，使其与梯段、坡道的栏杆扶手相接即可。

01 在"楼梯坡道"面板上单击"栏杆扶手"按钮，在弹出的列表中选择"绘制路径"选项，如图 13.68 所示，指定绘制方式。

图13.68 选择选项

02 在"绘制"面板中单击"线"按钮，如图 13.69 所示，指定绘制方式。

图13.69 选择绘制方式

03 在室外台阶平台上单击指定起点与终点，绘制垂直路径，如图 13.70 所示。

图13.70 绘制路径

04 单击"完成编辑模式"按钮，退出命令。在"属性"选项板中设置"从路径偏移"选项值为 –50，如图 13.71 所示。

图13.71 设置参数

05 创建栏杆扶手的效果如图 13.72 所示。

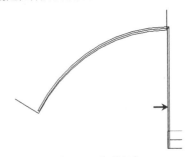

图13.72 绘制栏杆

默认情况下，项目文件只提供扶手族，在创建梯段或坡道时可自动创建扶手。

但是要在扶手的基础上添加栏杆，必须先载入栏杆到项目中。

接着在扶手的"类型属性"对话框中添加栏杆，并设置其相关的参数。

创建栏杆扶手的最终结果请参考本书配套资源第 13 章"13.5 创建构件 .rvt"文件。

13.5.4 创建散水 （难点）

素材文件:	无
效果文件:	素材 \ 第 13 章 \13.5 创建构件 .rvt
视频文件:	视频 \ 第 13 章 \13.5.4 创建散水 .mp4

Revit 并没有专门的"创建散水"的命令，但是可以启用"墙: 饰条"命令来创建散水。

1. 创建散水

在执行创建操作之前，需要先将散水轮廓载入到项目中。软件会在轮廓线的基础上执行放样操作，创建散水模型。

01 切换至三维视图，单击"构建"面板上的"墙"按钮，在弹出的列表中选择"墙: 饰条"选项，如图 13.73 所示，激活命令。

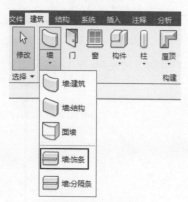

图13.73 选择选项

02 单击"属性"选项板上的"编辑类型"按钮，弹出"类型属性"对话框。

03 在对话框中单击"轮廓"选项，在弹出的列表中选择"散水: 散水"轮廓，如图 13.74 所示。

图13.74 选择轮廓

04 在"放置"面板上单击"水平"按钮，如图 13.75 所示，指定放置方向。

图13.75 指定放置方向

05 将光标置于 1F 的外墙体之上，此时可预览散水模型，如图 13.76 所示。

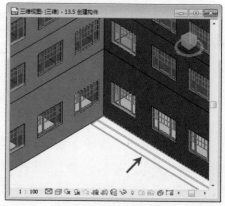

图13.76 预览效果

06 在合适的位置单击鼠标左键，放置散水。在"属性"选项板中设置"与墙的偏移"参数，修改"相对标高的偏移"参数，如图 13.77 所示。

图13.77 设置参数

提示

在不同的项目中创建散水，需要根据实际情况设置其属性参数。本节所提供的参数仅适用于本节的医院项目。

07 在外墙体中单击鼠标左键，指定创建散水的位置。散水在转角处会自动相接，效果如图13.78所示。

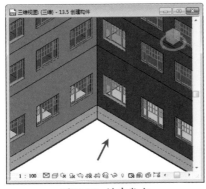

图13.78 创建散水

2. 编辑散水的方法

如果出现散水不能正常相接的情况，应先选择散水，单击"墙饰条"中的"修改转角"按钮，如图13.79所示。

图13.79 单击按钮

此时高亮显示散水的截面，同时光标显示

为钢笔样式。移动光标，单击高亮显示的截面，如图13.80所示。

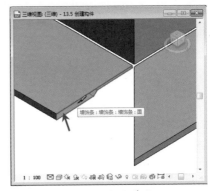

图13.80 拾取截面

拾取截面后，散水自动接合，效果如图13.81所示。

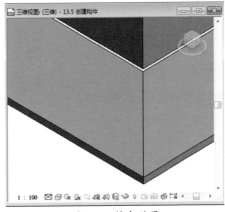

图13.81 接合效果

创建散水的最终结果请参考本书配套资源第13章"13.5 创建构件.rvt"文件。

13.5.5 创建屋顶

| 素材文件：无 |
| 效果文件：素材 \ 第 13 章 \13.5 创建构件 .rvt |
| 视频文件：视频 \ 第 13 章 \13.5.5 创建屋顶 .mp4 |

启用"迹线屋顶"命令，为医院项目创建屋顶。

01 切换至5F视图，单击"构建"面板上的"屋顶"按钮，在弹出的列表中选择"迹线屋顶"选项，如图13.82所示。

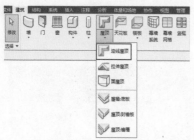

图13.82 选择选项

02 在"绘制"面板中单击"拾取墙"按钮,指定创建方式。取消选择"定义坡度"选项,如图13.83所示。

图13.83 选择绘制方式

提示

如果想要创建坡屋顶,选择选项栏中的"定义坡度"选项,可以创建坡度角为30°坡屋顶。

03 在"属性"选项板中修改"自标高的底部偏移"选项值为4200,如图13.84所示。

04 拾取外墙体,创建闭合的屋顶边界线。单击"完成编辑模式"按钮,退出命令,结束创建屋顶的操作。

图13.84 设置参数

创建屋顶的最终结果请参考本书配套资源第13章"13.5 创建构件 .rvt"文件。

13.6 知识小结

本章介绍了创建医院项目的方法。在学习本章内容时,最好的方法是打开项目文件,一边阅读操作步骤,一边对照项目模型。

在创建项目的过程中,涉及大量前面章节所讲的基础知识。在阅读步骤时假如有不明白的地方,请翻阅前面的章节。

在创建弧形坡道时,涉及创建坡道与编辑坡道的操作。在创建的过程中,还需要设置坡道的类型属性。在"类型属性"对话框中设置坡道的"坡道最大坡度"值时,可以在设置参数后,单击对话框中的"应用"按钮,实时在视图中查看设置效果。

"坡道最大坡度"值没有限制,但是坡道的最高点应该与室外台阶平台平行,这样才方便人们出行。

在本章的最后,提供医院项目的最终创建效果,如图13.85所示。

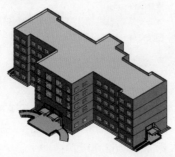
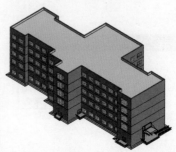

图13.85 医院项目

附录：命令快捷键

命令	快捷键	命令	快捷键
墙	WA	匹配对象类型	MA
门	DR	线处理	LW
窗	WN	填色	PT
放置构件	CM	拆分区域	SF
房间	RM	对齐	AL
房间标记	RT	拆分图元	SL
轴线	GR	修剪、延伸	TR
文字	TX	偏移	OF
对齐标注	DI	选择整个项目中的所有实例	SA
标高	LL		
高程点标注	EL	重复上一个命令	RC、Enter
绘制参照平面	RP	恢复上一次选择集	Ctrl+ ←
模型线	LI		
按类别标记	TG	捕捉远距离对象	SR
详图线	DL	象限点	SQ
图元属性	PP、Ctrl+1	垂足	SP
删除	DE	最近点	SN
移动	MV	中点	SM
复制	CO	交点	SI
旋转	RO	端点	SE
定义旋转中心	R3、空格键	中心	SC
阵列	AR	捕捉到云点	PC
镜像 – 拾取轴	MM	点	SX
创建组	GP	工作平面网格	SW
锁定位置	PP	切点	ST
解锁位置	UP	关闭替换	SS

命令	快捷键	命令	快捷键
形状闭合	SZ	临时隔离图元	HI
关闭捕捉	SO	临时隐藏类别	HC
区域放大	ZR	临时隔离类别	IC
缩放配置	ZF	重设临时隐藏	HR
上一次缩放	ZP	隐藏图元	EH
动态视图	F8、Shift+W	隐藏类别	VH
线框显示模式	WF	取消隐藏图元	EU
隐藏线框显示模式	HL	取消隐藏类别	VU
带边框着色显示模式	SD	切换显示隐藏图元模式	RH
细线显示模式	TL	渲染	RR
视图图元属性	VP	快捷键定义窗口	KS
可见性图形	VV、VG	视图窗口平铺	WT
临时隐藏图元	HH	视图窗口重叠	WC